电气控制与PLC编程入门

孙克军　主编
刘　骏　王忠杰　副主编

化学工业出版社
·北京·

本书内容包括常用低压电器、电气控制系统设计基础、基本电气控制电路、常用电气控制电路、电气控制电路的调试方法与故障分析、PLC 的基础知识、三菱可编程控制器、西门子可编程控制器、PLC 的使用与维护等。书中以简明扼要的形式介绍了各种常用低压电器、可编程控制器的基本特点、用途、使用方法和使用注意事项，还介绍了一些基本电气控制电路，并且介绍了可编程控制器的一些常用指令、编程方法以及基本接线和应用实例。

本书密切结合生产实际，突出实用、图文并茂、深入浅出、通俗易懂，书中列举了大量实例，具有实用性强、易于迅速掌握和运用的特点。

本书可供低压电工及有关技术人员使用，也可作为高等职业院校及专科学校有关专业师生的教学用书，还可作为电工上岗培训用参考书。

图书在版编目（CIP）数据

电气控制与 PLC 编程入门/孙克军主编. —北京：化学工业出版社，2019.3（2022.9 重印）
ISBN 978-7-122-33699-6

Ⅰ.①电… Ⅱ.①孙… Ⅲ.①电气控制②PLC 技术-程序设计 Ⅳ.①TM571.2②TM571.61

中国版本图书馆 CIP 数据核字（2019）第 008335 号

责任编辑：高墨荣　　文字编辑：孙凤英
责任校对：张雨彤　　装帧设计：刘丽华

出版发行：化学工业出版社（北京市东城区青年湖南街 13 号　邮政编码 100011）
印　　装：北京印刷集团有限责任公司
787mm×1092mm　1/16　印张 15¼　字数 374 千字　2022 年 9 月北京第 1 版第 6 次印刷

购书咨询：010-64518888　　售后服务：010-64518899
网　　址：http://www.cip.com.cn
凡购买本书，如有缺损质量问题，本社销售中心负责调换。

定　　价：49.00 元

前言

FOREWORD

随着我国电力事业的飞速发展，电动机、低压电器、变频器、可编程控制器在工业、农业、国防、交通运输、城乡家庭等各个领域均得到了日益广泛的应用。但是，电气控制技术是从事电工专业必备的理论基础，为了满足广大从事电气控制技术的电工的需要，我们组织编写了本书。

本书的主要内容包括常用低压电器、电气控制系统设计基础、电气控制电路的基本环节、常用电动机启动和调速控制电路、常用电气设备控制电路、常用机床控制电路分析、PLC的基础知识、常用可编程控制器简介、基本逻辑指令、功能指令、PLC的使用与维护、PLC应用实例等。本书内容深入浅出、通俗易懂、突出实用，并配以必要的图解。本书的特点如下：

① 内容按照循序渐进、由浅入深的原则进行编排，读者只需顺序阅读图书。

② 图文结合，将文字融入图中，从而直观形象地表现图书内容。

③ 书中关键知识点配有视频，使阅读变得非常轻松，不易产生阅读疲劳。

本书着重于基本原理、基本方法、基本概念的分析和应用，重点阐述物理概念，尽量联系生产实践，力求做到重点突出，以帮助读者提高解决实际问题的能力。而且在编写体例上尽量采用了图表形式，具有简洁明了、便于查找、适合自学的优点。本书的特点是密切结合生产实际，书中列举了大量实例，实用性强，易于迅速掌握和运用。

本书由孙克军任主编，刘骏、王忠杰任副主编。第1章由薛增涛编写，第2章由井成豪编写，第3章由王晓毅编写，第4章由陈明编写，第5章由孙克军编写，第6章由刘骏编写，第7章由王忠杰编写，第8章由杨国福编写，第9章由孙会琴编写。在编写本书的过程中得到了许多专家和知名厂商的鼎力支持，他们提供了许多新知识、新产品的应用资料。编者对关心本书出版、热心提出建议和提供资料的单位和个人在此一并表示衷心的感谢。

由于水平所限，书中不足在所难免，敬请广大读者批评指正。

编　者

目录

CONTENTS

第1章　常用低压电器 / 1

第 4 章 常用电气控制电路 / 70

第 5 章 电气控制电路的调试方法与故障分析 / 95

第6章 PLC的基础知识 / 112

第7章 三菱可编程控制器 / 130

二维码视频索引

第1章

常用低压电器

1.1 概述

1.1.1 低压电器的特点

电器是指能够根据外界的要求或所施加的信号，自动或手动地接通或断开电路，从而连续或断续地改变电路的参数或状态，以实现对电路或非电对象的切换、控制、保护、检测和调节的电气设备。简单地说，电器就是接通或断开电路或调节、控制、保护电路和设备的电工器具或装置。电器按工作电压高低可分为高压电器和低压电器两大类。

低压电器通常是指用于交流 50Hz（或 60Hz）、额定电压为 1200V 及以下、直流额定电压为 1500V 及以下的电路内起通断、保护、控制或调节作用的电器。

近年来，我国低压电器产品发展很快，通过自行设计新产品和从国外著名厂家引进技术，产品品种和质量都有明显的提高，符合新国家标准、部颁标准和达到国际电工委员会（IEC）标准的产品不断增加。当前，低压电器继续沿着体积小、重量轻、安全可靠、使用方便的方向发展，主要途径是利用微电子技术提高传统电器的性能；在产品品种方面，大力发展电子化的新型控制器，如接近开关、光电开关、电子式时间继电器、固态继电器等，以适应控制系统迅速电子化的需要。

目前，低压电器在工农业生产和人们的日常生活中有着非常广泛的应用，低压电器的特点是品种多、用量大、用途广。

1.1.2 低压电器的种类

低压电器的种类繁多，结构各异，功能多样，用途广泛，其分类方法很多。按不同的分类方式有着不同的类型。

(1) 按用途分类

低压电器按用途分类见表 1-1。

(2) 按操作方式分类

① 自动电器　自动电器是指通过电磁或气动机构动作来完成接通、分断、启动和停止

表 1-1　低压电器按用途分类

电器名称		主要品种	用　　途
配电电器	刀开关	刀开关 熔断器式刀开关 开启式负荷开关 封闭式负荷开关	主要用于电路隔离，也能接通和分断额定电流
	转换开关	组合开关 换向开关	用于两种以上电源或负载的转换和通断电路
	断路器	万能式断路器 塑料外壳式断路器 限流式断路器 漏电保护断路器	用于线路过载、短路或欠压保护，也可用作不频繁接通和分断电路
	熔断器	半封闭插入式熔断器 无填料熔断器 有填料熔断器 快速熔断器 自复熔断器	用于线路或电气设备的短路和过载保护
控制电器	接触器	交流接触器 直流接触器	主要用于远距离频繁启动或控制电动机，以及接通和分断正常工作的电路
	继电器	电流继电器 电压继电器 时间继电器 中间继电器 热继电器	主要用于控制系统中，控制其他电器或用作主电路的保护
	启动器	电磁启动器 减压启动器	主要用于电动机的启动和正反向控制
	控制器	凸轮控制器 平面控制器 鼓形控制器	主要用于电气控制设备中转换主回路或励磁回路的接法，以达到电动机启动、换向和调速的目的
	主令电器	控制按钮 行程开关 主令控制器 万能转换开关	主要用于接通和分断控制电路
	电阻器	铁基合金电阻	用于改变电路的电压、电流等参数或变电能为热能
	变阻器	励磁变阻器 启动变阻器 频敏变阻器	主要用于发电机调压以及电动机的降压启动和调速
	电磁铁	起重电磁铁 牵引电磁铁 制动电磁铁	用于起重、操纵或牵引机械装置

等动作的电器，它主要包括接触器、断路器、继电器等。

② 手动电器　手动电器是指通过人力来完成接通、分断、启动和停止等动作的电器，它主要包括刀开关、转换开关和主令电器等。

(3) 按工作条件分类

① 一般工业用电器　这类电器用于机械制造等正常环境条件下的配电系统和电力拖动控制系统，是低压电器的基础产品。

② 化工电器　化工电器的主要技术要求是耐腐蚀。

③ 矿用电器　矿用电器的主要技术要求是能防爆。

④ 牵引电器　牵引电器的主要技术要求是耐振动和冲击。

⑤ 船用电器　船用电器的主要技术要求是耐腐蚀、颠簸和冲击。

⑥ 航空电器　航空电器的主要技术要求是体积小、重量轻、耐振动和冲击。

(4) 按工作原理分类

① 电磁式电器　电磁式电器的感测元件接受的是电流或电压等电量信号。

② 非电量控制电器　这类电器的感测元件接收的信号是热量、温度、转速、机械力等非电量信号。

(5) 按使用类别分类

低压交流接触器和电动机启动器常用的使用类别如下：

① AC-1 用于无感或低感负载、电阻炉等；

② AC-2 用于绕线转子异步电动机的启动、分断等；

③ AC-3 用于笼型异步电动机的启动、分断等；

④ AC-4 用于笼型异步电动机的启动、反接制动或反向运转、点动等。

1.2 低压开关类电器

1.2.1 刀开关

(1) 刀开关的用途

刀开关又称闸刀开关，是一种带有动触点（触刀），在闭合位置与底座上的静触点（静插座、刀座）相接触（或分离）的一种开关。它是手控电器中最简单而使用又较广泛的一种低压电器。主要用于各种配电设备和供电电路，可作为非频繁地接通和分断容量不大的低压供电线路之用，如照明线路或小型电动机线路。当能满足隔离功能要求时，刀开关也可以用来隔离电源。

(2) 刀开关的分类

根据工作条件和用途的不同，刀开关有不同的结构形式，但工作原理是一致的。刀开关按极数可分为单极、双极、三极和四极；按切换功能（位置数）可分为单投和双投开关；按操作方式可分为中央手柄式和带杠杆操作机构式。

对于额定电流较小的刀开关，插座多用硬紫铜制成，依靠材料的弹性来产生接触压力；对于额定电流较大的刀开关，则要通过插座两侧加设弹簧片来增加接触压力。为使刀开关分断时有利于灭弧，加快分断速度，有带速断刀刃的刀开关与触刀能速断的刀开关，有时还装有灭弧罩。

(3) 刀开关的基本结构与工作原理

刀开关的种类很多，常用刀开关的外形如图 1-1 所示，手柄操作式单极刀开关的结构如

图 1-2 所示。

(a) HD11系列中央手柄式

(b) HS11系列中央手柄式

(c) HD12系列侧方正面杠杆操作机构式

图 1-1 常用刀开关的外形

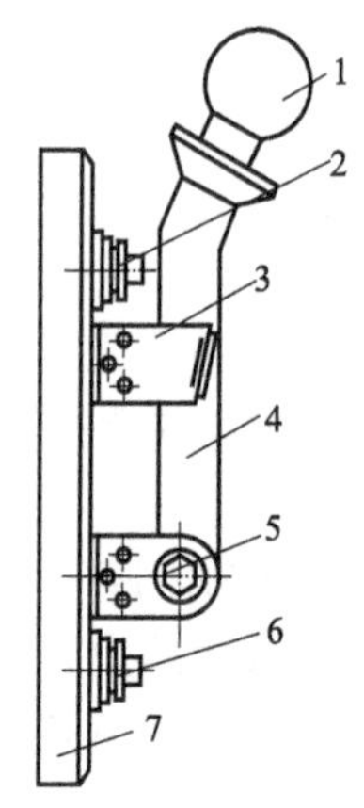

图 1-2 手柄操作式单极刀开关的结构

1—手柄；2—进线接线柱；3—静插座；4—触刀；5—铰链支座；6—出线接线柱；7—绝缘底板

同一般开关电器比较，刀开关的触刀相当于动触点，而静插座相当于静触点。当操作人员握住手柄，使触刀绕铰链支座转动，插到静插座内的时候，就完成了接通操作。这时，铰链支座、触刀和静插座就形成了一个电流通路。如果操作人员使触刀绕铰链支座做反方向转动，脱离静插座，电路就被切断。

刀开关的图形符号及文字符号如图 1-3 所示。

(4) 刀开关的选择

① 结构形式的确定 选用刀开关时，首先应根据其在电路中的作用和其在成套配电装置中的安装位置，确定其结构形式。如果电路中的负载由低压断路器、接触器或其他具有一定分断能力

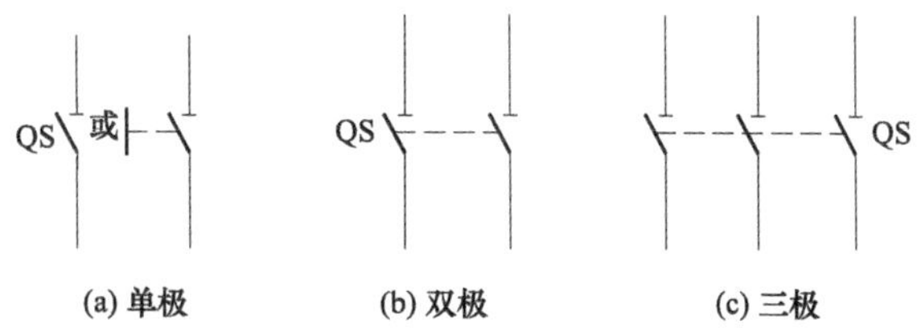

图 1-3　刀开关的图形符号及文字符号

的开关电器（包括负荷开关）来分断，即刀开关仅仅用来隔离电源时，则只需选用没有灭弧罩的产品；反之，如果刀开关必须分断负载，就应选用带有灭弧罩，而且是通过杠杆操作的产品。此外，还应根据操作位置、操作方式和接线方式来选用。

② 规格的选择　刀开关的额定电压应等于或大于电路的额定电压。刀开关的额定电流一般应等于或大于所分断电路中各个负载额定电流的总和。若负载是电动机，就必须考虑电动机的启动电流为额定电流的 4～7 倍，甚至更大，故应选用额定电流大一级的刀开关。此外，还要考虑电路中可能出现的最大短路电流（峰值）是否在该额定电流等级所对应的电动稳定性电流（峰值）以下。如果超出，就应当选用额定电流更大一级的刀开关。

1.2.2 开启式负荷开关

(1) 开启式负荷开关的用途与特点

开启式负荷开关又叫胶盖瓷底刀开关（俗称胶盖闸），是由刀开关和熔丝组合而成的一种电器。主要用作交流频率为 50Hz，额定电压为单相 220V、三相 380V，额定电流至 100A 的电路中的总开关、支路开关以及电灯、电热器等操作开关，作为手动不频繁地接通与分断有负载电器及小容量线路的短路保护之用的负荷开关。开启式负荷开关具有结构简单、价格低廉、使用维修方便等优点，目前已广泛应用于工业、农业、矿山、交通、家庭等各个行业。

(2) 开启式负荷开关的分类

开启式负荷开关的类型主要有 HK1 、HK2、HK4 和 HK8 等系列产品。按极数分为二极和三极两种，二极式产品的额定电压为 220V（或 250V），额定电流有 10A、15A、30A 三种（或 10A、16A、32A、63A 四种）；三极式产品的额定电压为 380V，额定电流有 15A、30A、60A 三种（或 16A、32A、63A 三种）。

(3) 开启式负荷开关的基本结构与工作原理

开启式负荷开关的结构如图 1-4 所示，主要由瓷质手柄、触刀（又称动触点）、触刀座、进线座、出线座、熔丝、瓷底座、上胶盖、下胶盖及紧固螺母等零件装配而成。

开启式负荷开关的全部导电零件都固定在一块瓷底板上面。触刀的一端固定在瓷质手柄上，另一端固定在触刀座上，并可绕着触刀座上的铰链转动。操作人员手握瓷柄朝上推的时候，触刀绕铰链向上转动，插入插座，将电路接通；反之，将瓷柄向下拉，触刀就绕铰链向下转动，脱离插座，将电路切断。

(4) 开启式负荷开关的选择

① 额定电压的选择　开启式负荷开关用于照明电路时，可选用额定电压为 220V 或 250V 的二极开关；用于小容量三相异步电动机时，可选用额定电压为 380V 或 500V 的三极开关。

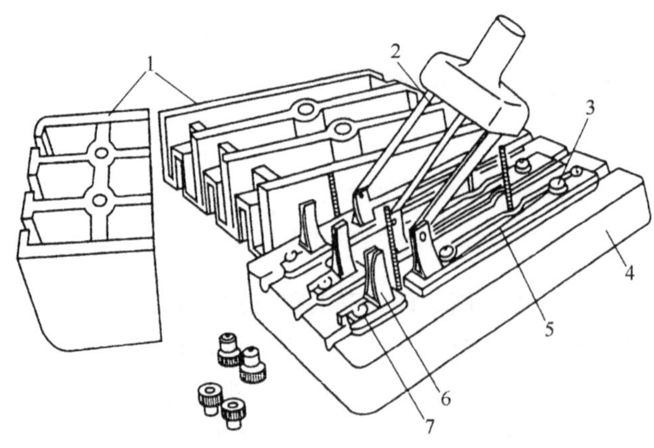

图 1-4 开启式负荷开关的结构

1—胶盖；2—触刀；3—出线座；4—瓷底座；5—熔丝；6—夹座；7—进线座

② 额定电流的选择 在正常的情况下，开启式负荷开关一般可以接通或分断其额定电流。因此，当开启式负荷开关用于普通负载（如照明或电热设备）时，负荷开关的额定电流应等于或大于开断电路中各个负载额定电流的总和。

当开启式负荷开关被用于控制电动机时，考虑到电动机的启动电流可达额定电流的 4～7 倍，因此不能按照电动机的额定电流来选用，而应把开启式负荷开关的额定电流选得大一些，换句话说，即负荷开关应适当降低容量使用。根据经验，负荷开关的额定电流一般可选为电动机额定电流的 3 倍左右。

③ 熔丝的选择

a. 对于变压器、电热器和照明电路，熔丝的额定电流宜等于或稍大于实际负载电流。

b. 对于配电线路，熔丝的额定电流宜等于或略小于线路的安全电流。

c. 对于电动机，熔丝的额定电流一般为电动机额定电流的 1.5～2.5 倍。在重载启动和全电压启动的场合，应取较大的数值；而在轻载启动和降压启动的场合，则应取较小的数值。

1.2.3 封闭式负荷开关

(1) 封闭式负荷开关的用途与特点

封闭式负荷开关是由刀开关和熔断器组合而成的一种电器。

由于开启式负荷开关的缺点在于它没有灭弧装置，而且触点的断开速度比较慢，以致在分断大电流时，往往会有很大的电弧向外喷出，引起相间短路，甚至灼伤操作人员。如果能够提高触刀的通断速度，在断口处设置灭弧罩，并将整个开关本体装在一个防护壳体内，就可以极大地改善开关的通断性能。封闭式负荷开关便是根据这个思路设计出来的。因此，封闭式负荷开关具有通断性较好、操作方便和使用安全等优点。

封闭式负荷开关主要用于工矿企业电气装置、农村电力排灌及电热和照明等各种配电设备中，供手动不频繁接通、分断电路及线路末端的短路保护之用，其中容量较小者（开关的额定电流为 60A 及以下的），还可用作电动机的不频繁全压启动（又称直接启动）的控制开关。

(2) 封闭式负荷开关的分类

封闭式负荷开关的类型主要有 HH3、HH4、HH10、HH11 和 HH12 等系列产品，按极数可分为两极和三极两种产品。HH3 系列的额定电流有 10A、15A、20A、30A、60A、100A、200A 七种；HH4 系列的额定电流有 15A、30A、60A、100A、200A、300A、400A 等七种；HH10 系列的额定电流有 10A、20A、30A、60A、100A 五种；HH11 系列的额定电流有 100A、200A、300A、400A 四种。

(3) 封闭式负荷开关的基本结构与工作原理

封闭式负荷开关的种类很多，常用封闭式负荷开关的外形如图 1-5 所示。

(a) HH3系列

(b) HH4系列

图 1-5 封闭式负荷开关的外形

封闭式负荷开关的触点及灭弧系统、熔断器以及操作机构这三部分共装于一个防护外壳内，其结构如图 1-6 所示，主要由闸刀、夹座、熔断器、铁壳、速断弹簧、转轴和手柄等组成。

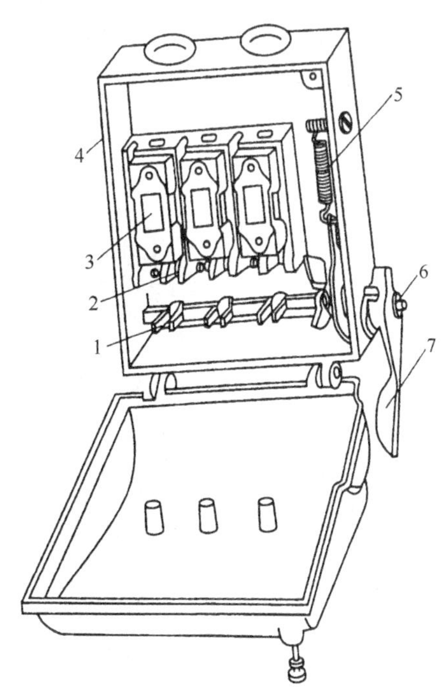

图 1-6 封闭式负荷开关的结构

1—闸刀（动触刀）；2—夹座（静触座）；3—熔断器；4—铁壳；5—速断弹簧；6—转轴；7—手柄

封闭式负荷开关的操作机构都具有以下两个特点：一是采用储能合闸方式，即利用一根弹簧以执行合闸和分闸机能，使开关的闭合和分断速度都与操作速度无关，这既有助于改善开关的动作性能和灭弧性能，又能防止触点停滞在中间位置上；二是设有联锁装置，它可以保证开关合闸时不能打开箱盖，而当箱盖打开的时候，也不能将开关合闸，既有助于充分发挥外壳的防护作用，防止操作人员被电弧灼伤，又保证了更换熔丝等操作的安全。

(4) 封闭式负荷开关的选择

① 额定电压的选择 当封闭式负荷开关用于控制一般照明、电热电路时，开关的额定电流应等于或大于被控制电路中各个负载额定电流之和。当用封闭式负荷开关控制异步电动机

时，考虑到异步电动机的启动电流为额定电流的 4～7 倍，故开关的额定电流应为电动机额定电流的 1.5 倍左右。

② 与控制对象的配合　由于封闭式负荷开关不带过载保护，只有熔断器用作短路保护，很可能因一相熔断器熔断，而导致电动机缺相运行（又称单相运行）故障。另外，根据使用经验，用负荷开关控制大容量的异步电动机时，有可能发生弧光烧手事故。所以，一般只用额定电流为 60A 及以下等级的封闭式负荷开关，作为小容量异步电动机非频繁直接启动的控制开关。

另外，考虑到封闭式负荷开关配用的熔断器的分断能力一般偏低，所以它应当装在短路电流不太大的线路末端。

1.2.4　组合开关

(1) 组合开关的用途与分类

组合开关（又称转换开关）实质上也是一种刀开关，只不过一般刀开关的操作手柄是在垂直于其安装面的平面内向上或向下转动的。而组合开关的操作手柄则是在平行于其安装面的平面内向左或向右转动而已。组合开关由于其可实现多组触点组合而得名，实际上是一种转换开关。

组合开关一般用于电气设备中，作为非频繁地接通和分断电路、换接电源和负载、测量三相电压以及控制小容量异步电动机的正反转和 Y-△启动等用。

常用的组合开关主要是 HZ5 系列、HZ10 系列、HZ12 系列、HZ15 系列、3LB 系列等产品。

(2) 组合开关的基本结构与工作原理

组合开关的种类非常多，常用组合开关的外形和结构如图 1-7 所示，它主要由接线柱、绝缘杆、手柄、转轴、弹簧、凸轮、绝缘垫板、动触点、静触点等部件组成。

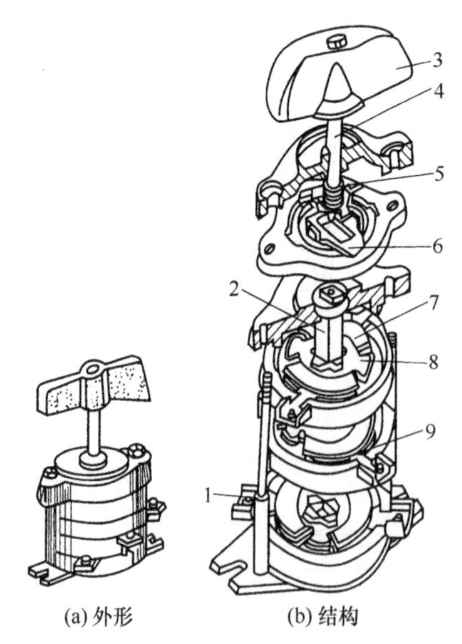

图 1-7　组合开关的外形和结构

1—接线柱；2—绝缘杆；3—手柄；4—转轴；5—弹簧；6—凸轮；7—绝缘垫板；8—动触点；9—静触点

当手柄每转过一定角度，就带动与转轴固定的动触点分别与对应的静触点接通和断开。组合开关转轴上装有扭簧储能机构，可使开关迅速接通与断开，其通断速度与手柄旋转速度无关。组合开关的操作机构分无限位和有限位两种。触点盒的下方有一块供安装用的钢质底板。

组合开关的图形符号和文字符号如图 1-8 所示。

(3) 组合开关的选择

组合开关是一种体积小、接线方式多、使用非常方便的开关电器。选择组合开关时应注意以下几点：

① 组合开关应根据用电设备的电压等级、容量和所需触点数进行选用。组合开关用于一般照明、电热电路时，其额定电流应等于或大于被控制电路中各负载电流的总和；

组合开关用于控制电动机时，其额定电流一般取电动机额定电流的 1.5～2.5 倍。

② 组合开关接线方式很多，应根据需要，正确地选择相应规格的产品。

③ 组合开关本身是不带过载保护和短路保护的，如果需要这类保护，应另设其他保护电器。

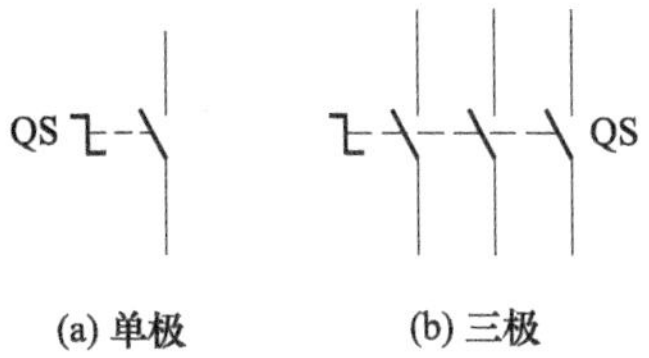

(a) 单极 (b) 三极

图 1-8 组合开关的图形符号及文字符号

④ 虽然组合开关的电寿命比较高，但当操作频率超过 300 次/h 或负载功率因数低于规定值时，开关需要降低容量使用。否则，不仅会降低开关的使用寿命，有时还可能因持续燃弧而发生事故。

⑤ 一般情况下，当负载的功率因数小于 0.5 时，由于熄弧困难，不易采用 HZ 系列的组合开关。

1.3 常用熔断器

1.3.1 熔断器概述

(1) 熔断器的用途

熔断器是一种起保护作用的电器，它串联在被保护的电路中，当线路或电气设备的电流超过规定值足够长的时间后，其自身产生的热量能够熔断一个或几个特殊设计的和相应的部件，断开其所接入的电路并分断电源，从而起到保护作用。熔断器包括组成完整电器的所有部件。

熔断器结构简单、使用方便、价格低廉，广泛应用于低压配电系统和控制电路中，主要作为短路保护元件，也常作为单台电气设备的过载保护元件。

(2) 熔断器的基本结构

熔断器的基本结构主要有熔体、安装熔体的熔管（或盖、座）、触点和绝缘底板等。其中，熔体是指当电流大于规定值并超过规定时间后熔断的熔断体部件，它是熔断器的核心部件，它既是感测元件又是执行元件，一般用金属材料制成，熔体材料具有相对熔点低、特性稳定、易于熔断等特点；熔管是熔断器的外壳，主要作用是便于安装熔体且当熔体熔断时有利于电弧熄灭。

(3) 熔断器的工作原理

熔断器实际上是一种利用热效应原理工作的保护电器，它通常串联在被保护的电路中，并应接在电源相线输入端。当电路为正常负载电流时，熔体的温度较低；而当电路中发生短路或过载故障时，通过熔体的电流随之增大，熔体开始发热。当电流达到或超过某一定值时，熔体温度将升高到熔点，便自行熔断，分断故障电路，从而达到保护电路和电气设备、防止故障扩大的目的。熔体的保护作用是一次性的，一旦熔断即失去作用，应在故障排除后，更换新的相同规格的熔体。

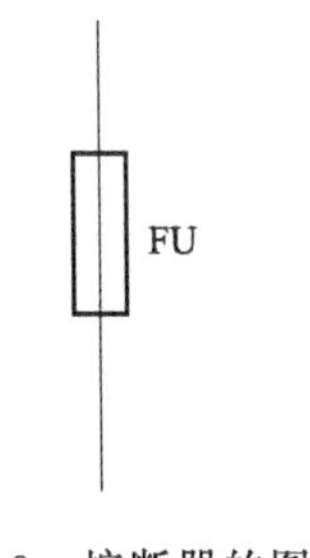

图 1-9 熔断器的图形符号和文字符号

熔断器的图形符号和文字符号如图 1-9 所示。

（4）熔断器的主要技术参数

① 额定电压　指保证熔断器能够长期正常工作时承受的电压，其值一般等于或大于电气设备的额定电压。其系列主要有220V、380V、415V、500V、660V、1140V等多个等级。

② 额定电流　指熔断器长期工作时，各部件温升不超过规定值时所能承受的电流。需要说明的是，熔断器的额定电流与熔体的额定电流不是一个概念。熔断器的额定电流等级较少，熔体的额定电流等级较多，因此，通常熔体额定电流的几个规格可以使用同一规格的熔断器，但熔体额定电流的最大规格只能小于或等于熔断器的额定电流。

熔体的额定电流值有2A、4A、6A、8A、10A、12A、16A、20A、25A、32A、40A、50A、63A、80A、100A、125A、160A、200A、250A、315A、400A、500A、630A、800A、1000A、1250A等多个等级。

1.3.2 插入式熔断器

（1）结构与特点

插入式熔断器又称瓷插式熔断器，指熔断体靠导电插件插入底座的熔断器。它具有结构简单、价格低廉、更换熔体方便等优点，被广泛用于照明电路和小容量电动机的短路保护。

常用的插入式熔断器主要是RC1A系列产品，其结构如图1-10所示，它由瓷盖、瓷座、动触点、静触点和熔丝等组成。

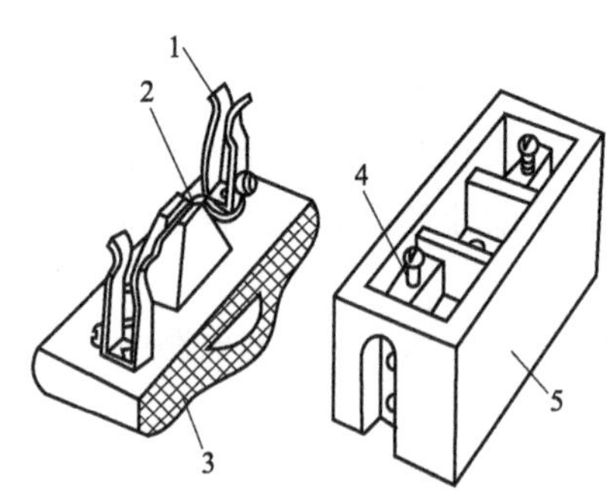

图1-10　RC1A系列插入式熔断器的结构
1—动触点；2—熔丝；3—瓷盖；4—静触点；5—瓷座

（2）适用场合

RC1A系列插入式熔断器主要用于交流50Hz，额定电压380V及以下、额定电流至200A的线路末端，供配电系统作为电缆、导线及电气设备（如电动机、负荷开关等）的短路保护。

RC1A系列插入式熔断器的分断能力较低、保护特性较差，但由于其价格低廉、操作简单、使用方便，因此目前在工矿企业以及民用照明电路中仍在使用。

1.3.3 螺旋式熔断器

（1）结构与特点

螺旋式熔断器是指带熔断体的载熔件靠螺纹旋入底座而固定于底座的熔断器，它实质上是一种有填料封闭式熔断器，具有断流能力大、体积小、熔丝熔断后能显示、更换熔丝方便、安全可靠等特点。RL1系列螺旋式熔断器的外形和结构如图1-11所示。

（2）适用场合

螺旋式熔断器广泛用于低压配电设备、机械设备的电气控制系统中的配电箱、控制箱及振动较大的场合，作为过载及短路保护元件。常用螺旋式熔断器产品主要有RL1、RL5、RL6、RL7和RL8等系列。

使用螺旋式熔断器时必须注意，用电设备的连接线应接到金属螺旋壳的上接线端，电源线应接到底座的下接线端。这样，更换熔管时金属螺旋壳上就不会带电，保证用电安全。

1.3.4 无填料封闭管式熔断器

(1) 结构与特点

无填料封闭管式熔断器（又称无填料密闭管式熔断器或无填料密封管式熔断器）是指熔体被密闭在不充填料的熔管内的熔断器。常用的无填料封闭管式熔断器产品主要是 RM10 系列。RM10 系列无填料封闭管式熔断器的外形和结构如图 1-12 所示。

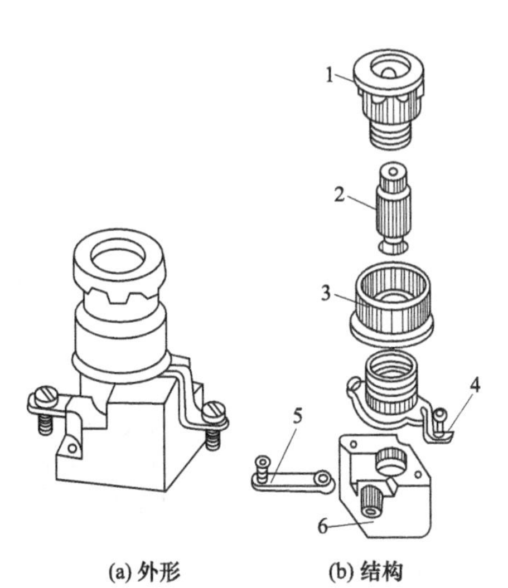

图 1-11　RL1 系列螺旋式熔断器的外形和结构
1—瓷帽；2—熔管；3—瓷套；4—上接线端；5—下接线端；6—底座

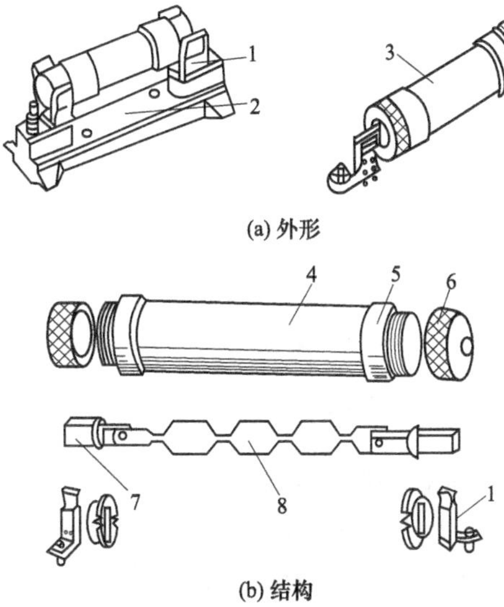

(a) 外形

(b) 结构

图 1-12　RM10 系列无填料封闭管式熔断器的外形和结构
1—夹座；2—底座；3—熔管；4—钢纸管；5—黄铜管；6—黄铜帽；7—触刀；8—熔体

(2) 应用场合

无填料封闭管式熔断器是一种可拆卸的熔断器，其特点是当熔体熔断时，管内产生高气压，能加速灭弧。另外，熔体熔断后，使用人员可自行拆开，装上新熔体后可尽快恢复供电。它还具有分断能力大、保护特性好和运行安全可靠等优点，常用于频繁发生过载和短路故障的场合。RM10 系列无填料密闭管式熔断器主要适用于交流 50Hz，额定电压 660V 或直流电压 440V 及以下的低压电力网络或配电装置中，作为电缆、导线及电气设备的短路保护及电缆、导线的过负荷保护之用。

1.3.5 有填料封闭管式熔断器

(1) 结构与特点

有填料封闭管式熔断器是指熔体被封闭在充有颗粒、粉末等灭弧填料的熔管内的熔断器。它为增强熔断器的灭弧能力，在其熔管中填充了石英砂等介质材料而得名。石英砂具有较好的导热性能、绝缘性能，而且其颗粒状的外形增大了同电弧的接触面积，便于吸收电弧的能量，使电弧快速冷却，从而可以加快灭弧过程。RT0 系列有填料封闭管式熔断器的外形和结构如图 1-13 所示。

(2) 应用场合

有填料封闭管式熔断器具有分断能力强、保护特性好、带有醒目的熔断指示器、使用安

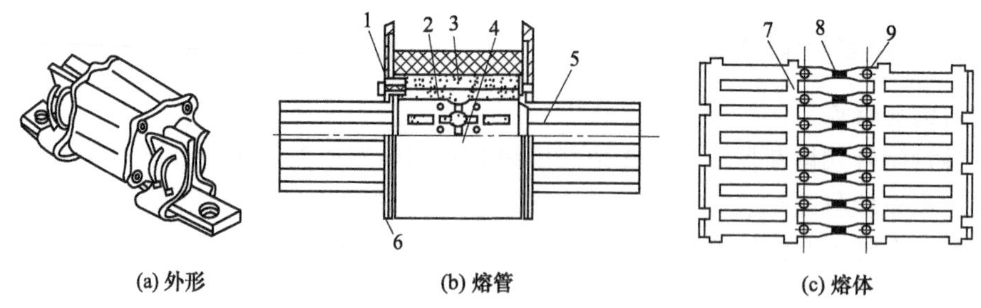

图 1-13　RT0 系列有填料封闭管式熔断器的外形和结构

1—熔断指示器；2—指示器熔体；3—石英砂；4—工作熔体；5—触刀；6—盖板；7—引弧栅；8—锡桥；9—变截面小孔

全等优点，广泛用于具有高短路电流的电网或配电装置中，作为电缆、导线、电动机、变压器以及其他电气设备的短路保护和电缆、导线的过载保护。其缺点是熔体熔断后必须更换熔管，经济性较差。

常用有填料封闭管式熔断器主要是 RT 系列和 NT 系列等产品，另外，螺旋式熔断器也可列为有填料封闭管式熔断器的一种。

1.3.6　熔断器的选择

1-1　熔断器的使用方法与注意事项

(1) 熔断器选择的一般原则

① 应根据使用条件确定熔断器的类型。

② 选择熔断器的规格时，应首先选定熔体的规格，然后再根据熔体去选择熔断器的规格。

③ 熔断器的保护特性应与被保护对象的过载特性有良好的配合。

④ 在配电系统中，各级熔断器应相互匹配，一般上一级熔体的额定电流要比下一级熔体的额定电流大 2～3 倍。

⑤ 对于保护电动机的熔断器，应注意电动机启动电流的影响。熔断器一般只作为电动机的短路保护，过载保护应采用热继电器。

(2) 熔断器类型的选择

熔断器主要根据负载的情况和电路短路电流的大小来选择类型。例如，对于容量较小的照明线路或电动机的保护，宜采用 RC1A 系列插入式熔断器或 RM10 系列无填料密闭管式熔断器；对于短路电流较大的电路或有易燃气体的场合，宜采用具有高分断能力的 RL 系列螺旋式熔断器或 RT（包括 NT）系列有填料封闭管式熔断器；对于保护硅整流器件及晶闸管的场合，应采用快速熔断器。

熔断器的形式也要考虑使用环境，例如，管式熔断器常用于大型设备及容量较大的变电场合；插入式熔断器常用于无振动的场合；螺旋式熔断器多用于机床配电；电子设备一般采用熔丝座。

(3) 熔体额定电流的选择

① 对于照明电路和电热设备等电阻性负载，因为其负载电流比较稳定，可用作过载保护和短路保护，所以熔体的额定电流（I_{rn}）应等于或稍大于负载的额定电流（I_{fn}），即

$$I_{rn}=1.1I_{fn}$$

② 电动机的启动电流很大，因此对电动机只宜作短路保护，对于保护长期工作的单台电动机，考虑到电动机启动时熔体不能熔断，即

$$I_{rn} \geqslant (1.5 \sim 2.5) I_{fn}$$

式中，轻载启动或启动时间较短时，系数可取近 1.5；重载启动、启动时间较长或启动较频繁时，系数可取近 2.5。

③ 对于保护多台电动机的熔断器，考虑到在出现尖峰电流时不熔断熔体，熔体的额定电流应等于或大于最大一台电动机的额定电流的 1.5～2.5 倍加上同时使用的其余电动机的额定电流之和，即

$$I_{rn} \geqslant (1.5 \sim 2.5) I_{fnmax} + \sum I_{fn}$$

式中　I_{fnmax}——多台电动机中容量最大的一台电动机的额定电流；

$\sum I_{fn}$——其余各台电动机额定电流之和。

必须说明，由于电动机负载情况不同，其启动情况也各不相同，因此，上述系数只作为确定熔体额定电流时的参考数据，精确数据需在实践中根据使用情况确定。

(4) 熔断器额定电压的选择

熔断器的额定电压应等于或大于所在电路的额定电压。

1.4　低压断路器

1.4.1　低压断路器概述

(1) 断路器的用途

断路器曾称自动开关，是指能接通、承载以及分断正常电路条件下的电流，也能在规定的非正常电路条件（例如短路）下接通、承载一定时间和分断电流的一种机械开关电器。按规定条件，断路器对配电电路、电动机或其他用电设备实行通断操作并起保护作用，即当电路内出现过载、短路或欠电压等情况时能自动分断电路。

断路器动作值可调整、兼具过载和保护两种功能、安装方便、分断能力强，特别是在分断故障电流后一般不需要更换零部件，因此应用非常广泛。

(2) 断路器的分类

断路器的类型很多，常用的分类方法见表 1-2。

表 1-2　断路器的分类

项目	种　类
按使用类别分类	断路器按使用类别，可分为非选择型（A 类）和选择型（B 类）两类
按结构形式分类	断路器按结构形式，可分为万能式（曾称框架式）和塑料外壳式（曾称装置式）
按操作方式分类	断路器按操作方式，可分为人力操作（手动）和无人力操作（电动、储能）
按极数分类	断路器按极数，可分为单极、两极、三极和四极式
按用途分类	断路器按用途，可分为配电用、电动机保护用、家用和类似场所用、剩余电流（漏电）保护用、特殊用途用等

(3) 断路器的基本结构与工作原理

断路器的种类虽然很多，但它的基本结构基本相同。断路器的结构主要有触点系统、灭弧装置、各种脱扣器和操作机构等部分。

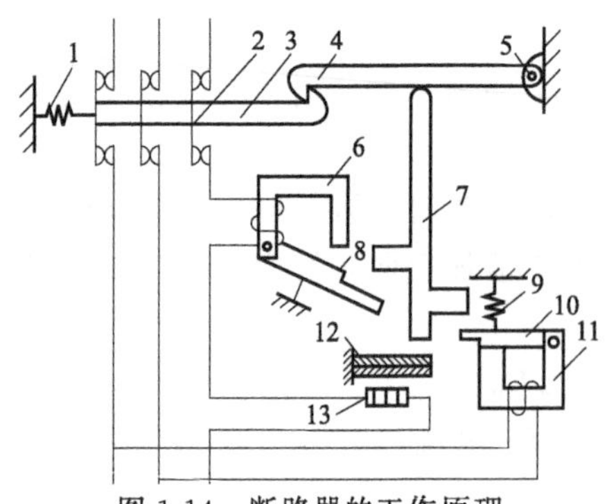

图 1-14 断路器的工作原理

1,9—弹簧；2—主触点；3—锁键；4—钩子；5—轴；6—电磁脱扣器；7—杠杆；8,10—衔铁；11—欠电压脱扣器；12—热脱扣器双金属片；13—热脱扣器的热元件

断路器的种类很多，结构比较复杂，但其工作原理基本相同，其工作原理如图 1-14 所示。断路器的三个触点串联在三相主电路中，电磁脱扣器的线圈及热脱扣器的热元件也与主电路串联，欠电压脱扣器的线圈与主电路并联。

当断路器闭合后，三个主触点由锁键钩住钩子，克服弹簧的拉力，保持闭合状态。而当电磁脱扣器吸合或热脱扣器的双金属片受热弯曲或欠电压脱扣器释放时，就可将杠杆顶起，使钩子和锁键脱开，于是主触点分断电路。

当电路正常工作时，电磁脱扣器的线圈产生的电磁力不能将衔铁吸合，而当电路发生短路，出现很大过电流时，线圈产生的电磁力增大，足以将衔铁吸合，使主触点断开，切断主电路；若电路发生过载，但又达不到电磁脱扣器动作的电流时，而流过热脱扣器的发热元件的过载电流，会使双金属片受热弯曲，顶起杠杆，导致触点分开来断开电路，起到过载保护作用；若电源电压下降较多或失去电压时，欠电压脱扣器的电磁力减小，使衔铁释放，同样导致触点断开而切断电路，从而起到欠电压或失电压保护作用。

低压断路器的图形符号和文字符号如图 1-15 所示。

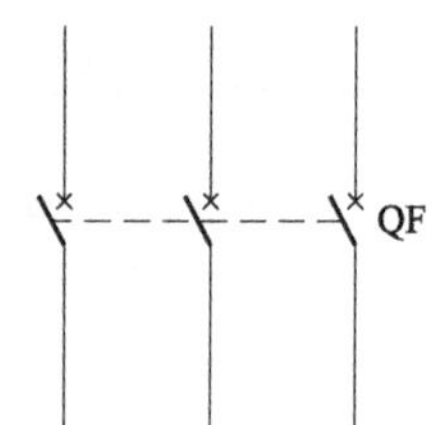

图 1-15 低压断路器的图形符号和文字符号

1.4.2 万能式断路器

(1) 基本结构

万能式断路器曾称为框架式断路器，这种断路器一般都有一个钢制的框架（小容量的也可由塑料底板加金属支架构成），所有零部件均安装在这个框架内，主要零部件都是裸露的，导电部分需先进行绝缘，再安装在底座上，而且部件大多可以拆卸，便于装配和调整。DW 型万能式断路器的结构如图 1-16 所示。

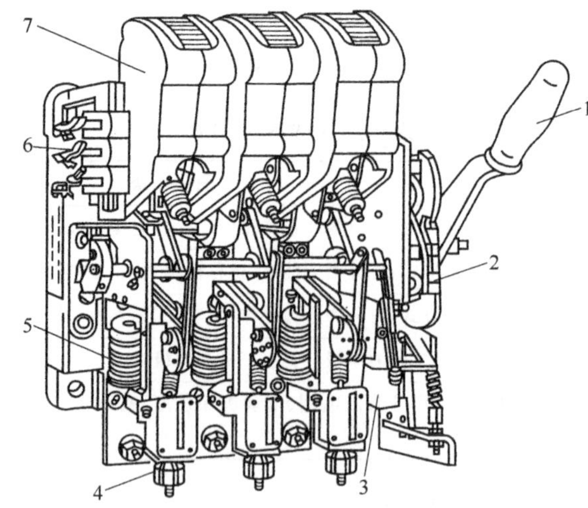

图 1-16 DW 型万能式断路器的结构图

1—操作手柄；2—自由脱扣机构；3—失压脱扣器；4—过流脱扣器电流调节螺母；5—过流脱扣器；6—辅助触点（联锁触点）；7—灭弧罩

(2) 特点与用途

这种断路器容量较大，其额定电流一般为 630～5000A，可装设多种脱扣器，辅助触点的数量很多，不同的脱扣器组合可以具有不同的保护特性。因此，这种断路器可设计成选择型或非选择型配电电器，也可进行具有反时限动作特性的电动机保护，另外它还可通过辅助触点实现远距离遥控和智能化控制。一般情况下，容量较小（600A 以下）的万能式断路器多用于线路和电源设备的过载、欠电压和短路的保护；容量较大（1000A 以上）的万能式断路器多用于变压器出线总开关、大容量馈线开关及大型电动机控制。

1.4.3 塑料外壳式断路器

(1) 基本结构

塑料外壳式断路器曾称为装置式断路器，这种断路器的所有零部件都安装在一个塑料外壳中，没有裸露的带电部分，使用比较安全。DZ 型塑料外壳式断路器的结构如图 1-17 所示，其主要由绝缘外壳、触点系统、操作机构和脱扣器等四部分组成。

(2) 特点与用途

塑料外壳式断路器多为非选择型，而且容量较小，一般在 600A 以下，新型的塑料外壳式断路器也可制成选择型，而且容量不断增大，有的容量已达 3000A 以上。小容量的断路器（50A 以下）一般采用非储能闭合、手动操作；大容量断路器的操作机构多采用储能闭合，而且还可进行远距离遥控。塑料外壳式断路器可以装设多种附件以适应各种不同控制和保护的需要，具有较高的短路分断能力、动稳定性和比较完备的选择性保护功能。它与万能式断路器相比，具有结构紧凑、体积小、操作简便、安全可靠等特点，缺点是通断能力比万能式断路器低，保护和操作方式较少。这种断路器广泛用于配电线路中，作为主电路和小容量发电机的保护和配电开关，也可用作小型配电变压器低压侧出线总开关以及对各种大型建筑（如宾馆、大楼、机场、车站等）和住宅的照明电路进行控制和保护，还可用作各种生产设备的电源开关。

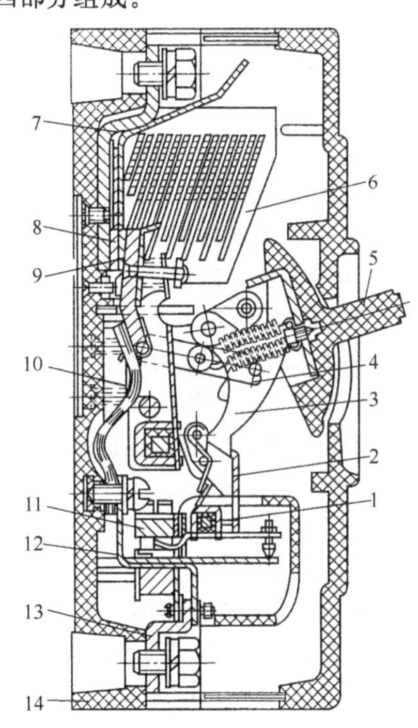

图 1-17　DZ 型塑料外壳式断路器结构图

1—牵引杆；2—锁扣；3—跳钩；4—连杆；5—操作手柄；6—灭弧室；7—引入线和接线端子；8—静触点；9—动触点；10—可挠连接条；11—电磁脱扣器；12—热脱扣器；13—引出线和接线端子；14—塑料底座

DZ 系列塑料外壳式断路器主要在电力系统中作配电及保护电动机之用，也可作为线路的不频繁转换及电动机的不频繁启动用。

1-2　断路器的使用方法与注意事项

1.4.4 断路器的选择

(1) 类型的选择

应根据电路的额定电流、保护要求和断路器的结构特点来选择断路器的类型。例如：

① 对于额定电流600A以下，短路电流不大的场合，一般选用塑料外壳式断路器。

② 若额定电流比较大，则应选用万能式断路器；若短路电流相当大，则应选用限流式断路器。

③ 在有漏电保护要求时，还应选用漏电保护式断路器。

④ 断路器的类型应符合安装条件、保护功能及操作方式的要求。

⑤ 一般情况下，保护变压器及配电线路可选用万能式断路器，保护电动机可选塑料外壳式断路器。

⑥ 校核断路器的接线方向，如果断路器技术文件或端子上表明只能上进线，则安装时不可采用下进线，母线开关一定要选用可下进线的断路器。

(2) 电气参数的确定

断路器的结构选定后，接着需选择断路器的电气参数。电气参数的确定除选择断路器的额定电压、额定电流和通断能力外，一个重要的问题就是怎样选择断路器过电流脱扣器的整定电流和保护特性以及配合等，以便达到比较理想的协调动作。选用的一般原则（指选用任何断路器都必须遵守的原则）为：

① 断路器的额定工作电压≥线路额定电压。

② 断路器的额定电流≥线路计算负载电流。

③ 断路器的额定短路通断能力≥线路中可能出现的最大短路电流（一般按有效值计算）。

④ 断路器热脱扣器的额定电流≥电路工作电流。

⑤ 根据实际需要，确定电磁脱扣器的额定电流和瞬时动作整定电流。

a. 电磁脱扣器的额定电流只要等于或稍大于电路工作电流即可。

b. 电磁脱扣器的瞬时动作整定电流为：作为单台电动机的短路保护时，电磁脱扣器的整定电流为电动机启动电流的1.35倍（DW系列断路器）或1.7倍（DZ系列断路器）；作为多台电动机的短路保护时，电磁脱扣器的整定电流为1.3倍最大一台电动机的启动电流再加上其余电动机的工作电流。

⑥ 断路器欠电压脱扣器额定电压＝线路额定电压。

并非所有断路器都需要带欠电压脱扣器，是否需要应根据使用要求而定。在某些供电质量较差的系统，选用带欠电压保护的断路器，反而会因电压波动而经常造成不希望的断电。在这种场合，若必须带欠电压脱扣器，则应考虑有适当的延时。

⑦ 断路器分励脱扣器的额定电压＝控制电源电压。

⑧ 电动传动机构的额定工作电压＝控制电源电压。

需要注意的是，选用时除一般选用原则外，还应考虑断路器的用途。配电用断路器和电动机保护用断路器以及照明、生活用导线保护断路器，应根据使用特点予以选用。

1.5 接触器

1.5.1 接触器概述

(1) 接触器的用途

接触器是指仅有一个起始位置，能接通、承载和分断正常电路条件（包括过载运行条件）下的电流的一种非手动操作的机械开关电器。它可用于远距离频繁地接通和分断交、直流主电路和大容量控制电路，具有动作快、控制容量大、使用安全方便、能频繁操作和远距离操作等优点，主要用于控制交、直流电动机，也可用于控制小型发电机、电热装置、电焊机和电容器组等设备，是电力拖动自动控制电路中使用最广泛的一种低压电气元件。

接触器能接通和断开负载电流，但不能切断短路电流，因此接触器常与熔断器和热继电器等配合使用。

(2) 接触器的分类

接触器的种类繁多，有多种不同的分类方法。

① 按操作方式分，有电磁接触器、气动接触器和液压接触器。

② 按接触器主触点控制电流种类分，有交流接触器和直流接触器。

③ 按灭弧介质分，有空气式接触器、油浸式接触器和真空接触器。

④ 按有无触点分，有有触点式接触器和无触点式接触器。

⑤ 按主触点的极数，还可分为单极、双极、三极、四极和五极等。

目前应用最广泛的是空气电磁式交流接触器和空气电磁式直流接触器，习惯上简称为交流接触器和直流接触器。

接触器的图形符号和文字符号如图 1-18 所示。

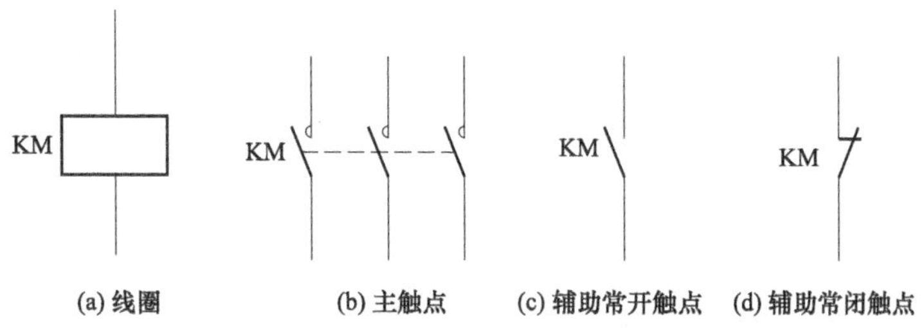

(a) 线圈　(b) 主触点　(c) 辅助常开触点　(d) 辅助常闭触点

图 1-18　接触器的图形符号和文字符号

(3) 接触器的主要技术参数

接触器的主要技术参数见表 1-3。

表 1-3　接触器的主要技术参数

项目	解　释
额定电压	额定电压是指在规定条件下，保证接触器主触点正常工作的电压值。通常，最大工作电压即为额定绝缘电压。一个接触器常常规定几个额定电压，同时列出相应的额定电流或控制功率，此外，还有辅助触点及吸引线圈的额定电压
额定电流	由电器主触点的工作条件（额定工作电压、使用类别、额定工作制和操作频率）所决定的电流值
约定发热电流	在规定条件下试验时，电流在 8h 工作制下，各部分温升不超过极限值时所承载的最大电流。对老产品只讲额定电流，对新产品（如 CJ20 系列）则有约定发热电流和额定工作电流之分
动作值	动作值是接触器的接通电压和释放电压。在接触器电磁线圈上已发热稳定时，若给它加上 85%额定电压，其衔铁应能完全可靠地吸合，无任何中途停滞现象；反之，如果在工作中电网电压过低或突然消失，衔铁也应完全可靠地释放，不停顿地返回原始位置
闭合与分断能力	接触器的闭合与分断能力，是指其主触点在工作情况下所能可靠地闭合和断开的电流值。在此电流下，闭合能力是指开关闭合时，不会造成触点熔焊的能力；断开能力是指开关断开时，不产生飞弧和过分磨损而能可靠灭弧的能力

1.5.2 交流接触器

(1) 交流接触器的基本结构

交流接触器的种类很多，常用交流接触器的外形如图 1-19 所示。交流接触器主要由触点系统、电磁机构、灭弧装置和其他部分等组成。交流接触器的结构和工作原理如图 1-20 所示。

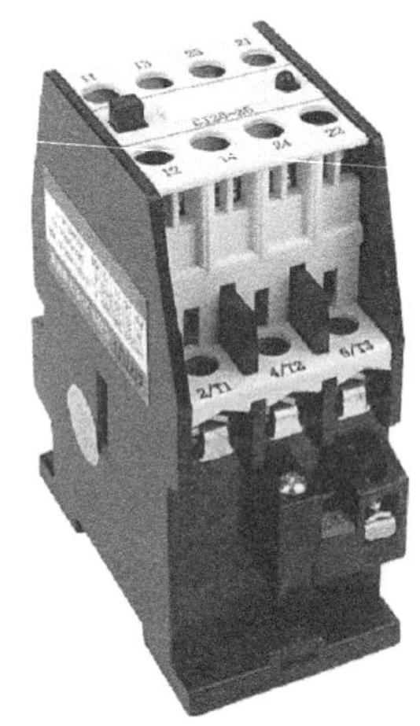

(a) CJ20－25系列

(b) CJ20－40系列

(c) CJ20－160系列

图 1-19　交流接触器的外形

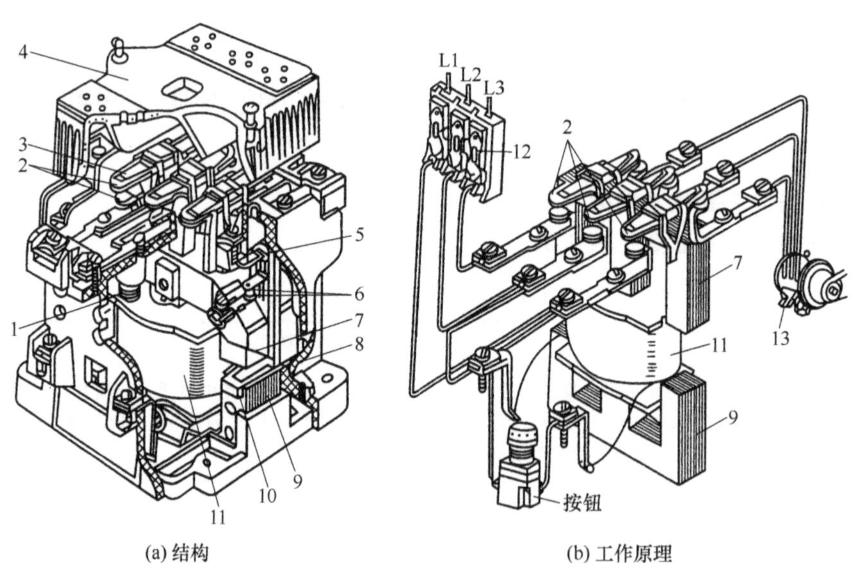

(a) 结构　　(b) 工作原理

图 1-20　交流接触器的结构和工作原理

1—释放弹簧；2—主触点；3—触点压力弹簧；4—灭弧罩；5—常闭辅助触点；6—常开辅助触点；7—动铁芯；8—缓冲弹簧；9—静铁芯；10—短路环；11—线圈；12—熔断器；13—电动机

(2) 工作原理

当线圈通电后，线圈中因有电流通过而产生磁场，静铁芯在电磁力的作用下，克服弹簧的反作用力，将动铁芯吸合，从而使动、静触点接触，主电路接通；而当线圈断电时，静铁芯的电磁吸力消失，动铁芯在弹簧的反作用力下复位，从而使动触点与静触点分离，切断主电路。

1.5.3　直流接触器

(1) 直流接触器的基本结构

直流接触器的种类很多，常用直流接触器的外形如图 1-21 所示。直流接触器的结构和工作原理与交流接触器基本相同，直流接触器主要由触点系统、电磁系统和灭弧装置三大部分组成。图 1-22 是平面布置整体式直流接触器的结构示意图。

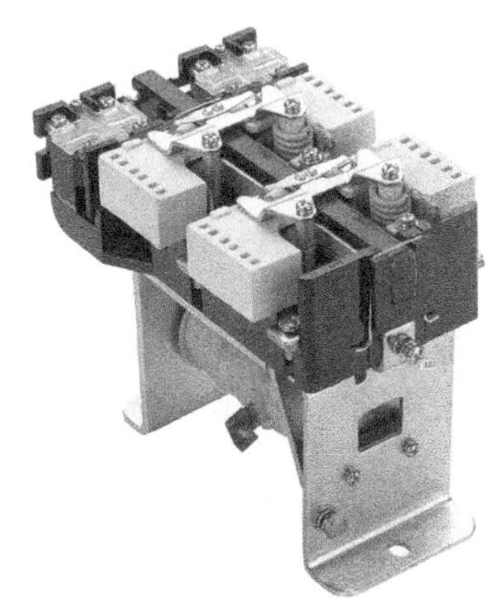

(a) CZ0系列

(b) CZ18系列

图 1-21　直流接触器的外形

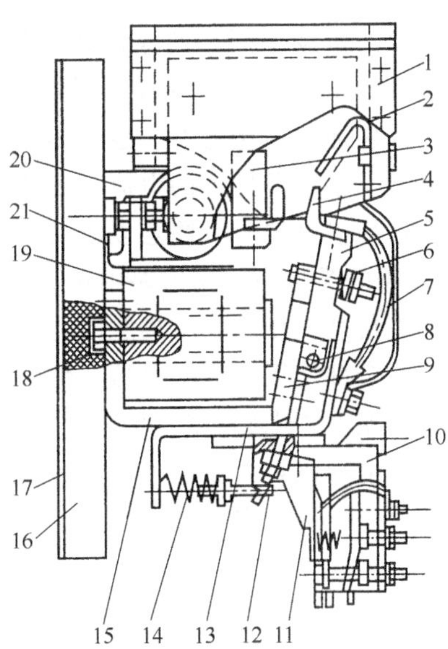

图 1-22　平面布置整体式直流接触器的结构示意图

1—灭弧罩；2—引弧角组件；3—引弧板；4—主触点；5—动触点座；6—释放弹簧；7—软连接；8—固定轴；9—衔铁组；10—辅助静触点座；11—辅助动触点座；12—调节螺栓；13—支架；14—反力释放弹簧；15—铁轭；16—底座；17—绝缘底板；18—铁芯；19—吸引线圈；20—磁吹线圈；21—隔热板

(2) 适用场合

目前，常用的直流接触器主要有CZ0系列、CZ18系列、CZ21系列和CZ28系列产品。其中，CZ0系列适用于直流电动机频繁启动、停止以及直流电动机的换向或反接制动，CZ0-400产品主要供远距离瞬时闭合与断开额定电压至220V、额定电流至100A的高压油断路器的电磁操作机构或频繁闭合和断开起重电磁铁、电磁阀、离合器的电磁线圈；CZ18系列和CZ21系列适用于远距离闭合与断开电路，并可作直流电动机的频繁启动、停止、反向和反接制动；CZ28系列主要用于直流电动机的频繁启动、反接制动或反向运转、点动、动态中分断，也可用于远距离闭合和断开直流电路。

(3) 交流接触器与直流接触器的区别

交流接触器与直流接触器的区别如下：

① 交流接触器的铁芯由彼此绝缘的硅钢片叠压而成，并做成双E形；直流接触器的铁芯多由整块软铁制成，多为U形。

② 交流接触器一般采用栅片灭弧装置，而直流接触器采用磁吹灭弧装置。

③ 交流接触器由于线圈通入的是交流电，为消除电磁铁产生的振动和噪声，在静铁芯上嵌有短路环，而直流接触器不需要。

④ 交流接触器的线圈匝数少，电阻小，而直流接触器的线圈匝数多，电阻大。

⑤ 交流接触器的启动电流大，不适于频繁启动和断开的场合，操作频率最高为600次/h，而直流接触器的操作频率可高达2000次/h。

⑥ 交流接触器用于分断交流电路，而直流接触器用于分断直流电路。

⑦ 交流接触器的使用成本低，而直流接触器的使用成本高。

1.5.4 接触器的选择

1-3 接触器

(1) 接触器的选择方法

由于接触器的安装场所与控制的负载不同，其操作条件与工作的繁重程度也不同。因此，必须对控制负载的工作情况以及接触器本身的性能有一个较全面的了解，力求经济合理、正确地选用接触器。也就是说，在选用接触器时，应考虑接触器的铭牌数据，因铭牌上只规定了某一条件下的电流、电压、控制功率等参数，而具体的条件又是多种多样的，因此，在选择接触器时应注意以下几点。

① 选择接触器的类型。接触器的类型应根据电路中负载电流的种类来选择。也就是说，交流负载应使用交流接触器，直流负载应使用直流接触器，若整个控制系统中主要是交流负载，而直流负载的容量较小，也可全部使用交流接触器，但触点的额定电流应适当大些。

② 选择接触器主触点的额定电流。主触点的额定电流应大于或等于被控电路的额定电流。

若被控电路的负载是三相异步电动机，其额定电流，可按下式推算，即

$$I_{\mathrm{N}}=\frac{P_{\mathrm{N}}\times 10^{3}}{\sqrt{3}U_{\mathrm{N}}\cos\varphi\eta}$$

式中 I_{N}——电动机额定电流，A；

U_{N}——电动机额定电压，V；

P_{N}——电动机额定功率，kW；

$\cos\varphi$——功率因数；

η——电动机效率。

例如，U_N=380V，P_N=100kW 以下的电动机，其 $\cos\varphi\eta$ 约为 0.7～0.82。

在频繁启动、制动和频繁正反转的场合，主触点的额定电流可稍微降低。

③ 选择接触器主触点的额定电压。接触器的额定工作电压应不小于被控电路的最大工作电压。

④ 接触器的额定通断能力应大于通断时电路中的实际电流值；耐受过载电流能力应大于电路中最大工作过载电流值。

⑤ 应根据系统控制要求确定主触点和辅助触点的数量和类型，同时要注意其通断能力和其他额定参数。

⑥ 如果接触器用来控制电动机的频繁启动、正反转或反接制动时，应将接触器的主触点额定电流降低使用，通常可降低一个电流等级。

(2) 选用注意事项

① 接触器线圈的额定电压应与控制回路的电压相同。

② 因为交流接触器的线圈匝数较少，电阻较小，当线圈通入交流电时，将产生一个较大的感抗，此感抗值远大于线圈的电阻，线圈的励磁电流主要取决于感抗的大小。如果将直流电流通入时，则线圈就成为纯电阻负载，此时流过线圈的电流会很大，使线圈发热，甚至烧坏。所以，在一般情况下，不能将交流接触器作为直流接触器使用。

1.6 继电器

1.6.1 继电器概述

(1) 继电器的用途

继电器是一种自动和远距离操纵用的电器，广泛地用于自动控制系统，遥控，遥测系统，电力保护系统以及通信系统中，起着控制、检测、保护和调节的作用，是现代电气装置中最基本的器件之一。

继电器定义为：当输入量（或激励量）满足某些规定的条件时，能在一个或多个电气输出电路中产生预定跃变的一种器件。即继电器是一种根据电气量（电压、电流等）或非电气量（热、时间、转速、压力等）的变化闭合或断开控制电路，以完成控制或保护的电器。电气继电器是输入激励量为电量参数（如电压或电流）的一种继电器。

继电器的用途很多，一般可以归纳如下：

① 输入与输出电路之间的隔离；

② 信号转换（从断开到接通）；

③ 增加输出电路（即切换几个负载或切换不同电源负载）；

④ 重复信号；

⑤ 切换不同电压或电流负载；

⑥ 保留输出信号；

⑦ 闭锁电路；

⑧ 提供遥控。

(2) 继电器的分类

继电器的分类见表 1-4。

表 1-4 继电器的分类

项 目	分 类
按对被控电路的控制方式分类	①有触点继电器 靠触点的机械运动接通与断开被控电路 ②无触点继电器 靠继电器元件自身的物理特性实现被控电路的通断
按应用领域、环境分类	继电器按应用领域、环境可分为电气系统继电保护用继电器、自动控制用继电器、通信用继电器、船舶用继电器、航空用继电器、航天用继电器、热带用继电器、高原用继电器等
按输入信号的性质分类	继电器按输入信号的性质可分为直流继电器、交流继电器、电压继电器、电流继电器、中间继电器、时间继电器、热继电器、温度继电器、速度继电器、压力继电器等
按工作原理分类	继电器按工作原理可分为电磁式继电器、感应式继电器、双金属继电器、电动式继电器、电子式继电器等
按动作时间分类	继电器的动作时间包括吸合时间 t_X 和释放时间 t_F。吸合时间是指从继电器输入回路接收信号开始到执行机构达到工作状态时所需的时间。释放时间是指从输入回路断电开始到执行机构恢复到通电前的状态所需要的时间。继电器按动作时间可分为 ①时间继电器，$t_X>1s$ ②缓动继电器，$t_X=0.05\sim1s$ ③普通继电器，$t_X=0.005\sim0.05s$ ④速动继电器，$t_X<0.005s$

(3) 继电器与接触器的区别

虽然继电器与接触器都用来自动闭合或断开电路，但是它们仍有许多不同之处，其主要区别如下：

① 继电器一般用于控制小电流的电路，触点额定电流不大于 5A，所以不加灭弧装置，而接触器一般用于控制大电流的电路，主触点额定电流不小于 5A，有的加有灭弧装置。

② 接触器一般只能对电压的变化作出反应，而各种继电器可以在相应的各种电量或非电量作用下动作。

1.6.2 中间继电器

1-4 接触器和中间继电器

(1) 中间继电器的特点

中间继电器是一种通过控制电磁线圈的通断，将一个输入信号变成多个输出信号或将信号放大（即增大触点容量）的继电器。中间继电器是用来转换控制信号的中间元件，其输入信号为线圈的通电或断电信号，输出信号为触点的动作。它的触点数量较多，触点容量较大，各触点的额定电流相同。

(2) 中间继电器的作用

中间继电器的主要作用是，当其他继电器的触点数量或触点容量不够时，可借助中间继电器来扩大它们的触点数量或增大触点容量，起到中间转换（传递、放大、翻转、分路和记忆等）作用。中间继电器的触点额定电流比其线圈电流大得多，所以可以用来放大信号。将多个中间继电器组合起来，还能构成各种逻辑运算与计数功能的线路。

(3) 中间继电器的基本结构与工作原理

中间继电器的种类很多，常用中间继电器的外形如图 1-23 所示。

中间继电器也采用电磁结构，主要由电磁系统和触点系统组成。从本质上来看，中间继电器也是电压继电器，仅触点数量较多、触点容量较大而已。中间继电器种类很多，而且除

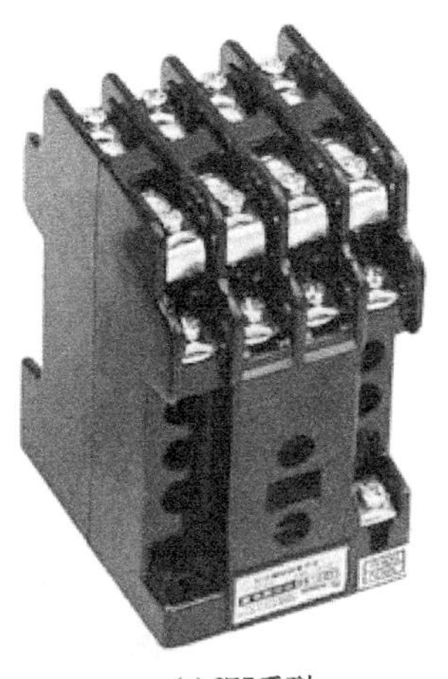

(a) JZ7系列

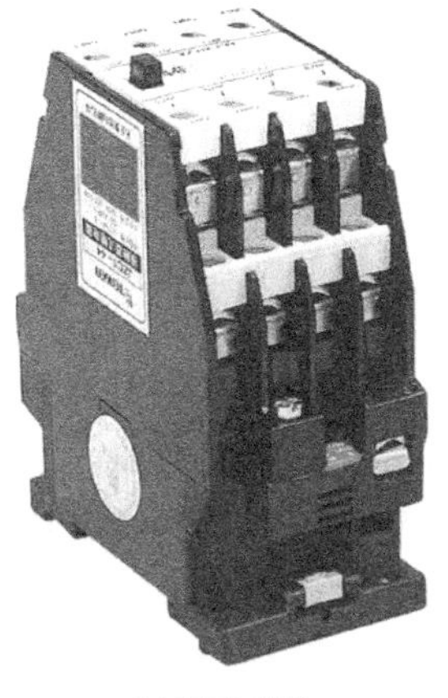

(b) JZC1系列

(c) DZ-3系列

图 1-23 中间继电器的外形

专门的中间继电器外，额定电流较小的接触器（5A）也常被用作中间继电器。

图 1-24 为 JZ7 系列中间继电器的结构图，其结构与工作原理与小型直动式接触器基本相同，只是它的触点系统中没有主、辅之分，各对触点所允许通过的电流大小是相等的。由于中间继电器触点接通和分断的是交、直流控制电路，电流很小，所以一般中间继电器不需要灭弧装置。中间继电器线圈在加上 85%～105%额定电压时应能可靠工作。

中间继电器的图形符号和文字符号如图 1-25 所示。

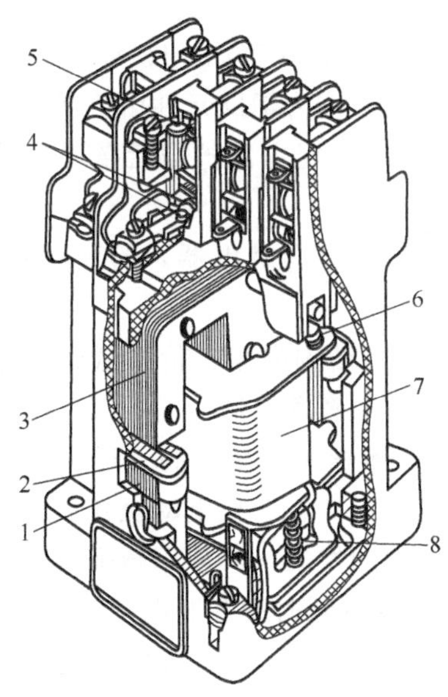

图 1-24 JZ7 系列中间继电器的结构

1—静铁芯；2—短路环；3—衔铁（动铁芯）；
4—常开（动合）触点；5—常闭（动断）触点；
6—释放（复位）弹簧；7—线圈；8—缓冲（反作用）弹簧

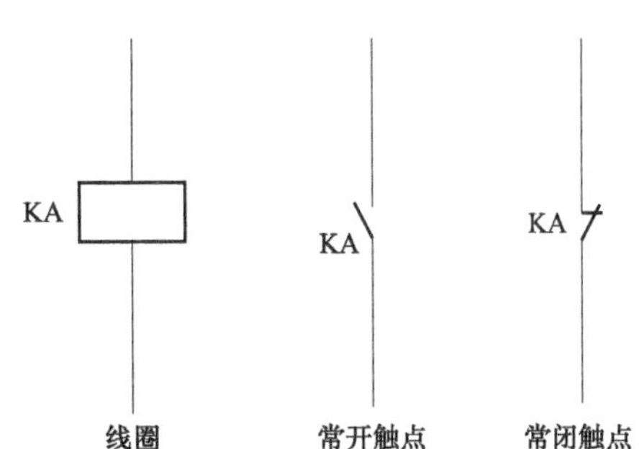

图 1-25 中间继电器的图形符号和文字符号

(4) 中间继电器与接触器的区别

① 接触器主要用于接通和分断大功率负载电路，而中间继电器主要用于切换小功率的

负载电路。

② 中间继电器的触点对数多，且无主辅触点之分，各对触点所允许通过的电流大小相等。

③ 中间继电器主要用于信号的传送，还可以用于实现多路控制和信号放大。

④ 中间继电器常用以扩充其他电器的触点数目和容量。

(5) 中间继电器的选择

① 中间继电器线圈的电压或电流应满足电路的需要。

② 中间继电器触点的种类和数目应满足控制电路的要求。

③ 中间继电器触点的额定电压和额定电流也应满足控制电路的要求。

④ 应根据电路要求选择继电器的交流或直流类型。

1.6.3 时间继电器

1-5 时间继电器

(1) 时间继电器的用途

时间继电器是一种自得到动作信号起至触点动作或输出电路产生跳跃式改变有一定延时，该延时又符合其准确度要求的继电器，即从得到输入信号（线圈的通电或断电）开始，经过一定的延时后才输出信号（触点的闭合或断开）的继电器。时间继电器被广泛应用于电动机的启动控制和各种自动控制系统。

(2) 时间继电器的分类与特点

① 按动作原理分类　时间继电器按动作原理可分为有电磁式、同步电动机式、空气阻尼式、晶体管式（又称电子式）等。

a. 电磁式时间继电器结构简单、价格低廉，但延时较短（例如 JT3 型延时时间只有 0.3～5.5s），且只能用于直流断电延时。电磁式时间继电器作为辅助元件用于保护及自动装置中，使被控元件达到所需要的延时，在保护装置中用以实现主保护与后备保护的选择性配合。

b. 同步电动机式时间继电器（又称电动机式或电动式时间继电器）的延时精确度高、延时范围大（有的可达几十小时），但价格较昂贵。

c. 空气阻尼式时间继电器又称气囊式时间继电器，其结构简单、价格低廉，延时范围较大（0.4～180s），有通电延时和断电延时两种，但延时准确度较低。

d. 晶体管式时间继电器又称电子式时间继电器，其体积小、精度高、可靠性好。晶体管式时间继电器的延时可达几分钟到几十分钟，比空气阻尼式长，比电动机式短；延时精确度比空气阻尼式高，比同步电动机式略低。随着电子技术的发展，其应用越来越广泛。

② 按延时方式分类　时间继电器按延时方式可分为通电延时型和断电延时型。

a. 通电延时型时间继电器接受输入信号后延迟一定的时间，输出信号才发生变化；当输入信号消失后，输出瞬时复原。

b. 断电延时型时间继电器接受输入信号时，瞬时产生相应的输出信号；当输入信号消失后，延迟一定时间，输出才复原。

(3) 空气阻尼式时间继电器

① 基本结构　JS7-A 系列空气阻尼式时间继电器的外形如图 1-26 所示。

空气阻尼式时间继电器主要由电磁系统、延时机构和触点系统三部分组成，如图1-27所示。它是利用空气的阻尼作用进行延时的。其电磁系统为直动式双 E 形，触点系统借用微动开关，延时机构采用气囊式阻尼器。

图 1-26　JS7-A 系列空气阻尼式时间继电器的外形

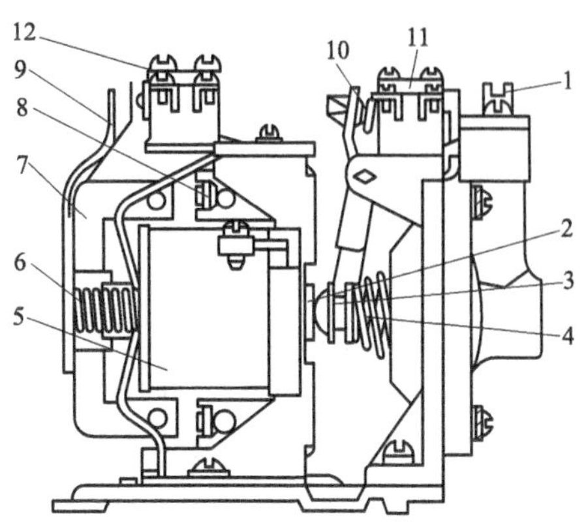

图 1-27　JS7-A 系列空气阻尼式时间继电器的结构

1—调节螺钉；2—推板；3—推杆；4—塔形弹簧；5—线圈；6—反力弹簧；7—衔铁；8—铁芯；9—弹簧片；10—杠杆；11—延时触点；12—瞬时触点

② 类型与特点　空气阻尼式时间继电器的电磁机构有交流、直流两种。延时方式有通电延时型和断电延时型。当动铁芯（衔铁）位于静铁芯和延时机构之间位置时为通电延时型；当静铁芯位于动铁芯和延时机构之间位置时为断电延时型。

常用空气阻尼式时间继电器主要是 JS7-A 等系列产品。JS7-A 系列空气阻尼式时间继电器主要适用于交流 50Hz，电压至 380V 的电路中，通常用在自动或半自动控制系统中，按预定的时间使被控制元件动作。

③ 通电延时型的工作原理　JS7-A 系列空气阻尼式时间继电器通电延时的工作原理如

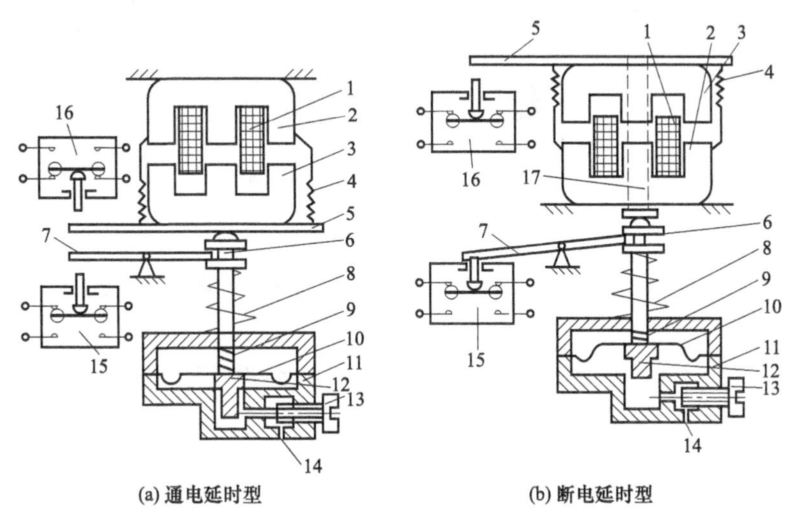

(a) 通电延时型　(b) 断电延时型

图 1-28　JS7-A 系列空气阻尼式时间继电器的工作原理

1—线圈；2—静铁芯；3—动铁芯；4—反力弹簧；5—推板；6—活塞杆；7—杠杆；8—塔形弹簧；9—弱弹簧；10—橡胶膜；11—空气室壁；12—活塞；13—调节螺钉；14—进气孔；15,16—微动开关；17—推杆

图 1-28（a）所示。当线圈 1 得电后，动铁芯 3 克服反力弹簧 4 的阻力与静铁芯吸合，活塞杆 6 在塔形弹簧 8 的作用下向上移动，使与活塞 12 相连的橡胶膜 10 也向上移动，由于受到进气孔 14 进气速度的限制，这时橡胶膜下面形成空气稀薄的空间，与橡胶膜上面的空气形成压力差，对活塞的移动产生阻尼作用。空气由进气孔进入气囊（空气室），经过一段时间，活塞才能完成全部行程而通过杠杆 7 压动微动开关 15，使其触点动作，起到通电延时作用。

从线圈得电到微动开关 15 动作的一段时间即为时间继电器的延时时间，其延时时间长短可以通过调节螺钉 13 调节进气孔气隙大小来改变，进气越快，延时越短。

当线圈 1 断电时，动铁芯 3 在弹簧 4 的作用下，通过活塞杆 6 将活塞 12 推向下端，这时橡胶膜 10 下方气室内的空气通过橡胶膜、弱弹簧 9 和活塞的局部所形成的单向阀迅速从橡胶膜上方气室缝隙中排掉，使活塞杆 6、杠杆 7 和微动开关 15 等迅速复位。从而使得微动开关 15 的动断（常闭）触点瞬时闭合，动合（常开）触点瞬时断开。

在线圈通电和断电时，微动开关 16 在推板 5 的作用下都能瞬时动作，其触点即为时间继电器的瞬动触点。

④ 断电延时型的工作原理　图 1-28（b）所示为断电延时型的时间继电器（可将通电延时型的电磁铁翻转 180°安装而成）。当线圈 1 通电时，动铁芯 3 被吸合，带动推板 5 压合微动开关 16，使其动断（常闭）触点瞬时断开，动合（常开）触点瞬时闭合。与此同时，动铁芯 3 压动推杆 17，使活塞杆 6 克服塔形弹簧 8 的阻力向下移动，通过杠杆 7 使微动开关 15 也瞬时动作，其动断触点断开，动合触点闭合，没有延时作用。

当线圈 1 断电时，动铁芯 3 在反力弹簧 4 的作用下瞬时释放，通过推板 5 使微动开关 16 的触点瞬时复位。与此同时，活塞杆 6 在塔形弹簧 8 及气室各部分元件作用下延时复位，使微动开关 15 各触点延时动作。

时间继电器的图形符号和文字符号如图 1-29 所示，图中延时闭合的常开触点指的是，当时间继电器的线圈得电时，触点延时闭合，当时间继电器线圈失电时，触点瞬时断开；图中延时断开的常闭触点指的是，当时间继电器的线圈得电时，触点延时断开，当时间继电器线圈失电时，触点瞬时闭合；图中延时断开的常开触点指的是，当时间继电器的线圈得电

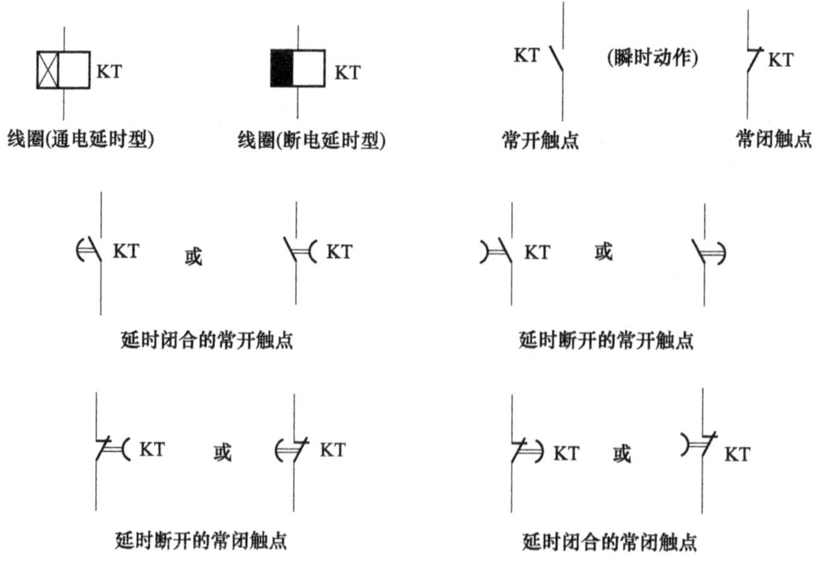

图 1-29　时间继电器的图形符号和文字符号

时，触点瞬时闭合，当时间继电器线圈失电时，触点延时断开；图中延时闭合的常闭触点指的是，当时间继电器的线圈得电时，触点瞬时断开，当时间继电器线圈失电时，触点延时闭合。

(4) 晶体管式时间继电器

① 结构　晶体管式时间继电器的种类很多，常用晶体管式时间继电器的外形如图 1-30 所示。

(a) JS20系列

(b) ST3P系列

(c) JS14P系列

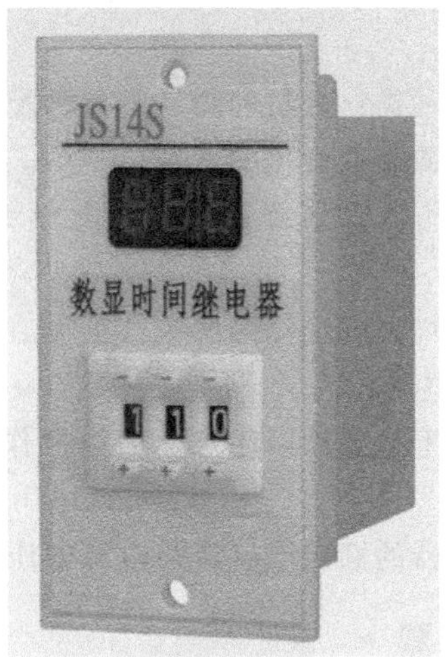

(d) JS14S系列

图 1-30　晶体管式时间继电器的外形

晶体管式时间继电器的品种和形式很多，电路各异，下面以具有代表性的 JS20 系列为例，介绍晶体管式时间继电器的结构和工作原理。

JS20 系列晶体管式时间继电器采用插座式结构，所有元件装在印制电路板上，然后用螺钉使之与插座紧固，再装入塑料罩壳，组成本体部分。

在罩壳顶面装有铭牌和整定电位器的旋钮。铭牌上标有最大延时时间的十等分刻度。使用时旋动旋钮即可调整延时时间。并有指示灯，当继电器吸合后指示灯亮。外接式的整定电位器不装在继电器的本体内，而用导线引接到所需的控制板上。

安装方式有装置式和面板式两种。装置式备有带接线端子的胶木底座，它与继电器本体部分采用接插连接，并用扣攀锁紧，以防松动；面板式可直接把时间继电器安装在控制台的面板上，它与装置式的结构大体一样，只是采用通用大 8 脚插座代替装置式的胶木底座。

② 类型　晶体管式时间继电器的分类：

a. 晶体管式时间继电器按构成原理可分为阻容式和数字式两类。

b. 晶体管式时间继电器按延时的方式可分为通电延时型、断电延时型、带瞬动触点的通电延时型等。

③ 特点　晶体管式时间继电器也称为半导体式时间继电器或电子式时间继电器。它均由电子元件组成，没有机械零件，因而具有寿命和精度较高、体积小、延时范围宽、控制功率小等优点。

注意：晶体管式时间继电器一般采用晶体管与 RC（电阻与电容）构成延时电路，通过调节 R 的阻值来预置时间。晶体管式时间继电器采用秒脉冲计时并用数字方式显示，数码拨盘预置时间。数字式电子时间继电器的延时精度和稳定性均较高。

(5) 时间继电器的选择

① 时间继电器延时方式有通电延时型和断电延时型两种，因此选用时应确定采用哪种延时方式更方便组成控制线路。

② 凡对延时精度要求不高的场合，一般宜采用价格较低的电磁阻尼式（电磁式）或空气阻尼式（气囊式）时间继电器；若对延时精度要求较高，则宜采用电动机式或晶体管式时间继电器。

③ 延时触点种类、数量和瞬动触点种类、数量应满足控制要求。

④ 应注意电源参数变化的影响。例如，在电源电压波动大的场合，采用空气阻尼式或电动机式比采用晶体管式好；而在电源频率波动大的场合，则不宜采用电动机式时间继电器。

⑤ 应注意环境温度变化的影响。通常在环境温度变化较大处，不宜采用空气阻尼式和晶体管式时间继电器。

⑥ 对操作频率也要加以注意。因为操作频率过高不仅会影响电气寿命，还可能导致延时误动作。

⑦ 时间继电器的额定电压应与电源电压相同。

1.6.4 热继电器

1-6　热继电器

(1) 热继电器的用途

热继电器是热过载继电器的简称，它是一种利用电流的热效应来切断电路的一种保护电器，常与接触器配合使用，热继电器具有结构简单、体积小、价格低和保护性能好等优点，主要用于电动机的过载保护、断相及电流不平衡运行的保护及其他电气设备发热状态的控制。

(2) 热继电器的分类

① 按动作方式分，有双金属片式、热敏电阻式和易熔合金式三种。

a. 双金属片式：利用双金属片（用两种线胀系数不同的金属，通常为锰镍、铜板轧制成）受热弯曲去推动执行机构动作。这种继电器结构简单、体积小、成本低，同时在选择合适的热元件的基础上能得到良好的反时限特性（电流越大越容易动作，经过较短的时间就开始动作），因此被广泛应用。

b. 热敏电阻式：利用电阻值随温度变化而变化的特性制成的热继电器。

c. 易熔合金式：利用过载电流发热使易熔合金达到某一温度时，合金熔化而使继电器动作。

② 按加热方式分，有直接加热式、复合加热式、间接加热式和电流互感器加热式四种。

③ 按极数分，有单极、双极和三极三种。其中三极的又包括带和不带断相保护装置的两类。

④ 按复位方式分，有自动复位和手动复位两种。

(3) 双金属片式热继电器的结构

双金属片式热继电器的种类很多，常用双金属片式热继电器的外形如图 1-31 所示。

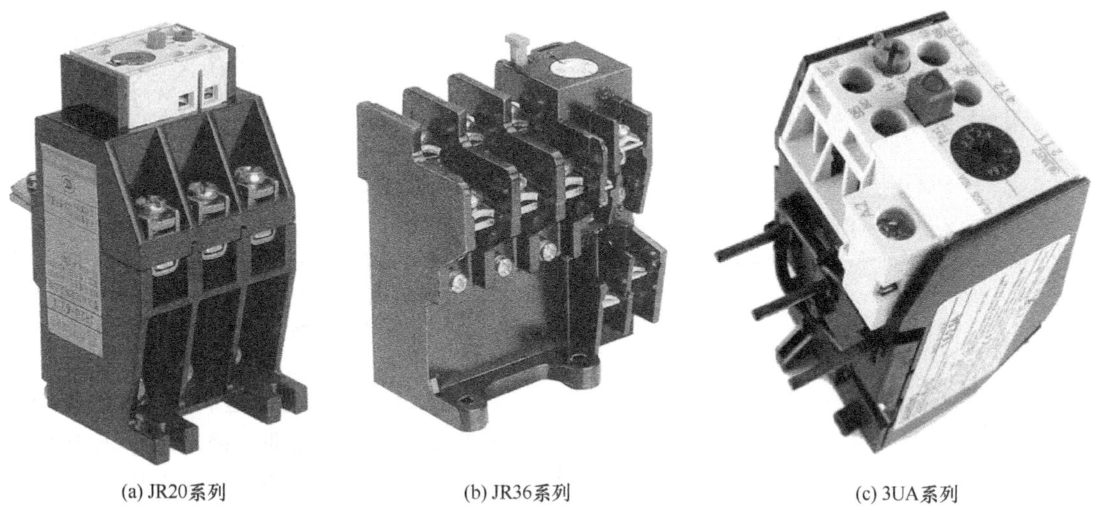

(a) JR20系列　(b) JR36系列　(c) 3UA系列

图 1-31　双金属片式热继电器的外形

双金属片式热继电器由双金属片、加热元件、触点系统及推杆、弹簧、整定值（电流）调节旋钮、复位按钮等组成，其结构如图 1-32 所示。

(4) 双金属片式热继电器的工作原理

双金属片式热继电器的工作原理如图 1-33 所示。

当负载发生过载时，过载电流通过串联在供电电路中的热元件（电阻丝）4，使之发热过量，双金属片 5 受热膨胀，因双金属片的左边一片线胀系数较大，所以双金属片的下端向右弯曲，通过导板 6 推动温度补偿双金属片 7，使推杆 10 绕轴转动，这又推动了杠杆 15 使它绕转轴 14 转动，于是热继电器的动断（常闭）静触点 16 断开。在控制电路中，常闭静触点 16 串在接触器的线圈回路中，当常闭静触点 16 断开时，接触器的线圈断电，接触器的主触点分断，从而切断过载线路。

热继电器的图形符号和文字符号如图 1-34 所示。

双金属片式热继电器有以下特点：

① 热继电器动作后的复位，有手动和自动两种复位方式。

② 图 1-32 所示的热继电器均为两个发热元件（即两相结构）。此外，还有装有三个发热元件的三相结构，其外形及原理与两相结构类似。

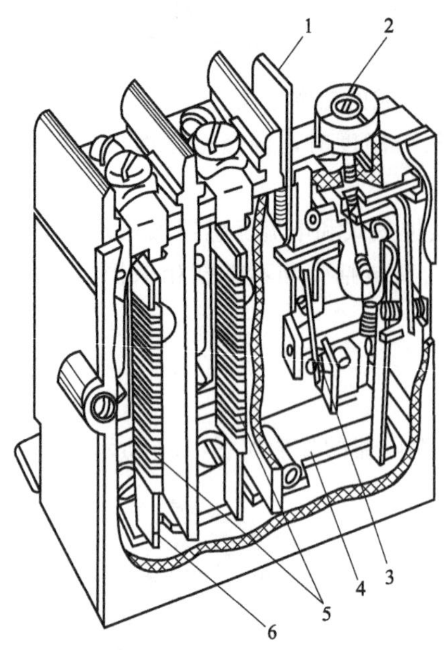

图 1-32 双金属片式热继电器的结构

1—复位按钮；2—电流调节旋钮；3—触点；4—推杆；5—加热元件；6—双金属片

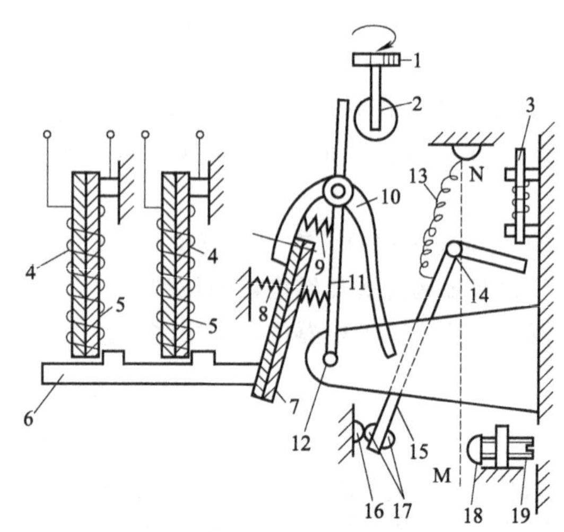

图 1-33 双金属片式热继电器的工作原理

1—调节旋钮；2—偏心轮；3—复位按钮；4—热元件；5—双金属片；6—导板；7—温度补偿双金属片；8,9,13—弹簧；10—推杆；11—支撑杆；12—支点；14—转轴；15—杠杆；16—常闭静触点；17—动触点；18—常开静触点；19—复位调节螺钉

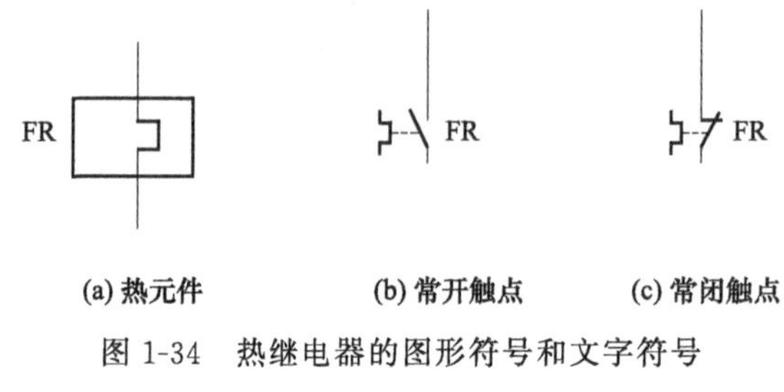

图 1-34 热继电器的图形符号和文字符号

③ 因为热继电器是利用电流热效应，使双金属片受热弯曲，推动动作机构切断控制电路起保护作用的，双金属片受热弯曲需要一定的时间。当电路中发生短路时，虽然短路电流很大，但热继电器可能还未来得及动作，就已经把热元件或被保护的电气设备烧坏了，因此，热继电器不能用作短路保护。

(5) 热继电器的选择

热继电器选用是否得当，直接影响着对电动机进行过载保护的可靠性。通常选用时应按电动机形式、工作环境、启动情况及负载情况等几方面综合加以考虑。

① 原则上热继电器（热元件）的额定电流等级一般略大于电动机的额定电流。热继电器选定后，再根据电动机的额定电流调整热继电器的整定电流，使整定电流与电动机的额定电流相等。对于过载能力较差的电动机，所选的热继电器的额定电流应适当小一些，并且将整定电流调到电动机额定电流的 60%～80%。当电动机因带负载启动而启动时间较长或电动机的负载是冲击性的负载（如冲床等）时，则热继电器的整定电流应稍大于电动机的额定电流。

② 一般情况下可选用两相结构的热继电器。对于电网电压均衡性较差、无人看管的电动机或与大容量电动机共用一组熔断器的电动机，宜选用三相结构的热继电器。定子三相绕

组为三角形联结的电动机，应采用有断相保护的三元件热继电器作过载和断相保护。

③ 热继电器的工作环境温度与被保护设备的环境温度的差别不应超出 15～25℃。

④ 对于工作时间较短、间歇时间较长的电动机（例如摇臂钻床的摇臂升降电动机等），以及虽然长期工作，但过载可能性很小的电动机（例如排风机电动机等），可以不设过载保护。

⑤ 双金属片式热继电器一般用于轻载、不频繁启动电动机的过载保护。对于重载、频繁启动的电动机，则可用过电流继电器（延时动作型的）作它的过载和短路保护。因为热元件受热变形需要时间，故热继电器不能作短路保护。

1.6.5 电流继电器

(1) 电流继电器的分类与用途

电流继电器是一种根据线圈中（输入）电流大小而接通或断开电路的继电器，即触点的动作与否与线圈动作电流大小有关的继电器。电流继电器按线圈电流的种类可分为交流电流继电器和直流电流继电器，按用途可分为过电流继电器和欠电流继电器。

电流继电器的线圈与被测量电路串联，以反映电路电流的变化，为不影响电路的工作情况，其线圈的匝数少、导线粗、线圈阻抗小。

过电流继电器的任务是，当电路发生短路或严重过载时，必须立即将电路切断。因此，当电路在正常工作时，即当过电流继电器线圈通过的电流低于整定值时，继电器不动作，只要超过整定值时，继电器才动作。瞬动型过电流继电器常用于电动机的短路保护；延时动作型常用于过载兼具短路保护。过电流继电器复位分自动和手动两种。

欠电流继电器的任务是，当电路电流过低时，必须立即将电路切断。因此，当电路在正常工作时，即欠电流继电器线圈通过的电流为额定电流（或低于额定电流一定值）时，继电器是吸合的。只有当电流低于某一整定值时，继电器释放，才输出信号。欠电流继电器常用于直流电动机和电磁吸盘的失磁保护。

电流继电器的外形如图 1-35 所示，电流继电器的图形符号和文字符号如图 1-36 所示。

(a) JL12系列　　(b) JL18系列

图 1-35　电流继电器的外形

(2) 电流继电器的选择

① 过电流继电器的选择。过电流继电器的额定电流应当大于或等于被保护电动机的额定电流，其动作电流一般为电动机额定电流的 1.7～2 倍，频繁启动时，为电动机额定电流的 2.25～2.5 倍；对于小容量直流电动机和绕线式异步电动机，其额定电流应按电动机长期

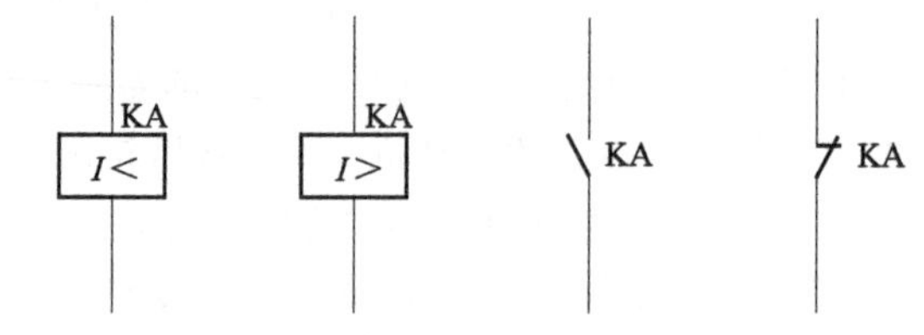

(a) 欠电流线圈　(b) 过电流线圈　(c) 常开触点　(d) 常闭触点

图 1-36　电流继电器的图形符号和文字符号

工作的额定电流选择。

② 欠电流继电器的选择。欠电流继电器的额定电流应不小于直流电动机的励磁电流，释放动作电流应小于励磁电路正常工作范围内可能出现的最小励磁电流．一般为最小励磁电流的 0.8 倍。

1.6.6　电压继电器

(1) 电压继电器的工作原理与特点

电压继电器用于电力拖动系统的电压保护和控制，使用时电压继电器的线圈与负载并联，为不影响电路的工作情况，其线圈的匝数多、导线细、线圈阻抗大。

一般来说，过电压继电器在电压升至 1.1～1.2 倍额定电压时动作，对电路进行过电压保护；欠电压继电器在电压降至 0.4～0.7 倍额定电压时动作，对电路进行欠电压保护；零电压继电器在电压降至 0.05～0.25 倍额定电压时动作，对电路进行零压保护。

(2) 电压继电器的用途

① 过电压继电器　过电压继电器线圈在额定电压时，动铁芯不产生吸合动作，只有当线圈电压高于其额定电压的某一值（即整定值）时，动铁芯才产生吸合动作，所以称为过电压继电器。因为直流电路不会产生波动较大的过电压现象，所以在产品中没有直流过电压继电器。交流过电压继电器在电路中起过电压保护作用。当电路一旦出现过高的电压现象时，过电压继电器就马上动作，从而控制接触器及时分断电气设备的电源。

② 欠电压继电器　与过电压继电器比较，欠电压继电器在电路正常工作（即未出现欠电压故障）时，其衔铁处于吸合状态。如果电路电压降低至线圈的释放电压（即继电器的整定电压）时，则衔铁释放，使触点动作，从而控制接触器及时断开电气设备的电源。

电压继电器的外形如图 1-37 所示，电压继电器的图形符号和文字符号如图 1-38 所示。

(3) 选择方法

① 电压继电器线圈电流的种类和电压等级应与控制电路一致。

② 根据继电器在控制电路中的作用（是过电压还是欠电压）选择继电器的类型，按控制电路的要求选择触点的类型（常开或常闭）和数量。

③ 继电器的动作电压一般为系统额定电压的 1.1～1.2 倍。

④ 零电压继电器一般常用电磁式继电器或小型接触器，因此选用时，只要满足一般要求即可，对释放电压值无特殊要求。

1.6.7　速度继电器

(1) 速度继电器的用途

速度继电器是将电动机的转速信号经电磁感应原理来控制触点动作的电器，是当转速达

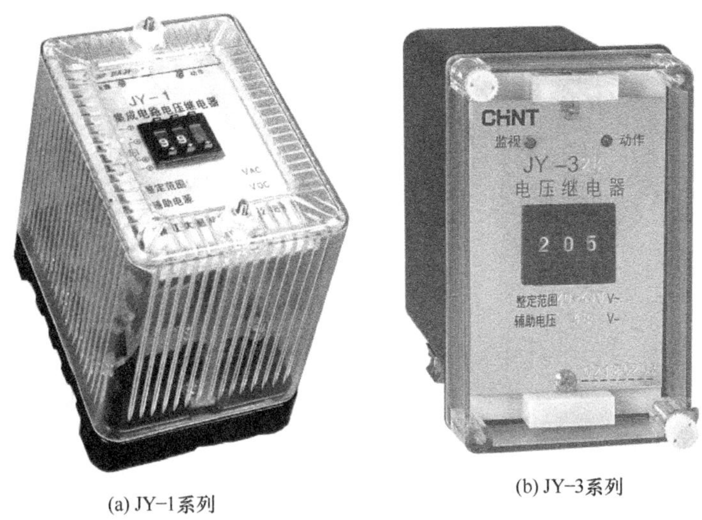

(a) JY-1系列 (b) JY-3系列

图 1-37 电压继电器的外形

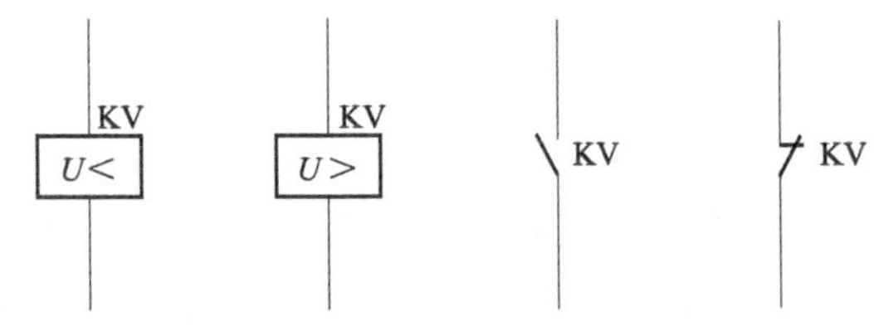

(a) 欠电压线圈 (b) 过电压线圈 (c) 常开触点 (d) 常闭触点

图 1-38 电压继电器的图形符号和文字符号

到规定值时动作的继电器。它常被用于电动机反接制动的控制电路中，当反接制动的转速下降到接近零时，它能自动地及时切断电源。

(2) 速度继电器的基本结构

常用速度继电器的外形如图 1-39 所示。

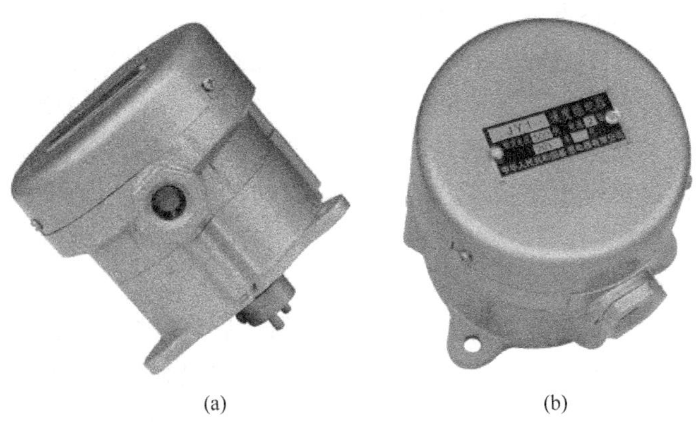
(a) (b)

图 1-39 速度继电器的外形

速度继电器主要由定子、转子和触点系统三部分组成。触点系统有正向运转时动作和反向运转时动作的触点各一组，每组又各有一对常闭触点和一对常开触点，如图 1-40（a）、（c）所示。速度继电器的图形符号和文字符号如图 1-40（b）所示。

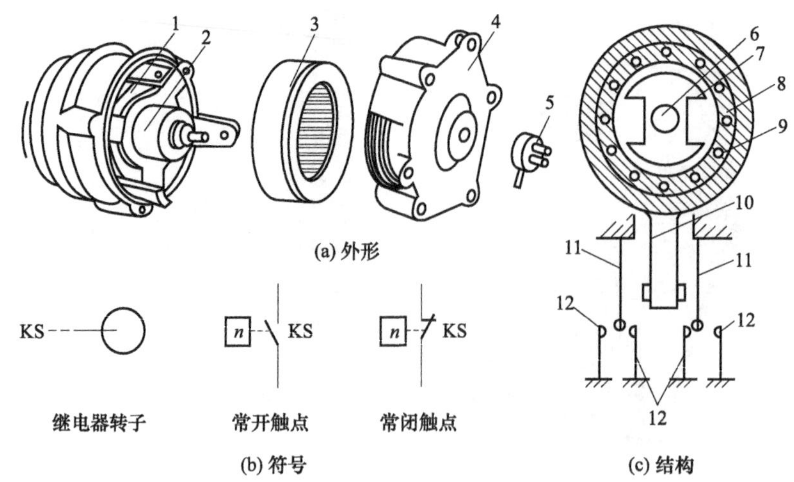

图 1-40　JY1 型速度继电器的外形、符号和结构

1—可动支架；2—转子；3,8—定子；4—端盖；5—连接头；6—电动机轴；7—转子（永久磁铁）；9—定子绕组；10—胶木摆杆；11—反力簧片（动触点）；12—静触点

(3) 速度继电器的工作原理

速度继电器的转轴与电动机轴相连接，当电动机转动时，继电器的转子 7 随着一起转动，使永久磁钢的磁场变成旋转磁场。定子绕组 9 因切割磁力线而产生感应电动势并产生感应电流。载流导体与旋转磁场相互作用产生电磁转矩，于是定子跟着转子相应偏转。转子转速越高，定子导体内产生的电流就越大，电磁转矩也就越大。当定子偏转到一定角度时，带动摆杆 10 推动触点，使常闭触点断开，常开触点闭合。在摆杆 10 推动触点的同时，也压缩反力簧片 11，其反作用力阻止了定子继续偏转。当电动机转速下降时，速度继电器的转子的转速也随之下降，定子导体内产生的电流也相应减小，因而电磁转矩也相应减小。当速度继电器的转子的速度下降到一定数值时，电磁转矩小于反力簧片的反作用力矩，定子便返回到原来的位置，使对应的触点恢复到原来状态。

调节反力簧片的反作用力的大小，从而可以调节触点动作时所需转子的转速。

当电动机正向运转时，定子偏转使正向常开触点闭合，常闭触点断开，同时接通、断开与它们相连的电路；当正向旋转速度接近零时，定子复位，使常开触点断开，常闭触点闭合，同时与其相连的电路也改变状态。当电动机反转时，定子相反方向旋转，使反向动作触点动作，情况与正向时相同。

(4) 速度继电器选用注意事项

速度继电器是用来反映转速与转向变化的继电器。它可以按照被控电动机转速的大小使控制电路接通或断开。速度继电器通常与接触器配合，实现对电动机的反接制动。

① 速度继电器的选择　速度继电器主要根据电动机的额定转速来选择。

② 速度继电器的使用

a. 速度继电器的转轴应与电动机同轴连接。

b. 速度继电器安装接线时，正反向的触点不能接错，否则不能起到反接制动时接通和断开反向电源的作用。

1.7 主令电器

1.7.1 主令电器概述

(1) 主令电器的用途

主令电器是一种在电气自动控制系统中用于发送或转换控制指令的电器。它一般用于控制接触器、继电器或其他电器线路，从而使电路接通或分断来实现对电力传输系统或生产过程的自动控制。

主令电器可以直接控制电路，也可以通过中间继电器进行间接控制。由于它是一种专门用于发送动作指令的电器，故称为“主令电器”。

(2) 主令电器的分类

主令电器应用广泛，种类繁多，按其功能分，常用的主令电器有以下几种：控制按钮、行程开关、接近开关、万能转换开关、主令控制器。

(3) 主要技术参数

主令电器的主要技术参数有额定工作电压、额定发热电流、额定控制功率、工作电流、输入动作参数、工作精度、机械寿命和电气寿命等。

1.7.2 按钮

1-7　按钮

(1) 控制按钮的用途

控制按钮又称按钮开关或按钮，是一种短时间接通或断开小电流电路的手动控制器，一般用于电路中发出启动或停止指令，以控制电磁启动器、接触器、继电器等电器线圈电流的接通或断开，再由它们去控制主电路。按钮也可用于信号装置的控制。

(2) 控制按钮的分类

随着工业生产的需求，按钮的规格品种也在日益增多。驱动方式由原来的直接推压式，转化为旋转式、推拉式、杠杆式和带锁式（即用钥匙转动来接通或关闭电路，并将钥匙抽走后不能随意动作，具有保密和安全功能）。传感接触部件也发展为平头、蘑菇头以及带操纵杆式等多种形式。带灯按钮也日益普遍地使用在各种系统中。按钮的具体分类如下：

① 按按钮的用途和触点的结构分，有启动按钮（动合按钮）、停止按钮（动断按钮）和复合按钮（动合和动断组合按钮）三种。

② 按按钮的结构形式、防护方式分，有开启式、防水式、紧急式、旋钮式、保护式、防腐式、钥匙式和带指示灯式等。

为了标明各个按钮的作用，通常将按钮做成红、绿、黑、黄、蓝、白等不同的颜色加以区别。一般红色表示停止按钮，绿色表示启动按钮。

(3) 按钮的基本结构

按钮的种类非常多，常用按钮的外形如图 1-41 和图 1-42 所示。

控制按钮主要由按钮帽、复位弹簧、触点、接线柱和外壳等组成，LA19 系列按钮结构及外形如图 1-43 所示。

图 1-41　控制按钮的外形（一）

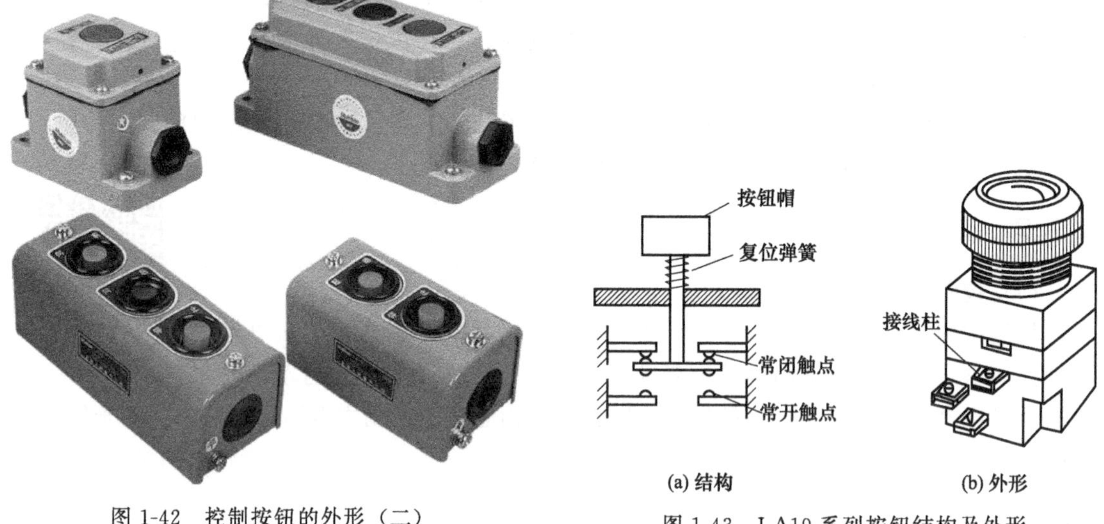

图 1-42　控制按钮的外形（二）

图 1-43　LA19 系列按钮结构及外形

(4) 按钮的工作原理

按钮的工作原理是，当用手按下按钮帽时，常闭（动断）触点断开，常开（动合）触点接通；而当手松开后，复位弹簧便将按钮的触点恢复原位，从而实现对电路的控制。

当按下按钮时，先断开常闭触点，后接通常开触点。当松开按钮时，常开触点先断开，常闭触点后闭合。

按钮的图形符号和文字符号如图 1-44 所示。

(5) 按钮的技术参数

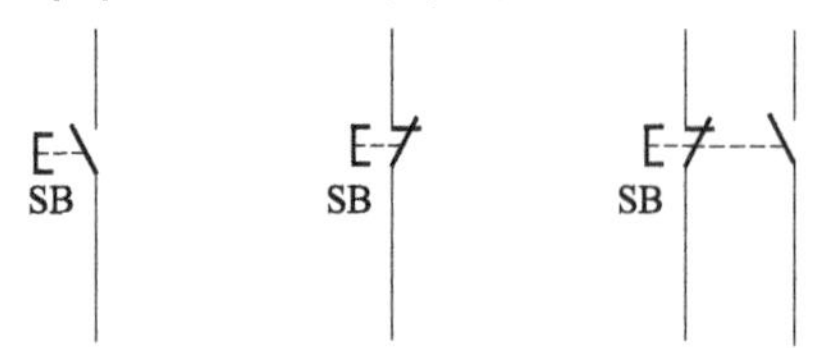

(a) 启动按钮　(b) 停止按钮　(c) 复合按钮

图 1-44　按钮的图形符号和文字符号

按钮的主要技术参数有额定电压、额定电流、结构形式、触点数及按钮颜色等。常用的控制按钮的额定电压为交流 380V，额定电流为 5A。

(6) 按钮的选择方法

① 应根据使用场合和具体用途选择按钮的类型。例如，控制台柜面板上的按钮一般可用开启

式；若需显示工作状态，则用带指示灯式；在重要场所，为防止无关人员误操作，一般用钥匙式；在有腐蚀的场所一般用防腐式。

② 应根据工作状态指示和工作情况的要求选择按钮和指示灯的颜色。如停止或分断用红色；启动或接通用绿色；应急或干预用黄色。

③ 应根据控制回路的需要选择按钮的数量。例如，需要作“正（向前)”“反（向后)”及“停”三种控制处，可用三只按钮，并装在同一按钮盒内；只需作“启动”及“停止”控制时，则用两只按钮，并装在同一按钮盒内。

④ 对于通电时间较长的控制设备，不宜选用带指示灯的按钮。

1.7.3 行程开关

(1) 行程开关的用途

在生产机械中，常需要控制某些运动部件的行程，或运动一定行程使其停止，或在一定行程内自动返回或自动循环。这种控制机械行程的方式叫“行程控制”或“限位控制”。

行程开关又叫限位开关，是实现行程控制的小电流（5A 以下）主令电器，其作用与控制按钮相同，只是其触点的动作不是靠手按动，而是利用机械运动部件的碰撞使触点动作，即将机械信号转换为电信号，通过控制其他电器来控制运动部件的行程大小、运动方向或进行限位保护。

(2) 行程开关的分类

行程开关按用途不同可分为两类：

① 一般用途行程开关（即常用的行程开关)。它主要用于机床、自动生产线及其他生产机械的限位和程序控制。

② 起重设备用行程开关。它主要用于限制起重机及各种冶金辅助设备的行程。

(3) 行程开关的基本结构

行程开关的种类很多，JLXK1 系列行程开关的外形如图 1-45 所示。

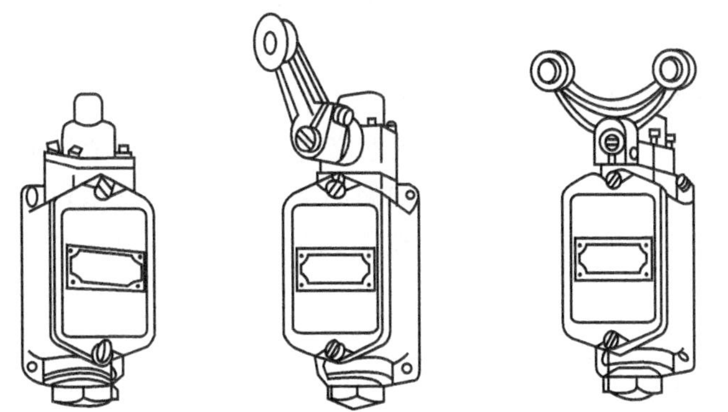

(a) JLXK1-311直动式　(b) JLXK1-111单轮旋转式　(c) JLXK1-211双轮旋转式

图 1-45　JLXK1 系列行程开关

直动式（又称按钮式）行程开关结构图如图 1-46 所示；JLXK1 系列旋转式行程开关结构图如图 1-47 所示，它主要由滚轮、杠杆、转轴、凸轮、撞块、调节螺钉、微动开关和复位弹簧等部件组成。

(4) 行程开关的工作原理

当运动机械的挡铁撞到行程开关的滚轮上时，行程开关的杠杆连同转轴一起转动，使凸

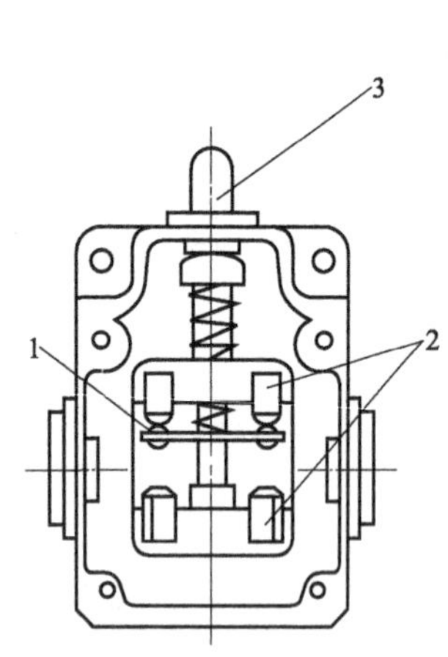

图 1-46　直动式行程开关的结构

1—动触点；2—静触点；3—推杆

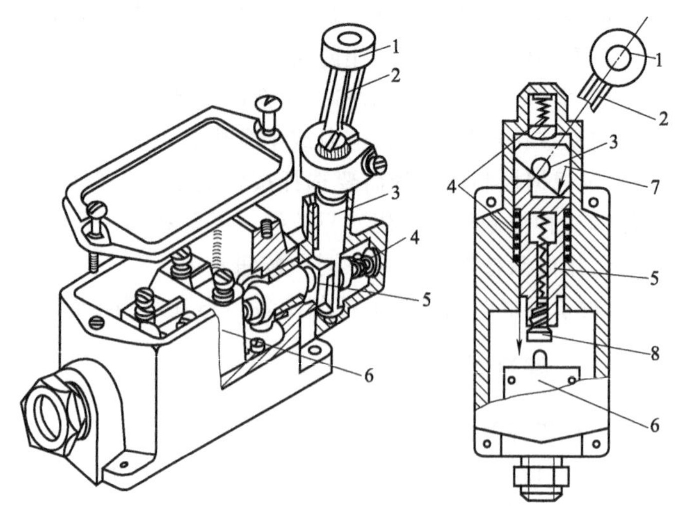

图 1-47　JLXK1 系列旋转式行程开关的结构

1—滚轮；2—杠杆；3—转轴；4—复位弹簧；5—撞块；6—微动开关；7—凸轮；8—调节螺钉

轮推动撞块，当撞块被压到一定位置时，便推动微动开关快速动作，使其动断触点（常闭触点）断开，动合触点（常开触点）闭合；当滚轮上的挡铁移开后，复位弹簧就使行程开关的各部件恢复到原始位置，这种单轮旋转式行程开关能自动复位，在生产机械的自动控制中被广泛应用。

行程开关的图形符号和文字符号如图 1-48 所示。

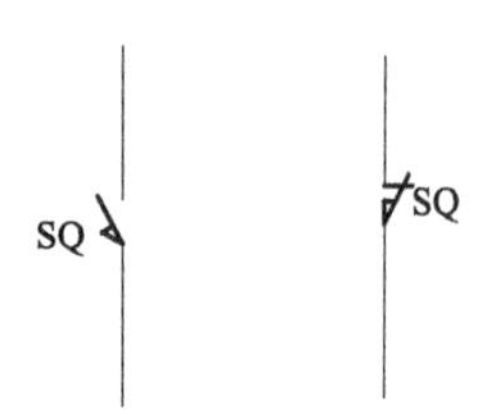

图 1-48　行程开关的图形符号和文字符号

(5) 行程开关的选择

① 根据使用场合和控制对象来确定行程开关的种类。当生产机械运动速度不是太快时，通常选用一般用途的行程开关；而当生产机械行程通过的路径不宜装设直动式行程开关时，应选用凸轮轴转动式的行程开关；而在工作效率很高、对可靠性及精度要求也很高时，应选用接近开关。

② 根据使用环境条件，选择开启式或保护式等防护形式。

③ 根据控制电路的电压和电流选择系列。

④ 根据生产机械的运动特征，选择行程开关的结构形式（即操作方式）。

1.7.4　接近开关

(1) 接近开关的用途

接近开关是一种非接触式检测装置，也就是当某一物体接近它到一定的区域内，它的信号机构就发出“动作”信号。当检测物体接近它的工作面达到一定距离时，不论检测体是运动的还是静止的，接近开关都会自动地发出物体接近而“动作”的信号，而不像机械式行程开关那样需施以机械力，因此，接近开关又称为无接触行程开关。

接近开关是理想的电子开关量传感器。当金属检测体接近开关的区域时，开关能无接触、无压力、无火花、迅速发出电气命令，准确反应出运动机构的位置和行程，若用于一般的行程控制，其定位精度、操作频率、使用寿命、安装调整的方便性和对恶劣环境的适用能力，是一般机械式行程开关所不能相比的。

接近开关可以代替有触点行程开关来完成行程控制和限位保护，还可用作高频计数、测速、液位控制、零件尺寸检测、加工程序的自动衔接等的非接触式开关。由于它具有非接触式触发、动作速度快、可在不同的检测距离内动作、发出的信号稳定无脉动、工作稳定可靠、寿命长、重复定位精度高以及能适应恶劣的工作环境等特点，所以在机床、纺织、印刷、塑料等工业生产中应用广泛。

(2) 接近开关的分类

① 涡流式接近开关　涡流式接近开关也称为电感式接近开关。当导电物体接近这个能产生电磁场的接近开关时，物体内部产生涡流，这个涡流反作用到接近开关，使开关内部电路参数发生变化，由此识别出有无导电物体移近，进而控制开关的通或断。这种接近开关所能检测的物体必须是导电体。

② 电容式接近开关　电容式接近开关的测量头通常是构成电容器的一个极板，而另一个极板是开关的外壳。这个外壳在测量过程中通常是接地或与设备的机壳相连接的。当有物体移向接近开关时，不论它是否为导体，由于它的接近，总要使电容的介电常数发生变化，从而使电容量发生变化，使得和测量头相连的电路状态也随之发生变化，由此便可控制开关的接通和断开。这种接近开关检测的对象，不限于导体，可以是绝缘的液体或粉状物等。

③ 霍尔接近开关　霍尔元件是一种磁敏元件。利用霍尔元件做成的开关，叫作霍尔接近开关。当磁性物体移近霍尔接近开关时，开关检测面上的霍尔元件因产生霍尔效应而使开关内部电路状态发生变化，由此识别附近是否有磁性物体存在，进而控制开关的通或断。这种接近开关的检测对象必须是磁性物体。

④ 光电式接近开关　利用光电效应做成的开关叫光电开关。将发光器件与光电器件按一定方向装在同一个检测头内。当有反光面（被检测物体）接近时，光敏器件接收到反射光后便有信号输出，由此便可“感知”有物体接近。

⑤ 热释电式接近开关　用能感知温度变化的元件做成的开关叫热释电式接近开关。这种开关将热释电器件安装在开关的检测面上，当有与环境温度不同的物体接近时，热释电器件的输出便发生变化，由此可检测出有物体接近。

⑥ 超声波接近开关　利用多普勒效应可制成超声波接近开关、微波接近开关等。当有物体移近时，接近开关收到的反射信号会产生多普勒频移，由此可以识别出有无物体接近。

(3) 接近开关的基本结构

接近开关的种类很多，常用接近开关的外形如图 1-49 所示。

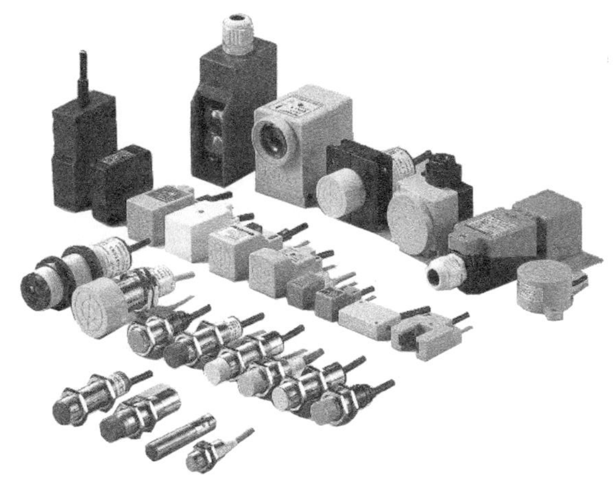

图 1-49　接近开关的外形图

接近开关由接近信号辨识机构、检波、鉴幅和输出电路等部分组成。图 1-50 是晶体管停振型接近开关的框图。

(4) 接近开关的工作原理

接近开关按辨识机构工作原理不同分为高频振荡型、感应型、电容型、

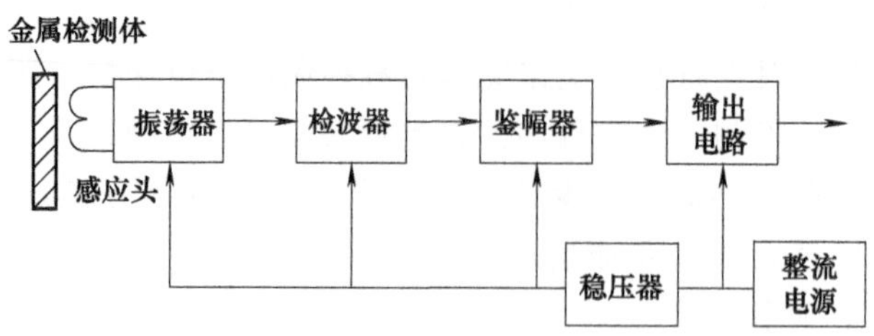

图 1-50　晶体管停振型接近开关的框图

光电型、永磁及磁敏元件型、超声波型等，其中以高频振荡型最为常用。

高频振荡型接近开关由感应头、振荡器、检波器、鉴幅器、输出电路、整流电源和稳压器等部分组成。当装在运动部件上的金属检测体（铁磁件）接近感应头时，由于感应作用，使处于高频振荡器线圈磁场中的物体内部产生涡流损耗（如果是铁磁金属物体，还有磁滞损耗），这时振荡回路电阻增大，能量损耗增加，以致振荡减弱，甚至停止振荡。这时，晶体管开关就导通，并经输出电路输出信号，从而起到控制作用。因此，接在振荡电路后面的开关动作，发出相应的信号，即能检测出金属检测体的存在。当金属检测体离开感应头后，振荡器即恢复振荡，开关恢复为原始状态。

晶体管停振型接近开关属于高频振荡型。高频振荡型接近信号的发生机构实际上是一个 LC 振荡器，其中 L 是电感式感应头。当金属检测体接近感应头时，在金属检测体中将产生涡流，由于涡流的去磁作用使感应头的等效参数发生变化，改变振荡回路的谐振阻抗和谐振频率，使振荡停止，并以此发出接近信号。LC 振荡器由 LC 振荡回路、放大器和反馈电路构成。按反馈方式可分为电感分压反馈式、电容分压反馈式和变压器反馈式三种。

(5) 接近开关的选择

① 接近开关较行程开关价格高，因此仅用于工作频率高、可靠性及精度要求均较高的场合。

② 按有关距离要求选择型号、规格。

③ 按输出要求是有触点还是无触点以及触点数量，选择合适的输出形式。

第2章 电气控制系统设计基础

2.1 电气控制电路概述

2.1.1 电气控制电路的功能

为了使电动机能按生产机械的要求进行启动、运行、调速、制动和反转等，就需要对电动机进行控制。控制设备主要有开关、继电器、接触器、电子元器件等。用导线将电动机、电器、仪表等电气元件连接起来并实现某种要求的线路，称为电气控制电路，又称电气控制线路。

不同的生产机械有不同的控制电路，不论其控制电路多么复杂，但总可找出它的几个基本控制环节，即一个整机控制电路是由几个基本环节组成的。每个基本环节起着不同的控制作用。因此，掌握基本环节，对分析生产机械电气控制电路的工作情况，判断其故障或改进其性能都是很有益的。

2.1.2 电气控制电路图的分类与特点

生产机械电气控制电路图包括电气原理图、接线图和电气设备安装图等。电气控制电路图应该根据简明易懂的原则，用规定的方法和符号进行绘制。

电气原理图、接线图和电气设备安装图的区别如下。

(1) 电气原理图

电气原理图简称原理图或电路图。原理图并不按元件的实际位置来绘制，而是根据工作原理绘制的。在原理图中，一般根据各个元件在电路中所起的作用，将其画在不同的位置上，而不受实物位置所限。有些不影响电路工作的元件，如插接件、接线端子等，大多可略去不画。原理图中所表示的状态，除非特别说明外，一般是按未通电时的状态画出的。图2-1所示为三相异步电动机正反转控制原理图。

原理图具有简单明了、层次分明、易阅读等特点，适于分析生产机械的工作原理和研究生产机械的工作过程和状态。

(2) 接线图

接线图又称敷线图。接线图是按元件实际布置的位置绘制的，同一元件的各部件是画在

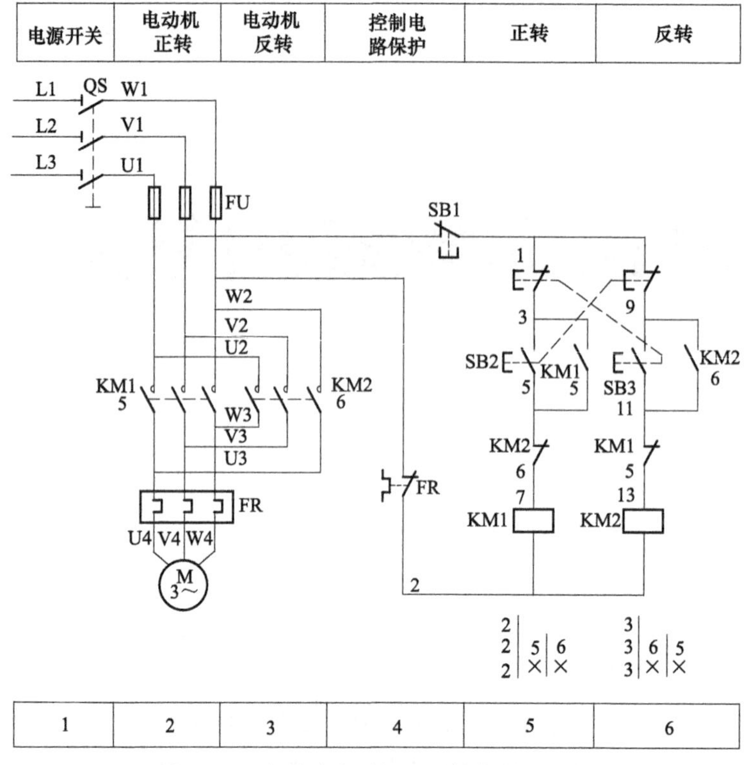

图 2-1 三相异步电动机正反转控制原理图

一起的。它能表明生产机械上全部元件的接线情况、连接的导线、管路的规格、尺寸等。图 2-2和图 2-3 所示为三相异步电动机正反转控制接线图。

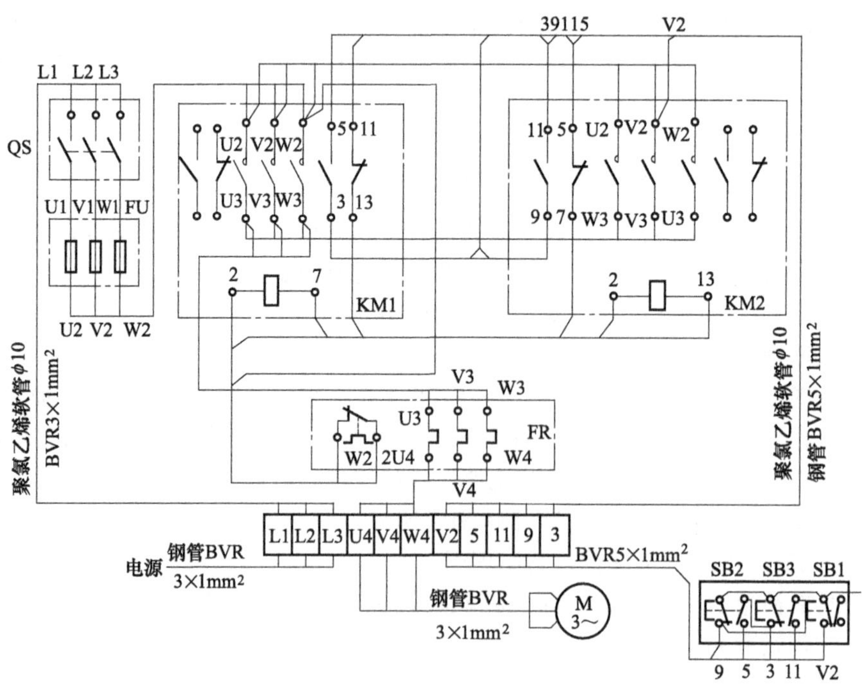

图 2-2 三相异步电动机正反转控制接线图（一）

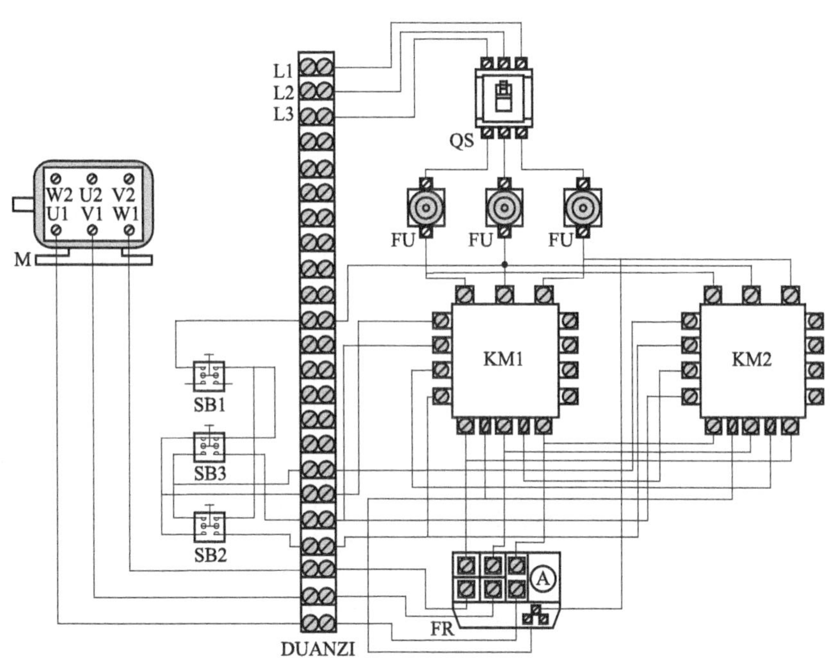

图 2-3　三相异步电动机正反转控制接线图（二）

接线图对于实际安装、接线、调整和检修工作是很方便的。但是，从接线图来了解复杂的电路动作原理较为困难。

(3) 电气设备安装图

电气设备安装图表明元件、管路系统、基本零件、紧固件、锁控装置、安全装置等在生产机械上或机柜上的安装位置、状态及规格、尺寸等。图中的元件、设备多用实际外形图或简化的外形图，供安装时参考。

电气控制电路根据通过电流的大小可分为主电路和控制电路。主电路是流过大电流的电路，一般指从供电电源到电动机或线路末端的电路；控制电路是流过较小电流的电路，如接触器、继电器的吸引线圈以及消耗能量较少的信号电路、保护电路、联锁电路等。

电气控制电路按功能分类，可分为电动机基本控制电路和生产机械控制电路。一般来说，电动机基本控制电路比较简单；生产机械控制电路一般指整机控制电路，比较复杂。

2.2　电气控制电路图的绘制

2.2.1　绘制电气控制电路图的方法

电气控制电路图上的内容有时是很多的，对于幅面大且内容复杂的图，需要分区，以便在读图时能很快找到相应的部分。图幅分区的方法是将相互垂直的两边框分别等分，分区的数量视图的复杂程度而定，但要求必须为偶数，每一分区的长度一般为 25～75mm。分区线

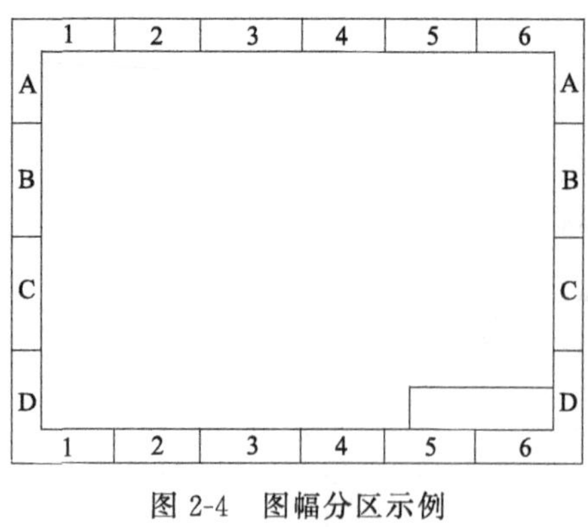

图 2-4　图幅分区示例

用细实线。每个分区内，竖边方向分区代号用大写拉丁字母和数字表示，字母在前，数字在后，如B4、C5 等。图 2-4 为图幅分区示例。

电气设备中某些零部件、连接点等的结构、做法、安装工艺要求无法表达清楚时，通常将这些部分用较大的比例放大画出，称为详图。详图可以画在同一张图纸上，也可以画在另一张图纸上。为便于查找，应用索引符号和详图符号来反映基本图与详图之间的对应关系，如表 2-1 所示。

表 2-1　详图的标示方法

图例	示　意	图例	示　意
2 / —	2 号详图与总图绘制在一张图上	5 / 2	5 号详图被索引在第 2 号图样上
2 / 3	2 号详图绘制在第 3 号图样上	D××× 4 / 6	图集代号为 D×××,详图编号为 4,详图所在图集页码编号为 6
5	5 号详图被索引在本张图样上	D××× 8 / –	图集代号为 D×××,详图编号为 8,详图在本页(张)上

(1) 连接线的表示法

连接线在电气图中使用最多，用来表示连接线或导线的图线应为直线，且应使交叉和折弯最少。图线可以水平布置，也可以垂直布置。只有当需要把元件连接成对称的格局时，才可采用斜交叉线。连接线应采用实线，看不见的或计划扩展的内容用虚线。

① 中断线　为了图面清晰，当连接线需要穿越图形稠密区域时，可以中断，但应在中断处加注相应的标记，以便迅速查到中断点。中断点可用相同文字标注，也可以按图幅分区标记。对于连接到另一张图纸上的连接线，应在中断处注明图号、张次、图幅分区代号等。如图 2-5、图 2-6 所示。

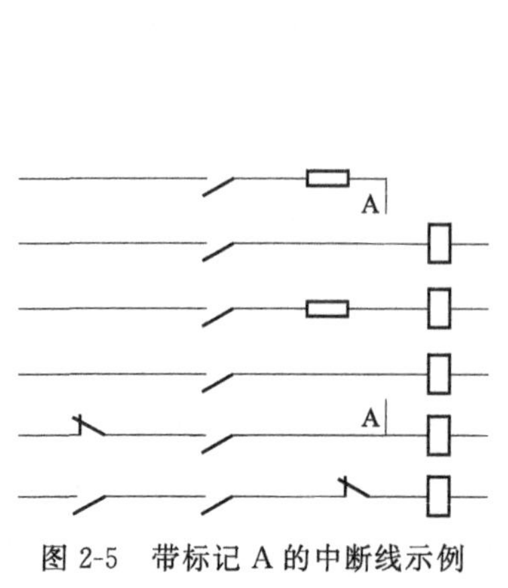

图 2-5　带标记 A 的中断线示例

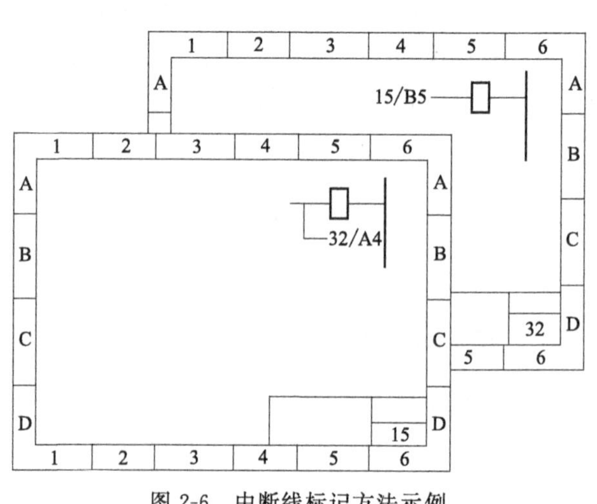

图 2-6　中断线标记方法示例

② 单线表示法　当简图中出现多条平行连接线时，为了使图面保持清晰，绘图时可用单线表示法。单线表示法具体应用如下：

a. 在一组导线中，如导线两端处于不同位置，应在导线两端实际位置标以相同的标记，可避免交叉线太多，如图 2-7 所示。

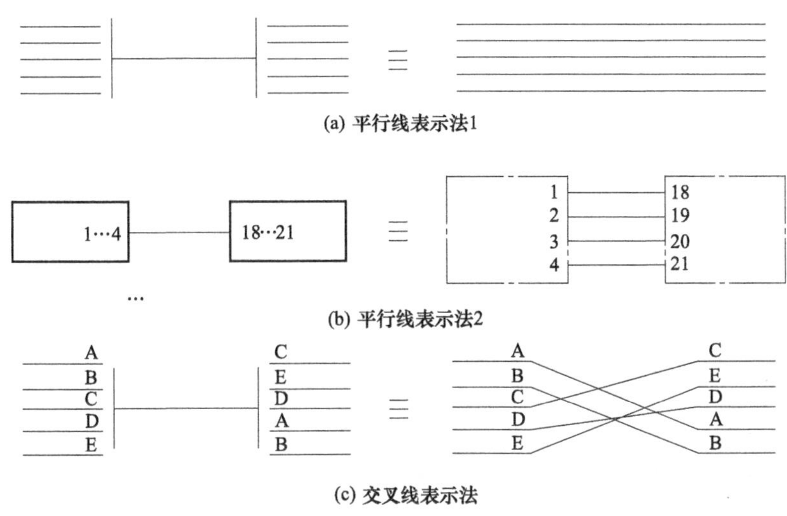

图 2-7　单线表示法示例

b. 当多根导线汇入用单线表示的线组时，汇接处应用斜线表示，斜线的方向应能使看图者易于识别导线汇入或离开线组的方向，并且每根导线的两端要标注相同的标记，如图 2-8 所示。

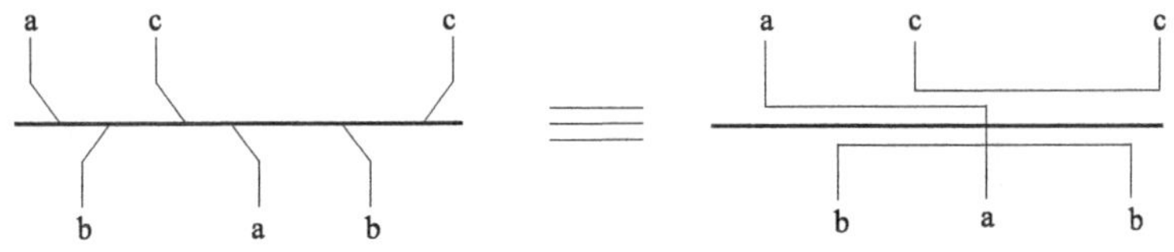

图 2-8　导线汇入线组的单线表示法

c. 用单线表示多根导线时，如果有时还要表示出导线根数，可用图 2-9 所示的表示方法。

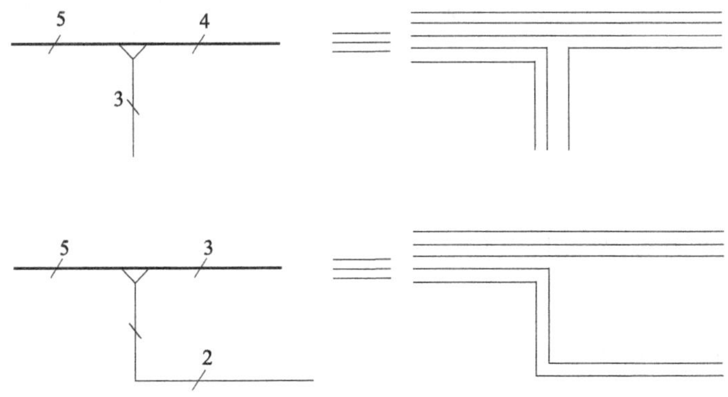

图 2-9　单线图中导线根数表示法

(2) 项目的表示法

项目是指在图上通常用一个图形符号表示的基本件、部件、组件、功能单元、设备、系统等。项目表示法主要分为集中表示法、半集中表示法和分开表示法。

① 集中表示法　把一个项目各组成部分的图形符号在简图上绘制在一起的方法称为集中表示法，如图 2-10 所示。

② 半集中表示法　把一个项目某些组成部分的图形符号在简图上分开布置，并用机械连接符号来表示它们之间关系的方法称为半集中表示法，如图 2-11 所示。

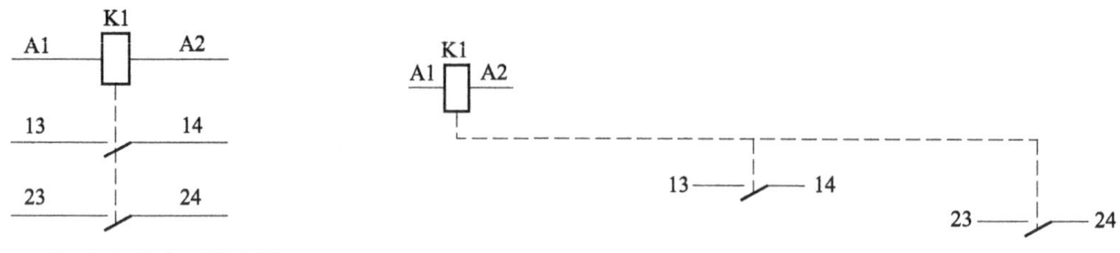

图 2-10　集中表示法（继电器）　　图 2-11　半集中表示法（继电器）

③ 分开表示法　把一个项目某些组成部分的图形符号在简图上分开布置，仅用项目代号来表示它们之间关系的方法称为分开表示法，如图 2-12 所示。

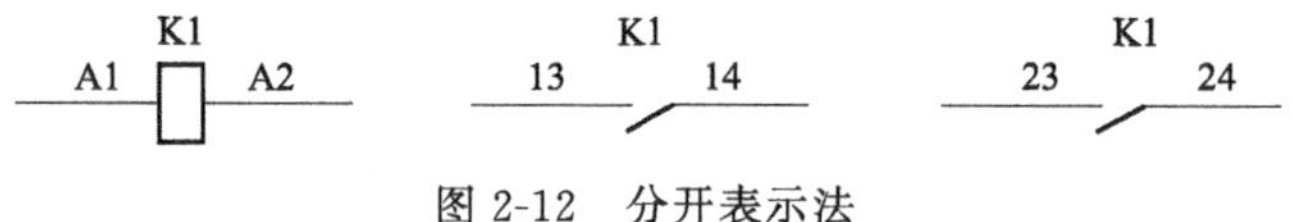

图 2-12　分开表示法

(3) 电路的简化画法

① 并联电路　多个相同的支路并联时，可用标有公共连接符号的一个支路来表示，同时应标出全部项目代号和并联支路数，见图 2-13。

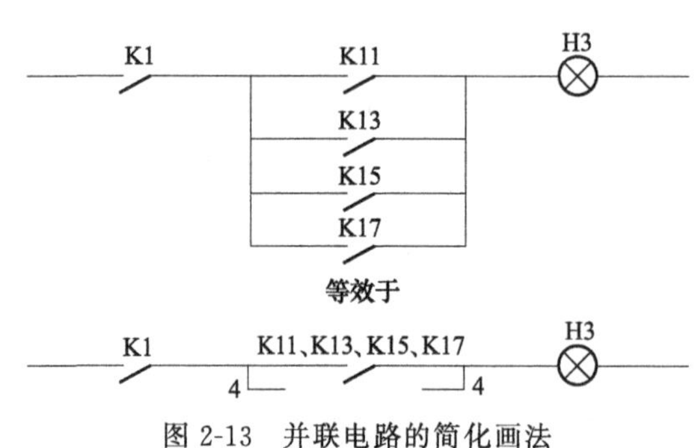

图 2-13　并联电路的简化画法

② 相同电路　相同的电路重复出现时，仅需详细表示出其中的一个，其余的电路可用适当的说明来代替。

③ 功能单元　功能单元可用方框符号或端子功能图来代替，此时应在其上加注标记，以便查找被其代替的详细电路。端子功能图应表示出该功能单元所有的外接端子和内部功能，以便能通过对端子的测量从而确定如何与外部连接。其排列应与其所代表的功能单元的电路图的排列相同，内部功能可用下述方式表示：a. 方框符号或其他简化符号；b. 简化的电路图；c. 功能表图；d. 文字说明。

2.2.2 绘制原理图应遵循的原则

在绘制电气原理图时一般应遵循以下原则：

① 图中各元件的图形符号均应符合最新国家标准，当标准中给出几种形式时，选择图形符号应遵循以下原则：

a. 尽可能采用优选形式。

b. 在满足需要的前提下，尽量采用最简单的形式。

c. 在同一图号的图中使用同一种形式的图形符号和文字符号。如果采用标准中未规定的图形符号或文字符号时，必须加以说明。

② 图中所有电气开关和触点的状态，均以线圈未通电、手柄置于零位、无外力作用或生产机械在原始位置的初始状态画出。

③ 各个元件及其部件在原理图中的位置根据便于阅读的原则来安排，同一元件的各个部件（如线圈、触点等）可以不画在一起。但是，属于同一元件上的各个部件均应用同一文字符号和同一数字表示。如图 2-1 中的接触器 KM1，它的线圈和辅助触点画在控制电路中，主触点画在主电路中，但都用同一文字符号标明。

④ 图中的连接线、设备或元件的图形符号的轮廓线都应使用实线绘制。屏蔽线、机械联动线、不可见轮廓线等用虚线绘制。分界线、结构围框线、分组围框线等用点划线绘制。

⑤ 原理图分主电路和控制电路两部分，主电路画在左边，控制电路画在右边，按新的国家标准规定，一般采用竖直画法。

⑥ 电动机和电器的各接线端子都要编号。主电路的接线端子用一个字母后面附加一位或两位数字来编号。如 U1、V1、W1。控制电路的接线端子只用数字编号。

⑦ 图中的各元件除标有文字符号外，还应标有位置编号，以便寻找对应的元件。

2.2.3　绘制接线图应遵循的原则

在绘制接线图时，一般应遵循以下原则：

① 接线图应表示出各元件的实际位置，同一元件的各个部件要画在一起。

② 图中要表示出各电动机、电器之间的电气连接可用线条表示（见图 2-2 和图 2-3），也可用去向号表示。凡是导线走向相同的可以合并画成单线。控制板内和板外各元件之间的电气连接是通过接线端子来进行的。

③ 接线图中元件的图形符号和文字符号及端子编号应与原理图一致，以便对照查找。

④ 图中应标明导线和走线管的型号、规格、尺寸、根数等，例如图 2-2 中电动机到接线端子的连接线为 BVR3×1mm^2，表示导线的型号为 BVR，共有 3 根，每根截面面积为 1mm^2。

2.3　电气原理图识读

阅读电气原理图的步骤一般是从电源进线起，先看主电路电动机、电器的接线情况，然后再查看控制电路，通过对控制电路的分析，深入了解主电路的控制程序。

2.3.1　电气原理图中主电路的识读

(1) 先看供电电源部分

首先查看主电路的供电情况，是由母线汇流排或配电柜供电，还是由发电机组供电。并弄清电源的种类，是交流还是直流；其次弄清供电电压的等级。

(2) 看用电设备

用电设备指带动生产机械运转的电动机，或耗能发热的电弧炉等电气设备。要弄清它们的类别、用途、型号、接线方式等。

(3) 看对用电设备的控制方式

如有的采用闸刀开关直接控制；有的采用各种启动器控制；有的采用接触器、继电器控制。应弄清并分析各种控制电器的作用和功能等。

2.3.2 电气原理图中控制电路的识读

2-1 阅读和分析电气控制线路图

① 先看控制电路的供电电源。弄清电源是交流还是直流；其次弄清电源电压的等级。

② 看控制电路的组成和功能。控制电路一般由几个支路（回路）组成，有的在一条支路中还有几条独立的小支路（小回路）。弄清各支路对主电路的控制功能，并分析主电路的动作程序。例如当某一支路（或分支路）形成闭合通路并有电流流过时，主电路中相应开关、触点的动作情况及电气元件的动作情况。

③ 看各支路和元件之间的并联情况。由于各分支路之间和一个支路中的元件，一般是相互关联或互相制约的。所以，分析它们之间的联系，可进一步深入了解控制电路对主电路的控制程序。

④ 注意电路中有哪些保护环节，某些电路可以结合接线图来分析。

电气原理图是按原始状态绘制的，这时，线圈未通电、开关未闭合、按钮未按下，但看图时不能按原始状态分析，而应选择某一状态分析。

2.4 电气控制电路的一般设计法

2-2 一般方法设计线路的几个原则

一般设计法，又称经验设计法。它是根据生产工艺要求，利用各种典型的电路环节，直接设计控制电路的方法。这种设计方法比较简单，但要求设计人员必须熟悉大量的控制线路。在设计过程中往往还要经过多次反复的修改、试验，才能使线路符合设计的要求。即使这样，所得出的方案不一定是最佳方案。

一般设计法没有固定模式，通常先用一些典型线路环节拼凑起来实现某些基本要求，然后根据生产工艺要求逐步完善其功能，并加以适当的联锁与保护环节。由于是靠经验进行设计的，因而灵活性很大。

用一般方法设计控制电路时，应注意以下几个原则：

① 应最大限度地实现生产机械和工艺对电气控制电路的要求。

② 在满足生产要求的前提下，控制线路应力求简单、经济。

a. 尽量选用标准的、常用的或经过实际考验过的电路和环节。

b. 尽量缩短连接导线的数量和长度。特别要注意电气柜、操作点和限位开关之间的连接线，如图 2-14 所示。图 2-14（a）所示的接线是不合理的，因为按钮在操作台上，而接触器在电气柜内，这样接线就需要由电气柜二次引出

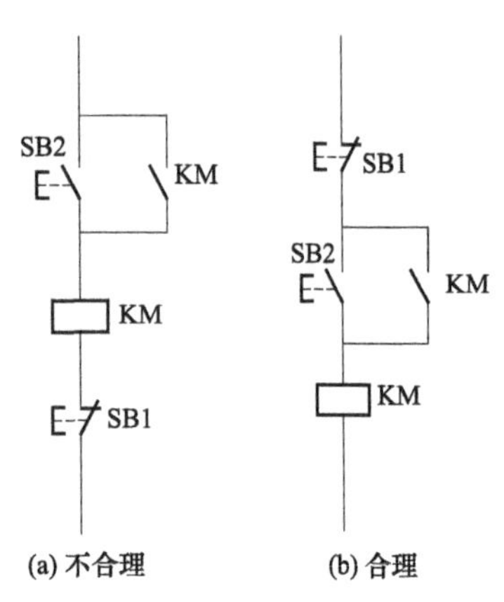

(a) 不合理　(b) 合理

图 2-14 电器连接图

连接线到操作台上的按钮上。因此，一般都将启动按钮和停止按钮直接连接，如图 2-14（b）所示，这样可以减少一次引出线。

c. 尽量缩减电器的数量，采用标准件，并尽可能选用相同型号。

d. 应减少不必要的触点，以便得到最简化的线路。

e. 控制线路在工作时，除必要的电器必须通电外，其余的尽量不通电以节约电能。以三相异步电动机串电阻降压启动控制电路为例，如图 2-15（a）所示，在电动机启动后接触器 KM1 和时间继电器 KT 就失去了作用。若接成图 2-15（b）所示的电路时，就可以在启动后切除 KM1 和 KT 的电源。

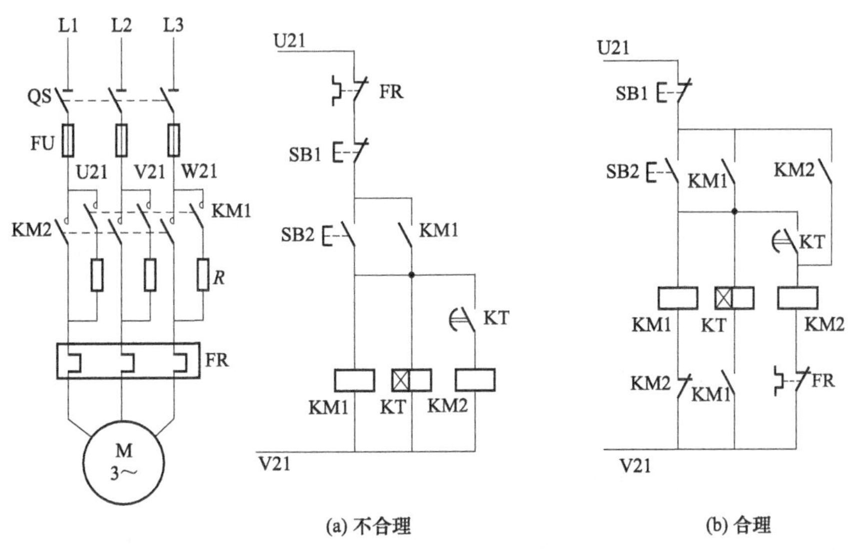

图 2-15　减少通电电器的控制电路

③ 保证控制线路的可靠性和安全性。

a. 尽量选用机械和电气寿命长、结构坚实、动作可靠、抗干扰性能好的电气元件。

b. 正确连接电器的触点。同一电器的常开触点和常闭辅助触点靠得很近，如果分别接在电源的不同相上，如图 2-16（a）所示，由于限位开关 S 的常开触点与常闭触点不是等电位，当触点断开产生电弧时，很可能在两触点间形成飞弧而造成电源短路。如果按图 2-16（b）接线，由于两触点电位相同，就不会造成飞弧。

c. 在频繁操作的可逆电路中，正、反转接触器之间不仅要有电气联锁，而且要有机械联锁。

d. 在电路中采用小容量继电器的触点来控制大容量接触器的线圈时，要计算继电器触点断开和接通容量是否足够。如果继电器触点容量不够，须加小容量接触器或中间继电器。

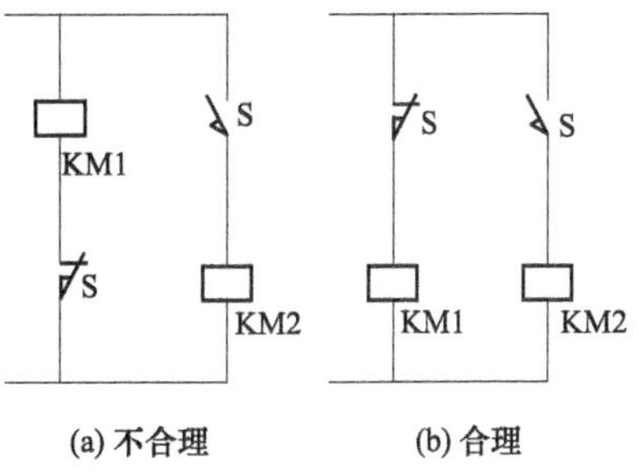

图 2-16　正确连接电器的触点的电路

e. 正确连接电器的线圈。在交流控制电路中，不能串联接入两个电器的线圈，如图 2-17 所示。即使外加电压是两个线圈额定电压之和，也是不允许的。因为交流电路中，每个线圈上所分配到的电压与线圈阻抗成正比，两个电器动作总是有先有后，不可能同时吸合。假如交流接触器 KM1 先吸合，由于 KM1 的磁路闭合，线圈的电感显著增加，因而在该线圈上的电压降也相应增大，从而使另一个接触器 KM2 的线圈电压达不到动作电压。因此，当两个电器需要同时动作时，其线圈应该并联连接。

f. 在控制电路中，应避免出现寄生电路。在控制电路的动作过程中，那种意外接通的电路称为寄生电路（或称假回路）。例如，图 2-18 所示是一个具有指示灯和热保护的正反向控制电路。在正常工作时，能完成正反向启动、停止和信号指示。但当热继电器 FR 动作时，电路中就出现了寄生电路，如图 2-18 中虚线所示，使正转接触器 KM1 不能释放，不能起到保护作用。因此，在控制电路中应避免出现寄生电路。

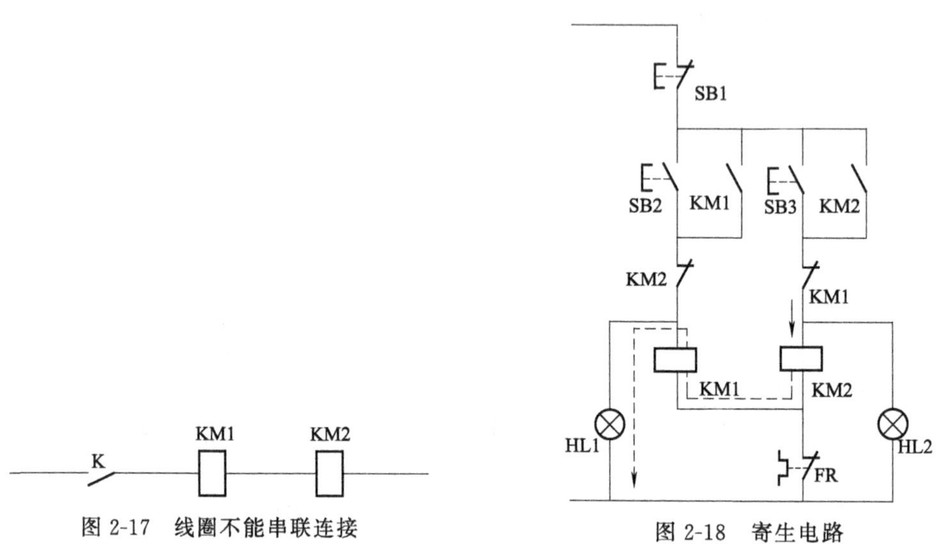

图 2-17　线圈不能串联连接

图 2-18　寄生电路

g. 应具有完善的保护环节，以避免因误操作而发生事故。完善的保护环节包括过载、短路、过流、过压、欠压、失压等保护环节，有时还应设有合闸、断开、事故等必需的指示信号。

④ 应尽量使操作和维修方便。

第3章 基本电气控制电路

3-1　启动、停止控制

3.1 电动机基本控制电路

3.1.1 三相异步电动机单向启动、停止控制电路

三相异步电动机单向启动、停止控制电路应用广泛，也是最基本的控制电路，如图 3-1 所示。该电路能实现对电动机启动、停止的自动控制，远距离控制，频繁操作，并具有必要的保护，如短路、过载、失压等保护。

启动电动机时，合上刀开关 QS，按下启动按钮 SB2，接触器 KM 放入吸引线圈得电，其三副常开（动合）主触点闭合，电动机启动，与 SB2 并联的接触器常开（动合）辅助触点 KM 也同时闭合，起自锁（自保持）作用。这样，当松开 SB2 时，接触器吸引线圈 KM 通过其辅助触点可以继续保持通电，维持其吸合状态，电动机继续运转。这个辅助触点通常称为自锁触点。

使电动机停转时，按下停止按钮 SB1，接触器 KM 的吸引线圈失电而释放，其常开（动合）触点断开，电动机停止运转。

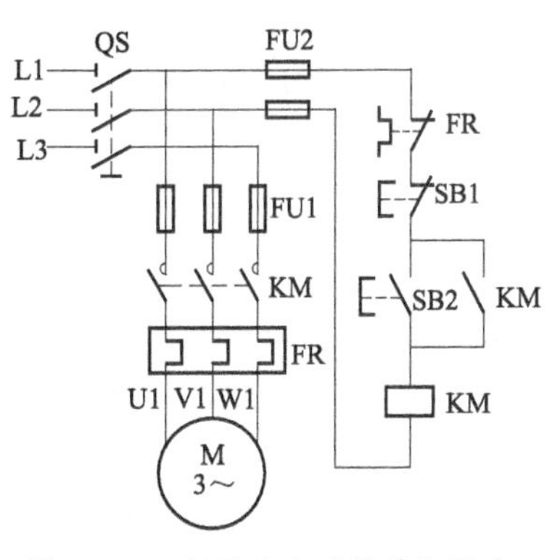

图 3-1　三相异步电动机单向启动、停止控制电路原理图

3.1.2 电动机的电气联锁控制电路

一台生产机械有较多的运动部件，这些部件根据实际需要应有互相配合、互相制约、先后顺序等各种要求。这些要求若用电气控制来实现，就称为电气联锁。常用的电气联锁控制有以下几种：

（1）互相制约

互相制约联锁控制又称互锁控制。例如当拖动生产机械的两台电动机同时工作会造成事故时，要使用互锁控制；又如许多生产机械常常要求电动机能正反向工作，对于三相异步电动机，可借助正反向接触器改变定子绕组相序来实现，而正反向工作时也需要互锁控制，否则，当误操作同时使正反向接触器线圈得电时，将会造成短路故障。

互锁控制电路构成的原则：将两个不能同时工作的接触器 KM1 和 KM2 各自的常闭触点相互交换地串接在彼此的线圈回路中，如图 3-2 所示。

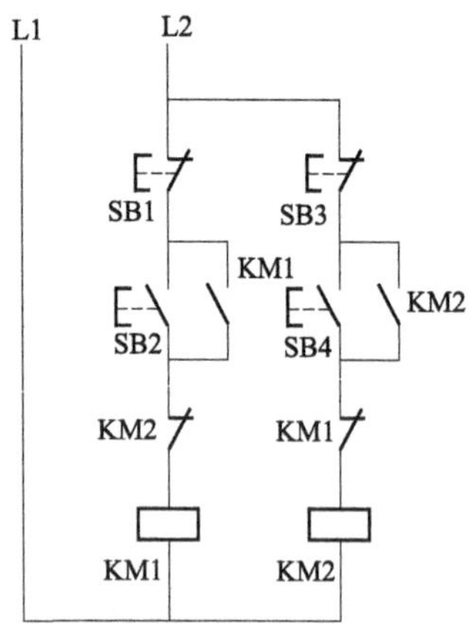

图 3-2 互锁控制电路

(2) 按先决条件制约

在生产机械中，要求必须满足一定先决条件才允许开动某一电动机或执行元件时（即要求各运动部件之间能够实现按顺序工作时），就应采用按先决条件制约的联锁控制电路（又称按顺序工作的联锁控制电路）。例如车床主轴转动时要求油泵先给齿轮箱供油润滑，即要求保证润滑泵电动机启动后主拖动电动机才允许启动。

这种按先决条件制约的联锁控制电路构成的原则如下：

① 要求接触器 KM1 动作后，才允许接触器 KM2 动作时，则需将接触器 KM1 的常开触点串联在接触器 KM2 的线圈电路中，如图 3-3（a）、（b）所示。

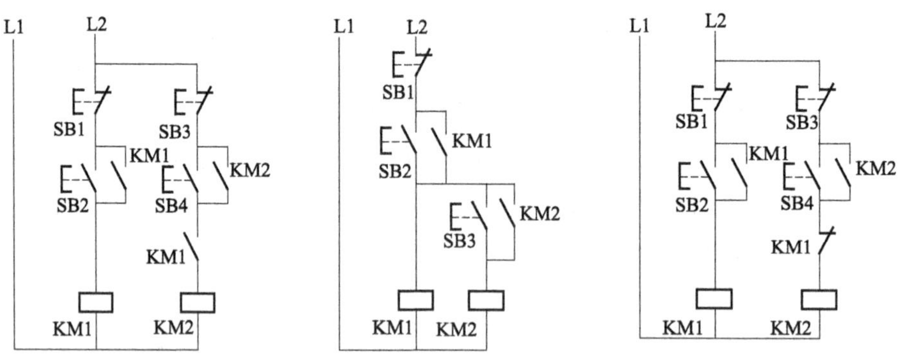

(a) KM1动作后，才允许KM2动作时 (b) KM1动作后，才允许KM2动作时 (c) KM1动作后，不允许KM2动作时

图 3-3 按先决条件制约的联锁控制电路

② 要求接触器 KM1 动作后，不允许接触器 KM2 动作时，则需将接触器 KM1 的常闭触点串联在接触器 KM2 的线圈电路中，如图 3-3（c）所示。

(3) 选择制约

某些生产机械要求既能够正常启动、停止，又能够实现调整时的点动工作时（即需要在工作状态和点动状态两者间进行选择时），需采用选择制约联锁控制电路。其常用的实现方式有以下两种：

① 用复合按钮实现选择联锁，如图 3-4（a）所示。

② 用继电器实现选择联锁，如图 3-4（b）所示。

工程上通常还采用机械互锁，进一步保证正反转接触器不可能同时通电，提高可靠性。

3.1.3 两台三相异步电动机的互锁控制电路

当拖动生产机械的两台电动机同时工作会造成事故时，应采用互锁控制电路，图 3-5 是两台电动机互锁控制电路的原理图。将接触器 KM1 的常闭辅助触点串接在接触器 KM2 的线圈回路中，而将接触器 KM2 的常闭辅助触点串接在接触器 KM1 的线圈回路中即可。

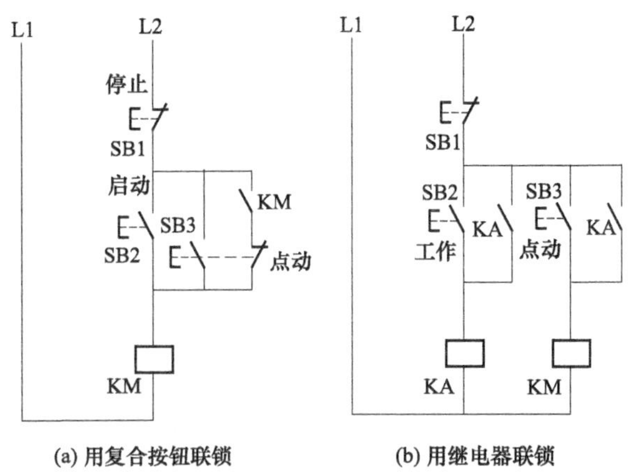

图 3-4 选择制约的联锁控制电路

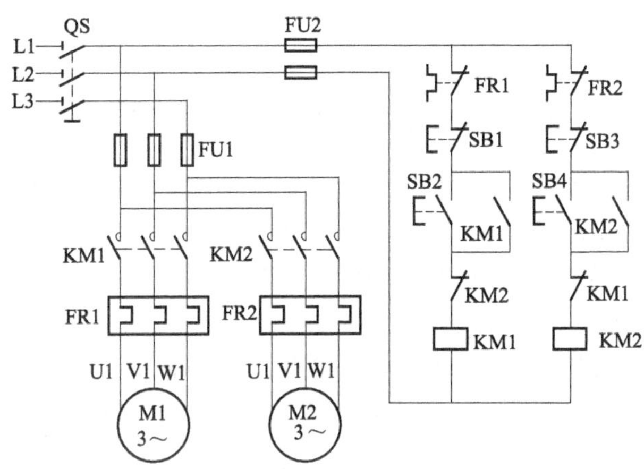

图 3-5 两台电动机互锁控制电路

3.1.4 用接触器联锁的三相异步电动机正反转控制电路

3-2 接触器联锁正反转控制

许多生产机械常常要求具有上下、左右、前后等相反方向的运动，这就要求电动机可以正反转控制（又称可逆控制）。对于三相异步电动机，可借助正反转接触器将接至电动机的三相电源进线中的任意两相对调，达到反转的目的。而正反转控制时需要一种联锁关系，否则，当误操作同时使正反转接触器线圈得电时，将会造成短路故障。

图 3-6 是用接触器辅助触点作联锁（又称互锁）保护的正反转控制电路的原理图。图中采用两个接触器，当正转接触器 KM1 的三副主触点闭合时，三相电源的相序按 L1、L2、L3 接入电动机。而当反转接触器 KM2 的三副主触点闭合时，三相电源的相序按 L3、L2、L1 接入电动机，电动机即反转。

控制电路中接触器 KM1 和 KM2 不能同时通电，否则它们的主触点就会同时闭合，将造成 L1 和 L3 两相电源短路。为此在接触器 KM1 和 KM2 各自的线圈回路中互相串联对方的一副常闭辅助触点 KM2 和 KM1，以保证接触器 KM1 和 KM2 的线圈不会同时通电。这两副常闭辅助触点在电路中起联锁或互锁作用。

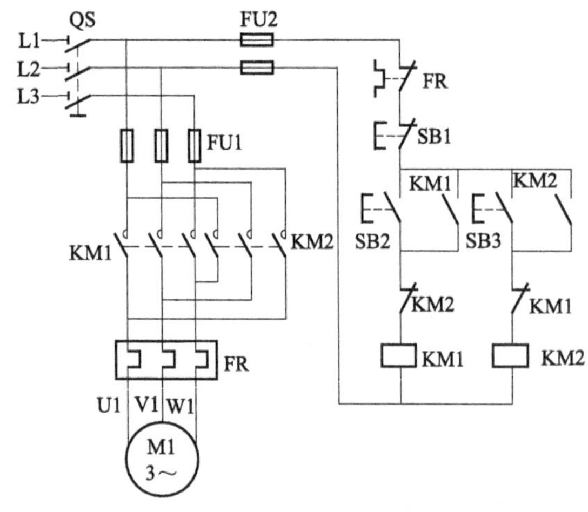

图 3-6 用接触器联锁的正反转控制电路

当按下启动按钮 SB2 时，正转接触器的线圈 KM1 得电，正转接触器 KM1 吸合，使其常开辅助触点 KM1 闭合自锁，其三副主触点 KM1 的闭合使电动机正向运转，而其常闭辅助触点 KM1 断开，则切断了反转接触器 KM2 的线圈的电路。这时如果按下反转启动按钮 SB3，线圈 KM2 也不能得电，反转接触器 KM2 就不能吸合，可以避免造成电源短路故障。欲使正向旋转的电动机改变其旋转方向，必须先按下停止按钮 SB1，待电动机停下后再按下反转按钮 SB3，电动机就会反向运转。

这种控制电路的缺点是操作不方便，因为要改变电动机的转向时，必须先按停止按钮。

3.1.5 用按钮联锁的三相异步电动机正反转控制电路

图 3-7 是用按钮作联锁（又称互锁）保护的正反转控制电路的原理图。该电路的动作原理与用接触器联锁的正反转控制电路基本相似。但是，由于采用了复合按钮，当按下反转按钮 SB3 时，首先使串接在正转控制电路中的反转按钮 SB3 的常闭触点断开，正转接触器 KM1 的线圈断电，接触器 KM1 释放，其三副主触点断开，电动机断电；接着反转按钮 SB3 的常开触点闭合，使反转接触器 KM2 的线圈得电，接触器 KM2 吸合，其三副主触点闭合，电动机反向运转。同理，由反转运行转换成正转运行时，也无须按下停止按钮 SB1，而直接按下正转按钮 SB2 即可。

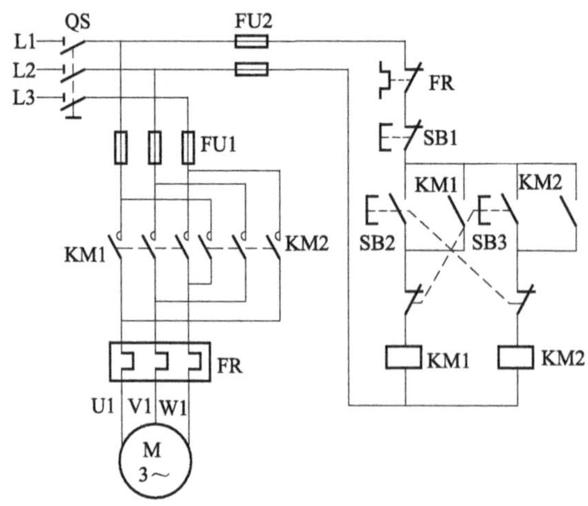

图 3-7 用按钮联锁的正反转控制电路

这种控制电路的优点是操作方便。但是，当已断电的接触器释放的速度太慢，而操作按钮的速度又太快，且刚通电的接触器吸合的速度也较快时，即已断电的接触器还未释放，而刚通电的接触器却吸合时，则会产生短路故障。因此，单用按钮联锁的正反转控制电路还不太安全可靠。

3.1.6 用按钮和接触器复合联锁的三相异步电动机正反转控制电路

3-3 按钮与接触器复合联锁正反转控制

用按钮、接触器复合联锁的正反转控制电路的原理图如图 3-8 所示。该电路的动作原理与上述正反转控制电路基本相似。这种控制电路的优点是操作方便，而且安全可靠。

3.1.7 用转换开关控制的三相异步电动机正反转控制电路

除采用按钮、接触器控制三相异步电动机正反转运行外，还可采用转换开关或主令控制器等实现三相异步电动机的正反转控制。

转换开关又称倒顺开关，属组合开关类型，它有三个操作位置：正转、停止和反转，是靠手动完成正反转操作的。图 3-9 是用转换开关控制的三相异步电动机正反转控制电路。欲改变电动机的转向时，必须先把手柄扳到"停止"位置，待电动机停下后，再把手柄扳至所需位置，以免因电源突然反接，产生很大的冲击电流，致使电动机的定子绕组受到损坏。

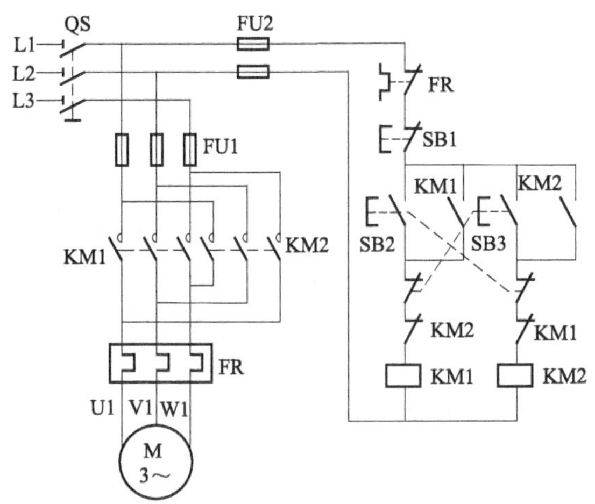

图 3-8 用按钮、接触器复合联锁的正反转控制电路

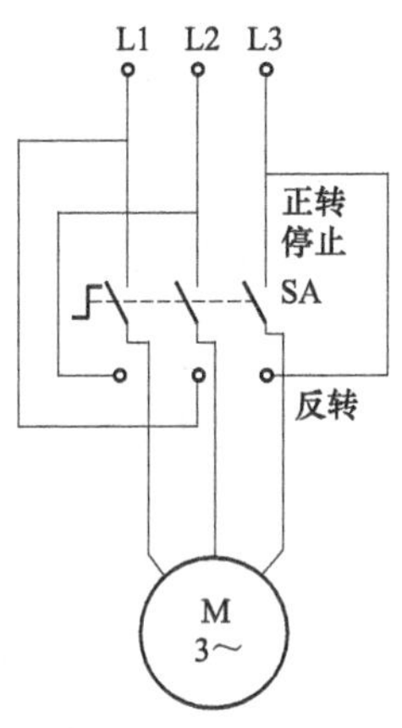

图 3-9 用转换开关控制的三相异步电动机正反转控制电路

这种控制电路的优点是所用电器少、简单；缺点是在频繁换向时，操作人员劳累、不方便，且没有欠压和失压保护。因此，在被控电动机的容量小于 5.5kW 的场合，有时才采用这种控制方式。

3.1.8 采用点动按钮联锁的电动机点动与连续运行控制电路

某些生产机械常常要求既能够连续运行，又能够实现点动控制运行，以满足一些特殊工艺的要求。点动与连续运行的主要区别在于是否接入自锁触点，点动控制加入自锁后就可以连续运行。采用点动按钮联锁的三相异步电动机点动与连续运行的控制电路的原理图如图 3-10 所示。

图 3-10（c）所示的电路是将点动按钮 SB3 的常闭触点作为联锁触点串联在接触器 KM 的自锁触点电路中。当正常工作时，按下启动按钮 SB2，接触器 KM 得电并自保。当点动工作时，按下电动按钮 SB3，其常开触点闭合，接触器 KM 通电。但是，由于按钮 SB3 的常闭触点已将接触器 KM 的自锁电路切断，手一离开按钮，接触器 KM 就失电，从而实现了

点动控制。

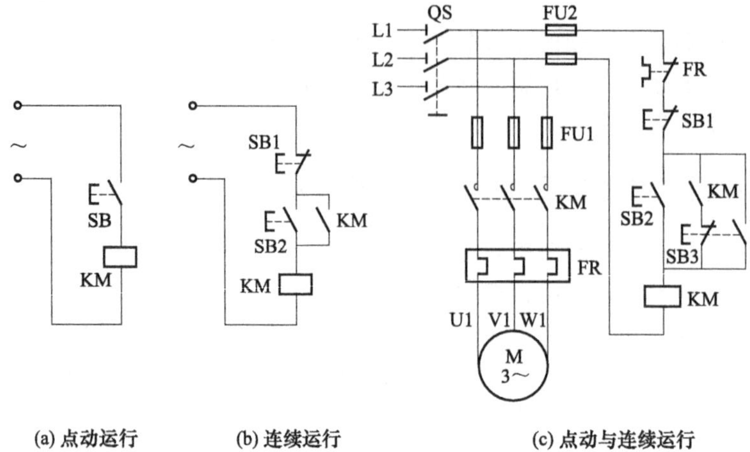

(a) 点动运行　(b) 连续运行　(c) 点动与连续运行

图 3-10　采用点动按钮联锁的点动与连续运行控制电路

值得注意的是，在图 3-10（c）所示电路中，若接触器 KM 的释放时间大于按钮 SB3 的恢复时间，则点动结束，按钮 SB3 的常闭触点复位时，接触器 KM 的常开触点尚未断开，将会使接触器 KM 的自锁电路继续通电，电路就将无法正常实现点动控制。

3.1.9　采用中间继电器联锁的电动机点动与连续运行控制电路

3-4　点动与连续运行控制

采用中间继电器 KA 联锁的点动与连续运行的控制电路的原理图如图 3-11所示。当正常工作时，按下按钮 SB2，中间继电器 KA 得电，其常开触点闭合，使接触器 KM 得电并自锁（自保）。当点动工作时，按下点动按钮 SB3，接触器 KM 得电，由于接触器 KM 不能自锁（自保），从而能可靠地实现点动控制。

3.1.10　电动机的多地点操作控制电路

在实际生活和生产现场中，通常需要在两地或两地以上的地点进行控制操作。因为用一

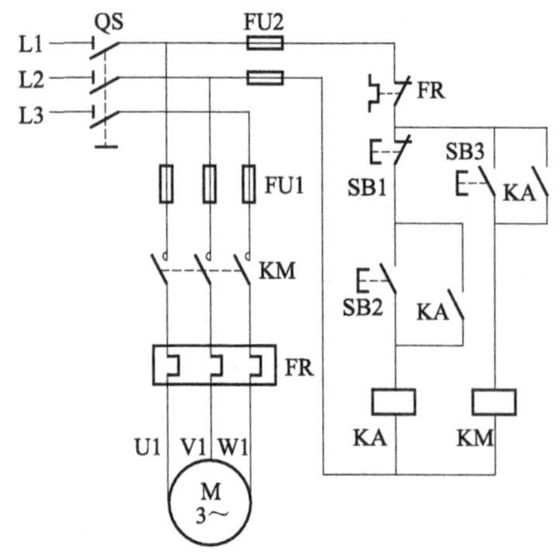

图 3-11　采用中间继电器联锁的点动与连续运行控制电路

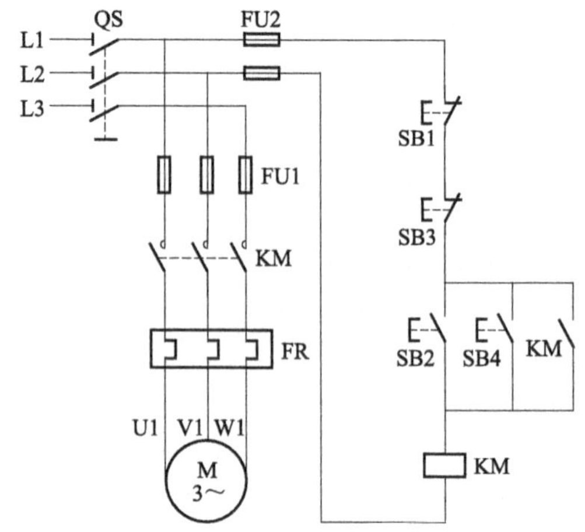

图 3-12　两地控制电路

组按钮可以在一处进行控制，所以，要在多地点进行控制，就应该有多组按钮。这多组按钮的接线原则是：在接触器 KM 的线圈回路中，将所有启动按钮的常开触点并联，而将各停止按钮的常闭触点串联。图 3-12 是实现两地操作的控制电路。根据上述原则，可以推广于更多地点的控制。

3.1.11　多台电动机的顺序控制电路

3-5　顺序控制

在装有多台电动机的生产机械上，各电动机所起的作用不同，有时需要按一定的顺序启动才能保证操作过程的合理和工作的安全可靠。例如，机械加工车床要求油泵先给齿轮箱供油润滑，即要求油泵电动机必须先启动，待主轴润滑正常后，主轴电动机才允许启动。这种顺序关系反映在控制电路上，称为顺序控制。

图 3-13 所示是两台电动机 M1 和 M2 的顺序控制电路的原理图。图 3-13（a）中所示控制电路的特点是，将接触器 KM1 的一副常开辅助触点串联在接触器 KM2 线圈的控制电路中。这就保证了只有当接触器 KM1 接通，电动机 M1 启动后，电动机 M2 才能启动，而且，如果由于某种原因（如过载或失压等）使接触器 KM1 失电释放而导致电动机 M1 停止时，电动机 M2 也立即停止，即可以保证电动机 M2 和 M1 同时停止。另外，该控制电路还可以实现单独停止电动机 M2。

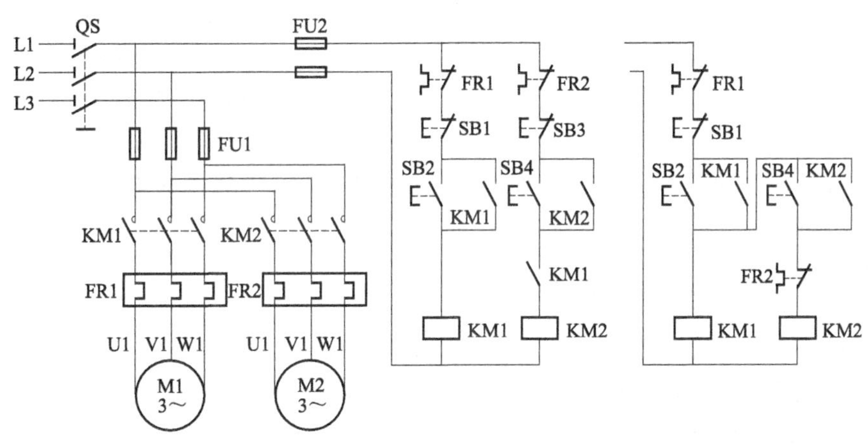

(a) 将KM1的常开触点串联在KM2线圈回路中　(b) 电动机M2的控制电路接在KM1的常开触点之后

图 3-13　两台电动机的顺序控制电路

图 3-13（b）中所示控制电路的特点是，电动机 M2 的控制电路接在接触器 KM1 的常开辅助触点之后，其顺序控制作用与图 3-13（a）相同。而且还可以节省一副常开辅助触点 KM1。

3.1.12　行程控制电路

行程控制就是用运动部件上的挡铁碰撞行程开关而使其触点动作，以接通或断开电路，来控制机械行程。

行程开关（又称限位开关）可以完成行程控制或限位保护。例如，在行程的两个终端处各安装一个行程开关，并将这两个行程开关的常闭触点串接在控制电路中，就可以达到行程控制或限位保护。

行程控制或限位保护在摇臂钻床、万能铣床、桥式起重机及各种其他生产机械中经常被采用。

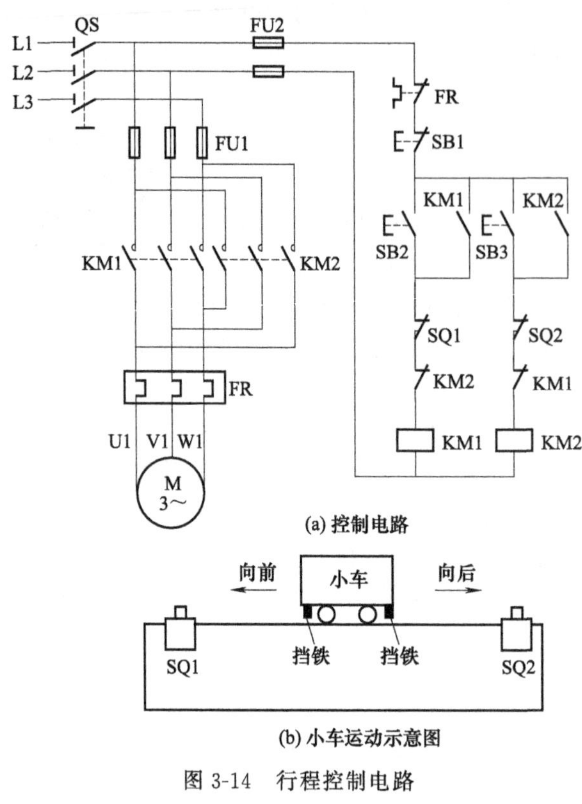

图 3-14 行程控制电路

图 3-14（a）所示为小车限位控制电路的原理图，它是行程控制的一个典型实例。该电路的工作原理如下：先合上电源开关 QS；然后按下向前按钮 SB2，接触器 KM1 因线圈得电而吸合并自锁，电动机正转，小车向前运行；当小车运行到终端位置时，小车上的挡铁碰撞行程开关 SQ1，使 SQ1 的常闭触点断开，接触器 KM1 因线圈失电而释放，电动机断电，小车停止前进。此时即使再按下向前按钮 SB2，接触器 KM1 的线圈也不会得电，保证了小车不会超过行程开关 SQ1 所在位置。

当按下向后按钮 SB3 时，接触器 KM2 因线圈得电而吸合并自锁，电动机反转，小车向后运行，行程开关 SQ1 复位，触点闭合。当小车运行到另一终端位置时，行程开关 SQ2 的常闭触点被撞开，接触器 KM2 因线圈失电而释放，电动机断电，小车停止运行。

3.1.13 自动往复循环控制电路

有些生产机械，要求工作台在一定距离内能自动往复，不断循环，以使工件能连续加工。其对电动机的基本要求仍然是启动、停止和反向控制，所不同的是当工作台运动到一定位置时，能自动地改变电动机工作状态。

常用的自动往复循环控制电路如图 3-15 所示。

先合上电源开关 QS，然后按下启动按钮 SB2，接触器 KM1 因线圈得电而吸合并自锁，电动机正转启动，通过机械传动装置拖动工作台向左移动，当工作台移动到一定位置时，挡铁 1 碰撞行程开关 SQ1，使其常闭触点断开，接触器 KM1 因线圈断电而释放，电动机停止，与此同时行程开关 SQ1 的常开触点闭合，接触器 KM2 因线圈得电而吸合并自锁，电动机反转，拖动工作台向右移动。同时，行程开关 SQ1 复位，为下次正转做准备。当工作台向右移动到一定位置时，挡铁 2 碰撞行程开关 SQ2，使其常闭触点断开，接触器 KM2 因线圈断电而释放，电动机停止，与此同时行程开关 SQ2 的常开触点闭合，使接触器 KM1 线圈又得电，电动机又开始正转，拖动工作台向左移动。如此周而复始，使工作台在预定的行程内自动往复移动。

工作台的行程可通过移动挡铁（或行程开关 SQ1 和 SQ2）的位置来调节，以适应加工零件的不同要求。行程开关 SQ3 和 SQ4 用来作限位保护，安装在工作台往复运动的极限位

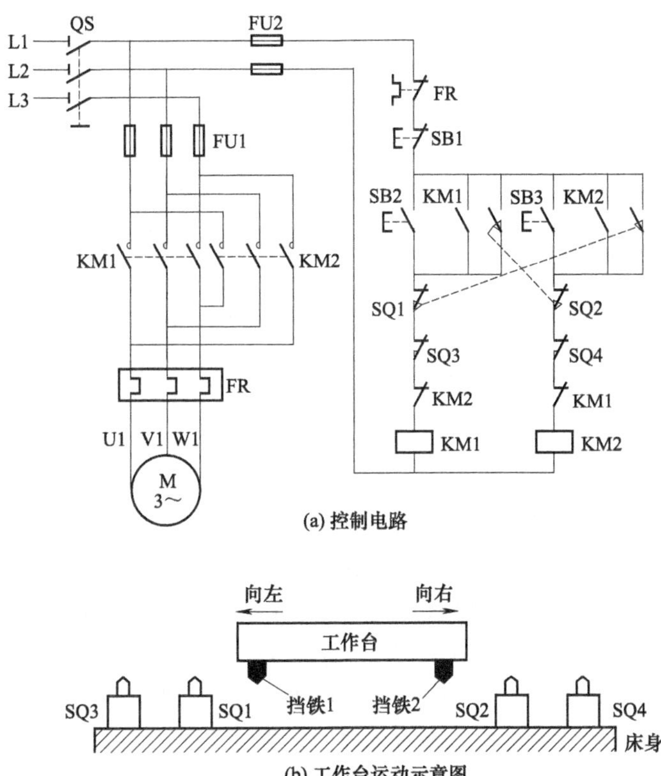

(a) 控制电路

(b) 工作台运动示意图

图 3-15　自动往复循环控制电路

置上，以防止行程开关 SQ1 和 SQ2 失灵，工作台继续运动不停止而造成事故。

带有点动的自动往复循环控制电路如图 3-16 所示，它是在图 3-15 中加入了点动按钮 SB4 和 SB5，以供点动调整工作台位置时使用。其工作原理与图 3-15 基本相同。

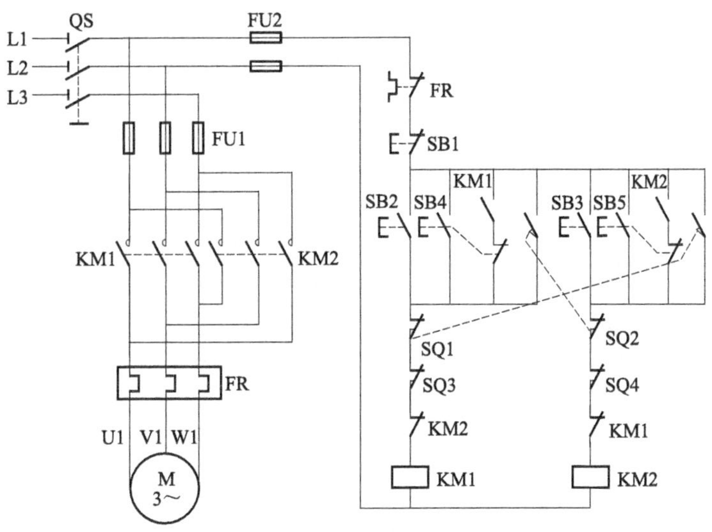

图 3-16　带有点动的自动往复循环控制电路

3.1.14 无进给切削的自动循环控制电路

为了提高加工精度，有的生产机械对自动往复循环还提出了一些特殊要求。以钻孔加工过程自动化为例，钻削加工时刀架的自动循环如图 3-17 所示。其具体要求是：刀架能自动地由位置 1 移动到位置 2 进行钻削加工；刀架到达位置 2 时不再进给，但钻头继续旋转，进行无进给切削以提高工件加工精度，短暂时间后刀架再自动退回位置 1。

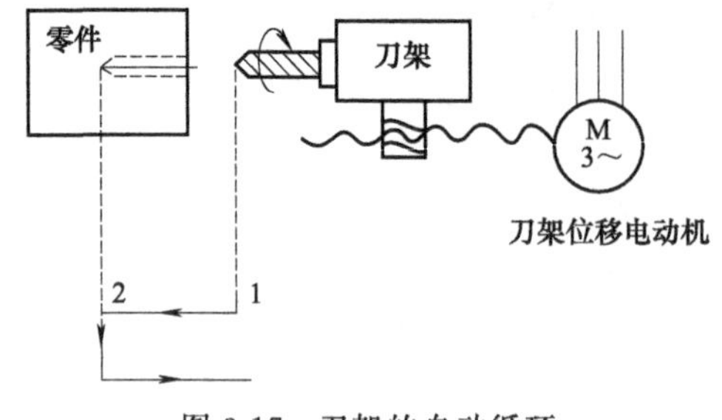

图 3-17 刀架的自动循环

无进给切削的自动循环控制电路如图 3-18 所示。这里采用行程开关 SQ1 和 SQ2 分别作为测量刀架运动到位置 1 和 2 的测量元件，由它们给出的控制信号通过接触器控制刀架位移电动机。按下进给按钮 SB2，正转接触器 KM1 因线圈得电而吸合并自锁，刀架位移电动机正转，刀架进给，当刀架到达位置 2 时，挡铁碰撞行程开关 SQ2，其常闭触点断开，正转接触器 KM1 因线圈断电而释放，刀架位移电动机停止工作，刀架不再进给，但钻头继续旋转（其拖动电动机在图 3-18 中未绘出）进行无进给切削。与此同时，行程开关 SQ2 的常开触点闭合，接通时间继电器 KT 的线圈，开始计算无进给切削时间。到达预定无进给切削时间后，时间继电器 KT 延时闭合的常开触点闭合，使反转接触器 KM2 因线圈得电而吸合并自锁，刀架位移电动机反转，于是刀架开始返回。当刀架退回到位置 1 时，挡铁碰撞行程开关 SQ1，其常闭触点断开，反转继电器 KM2 因线圈断电而释放，刀架位移电动机停止，刀架自动停止运动。

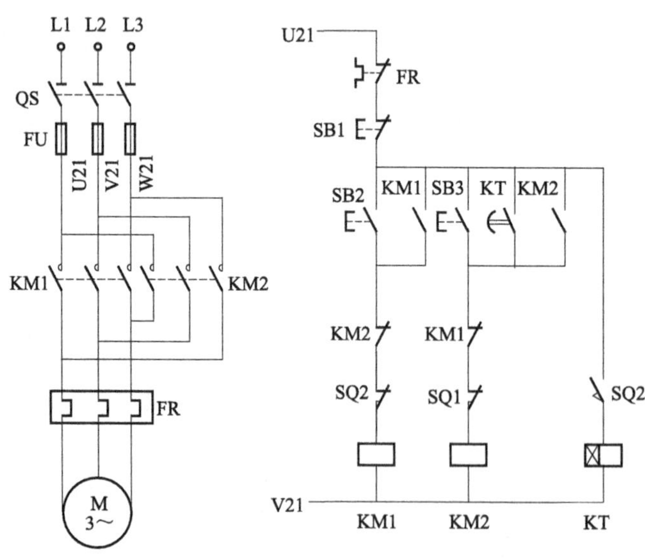

图 3-18 无进给切削的自动循环控制电路

3.1.15 交流电源驱动直流电动机控制电路

图 3-19 是一种最简单的交流电源驱动直流电动机控制电路，该控制电路用 24V 交流电

源经二极管桥式整流变为直流后，加到直流电动机上。这种控制电路比较简单，但是由于直流电压脉动比较大，使直流电动机的转矩波动较大，影响转动特性，但对于高速旋转的直流电动机，这些影响都非常小，因此应用范围很广。

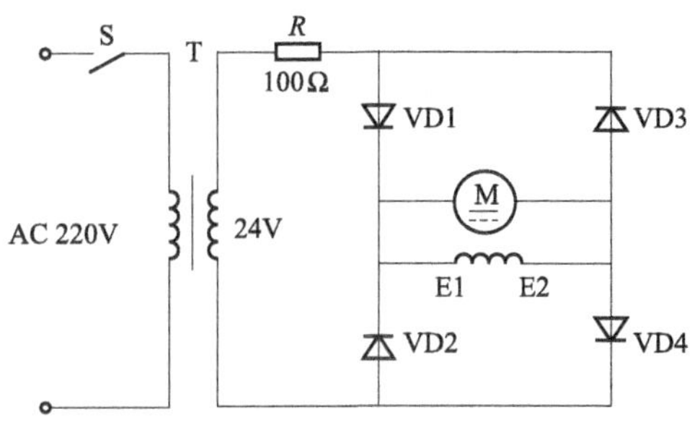

图 3-19　交流电源驱动直流电动机控制电路

3.1.16　串励直流电动机刀开关可逆运行控制电路

由直流电动机的工作原理可知，将电枢绕组（或励磁绕组）反接，即改变电枢绕组（或励磁绕组）的电流方向，可以改变直流电动机的旋转方向。也就是说，改变直流电动机的旋转方向有以下两种方法：一是改变电枢电流的方向；二是改变励磁电流的方向。但是不能同时改变这两个电流的方向。

串励直流电动机刀开关可逆运行控制电路图如图3-20所示。图中，S为双刀双掷开关，切换刀开关S时，由于只改变电枢绕组的电流方向，而励磁绕组的电流方向始终不变，因此可以改变串励直流电动机的旋转方向。这种电路可用在电瓶车上。

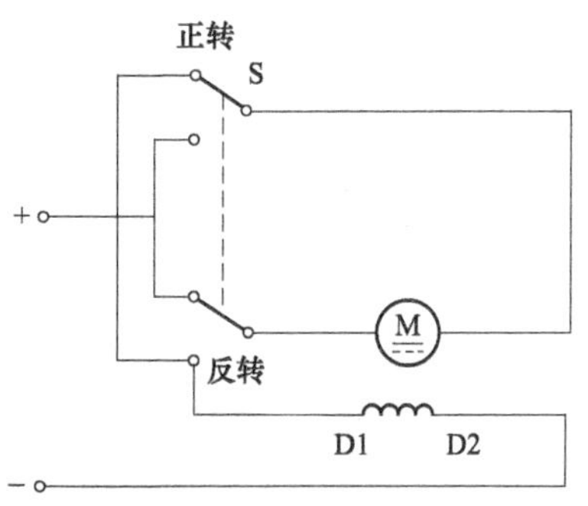

图 3-20　串励直流电动机刀开关可逆运行控制电路

3.1.17　并励直流电动机可逆运行控制电路

因为并励和他励直流电动机励磁绕组的匝数多，电感量大，若要使励磁电流改变方向，一方面，在将励磁绕组从电源上断开时，绕组中会产生较大的自感电动势，很容易把励磁绕组的绝缘击穿；另一方面，在改变励磁电流方向时，由于中间有一段时间励磁电流为零，容易出现“飞车”现象。所以一般情况下，并励和他励直流电动机多采用改变电枢绕组中电流的方向来改变电动机的旋转方向。

并励直流电动机正反向（可逆）运行控制电路如图 3-21 所示，其控制部分与交流异步电动机正反向（可逆）运行控制电路相同，故工作原理也基本相同。

3.1.18　串励直流电动机可逆运行控制电路

因为串励直流电动机励磁绕组的匝数少，电感量小，而且励磁绕组两端的电压较低，反接较容易。所以一般情况下，串励直流电动机多采用改变励磁绕组中电流的方向来改变电动机的旋转方向。图 3-22 是串励直流电动机正反向（可逆）运行控制电路图，其控制部分与图 3-21 完全相同，故动作原理也基本相同。

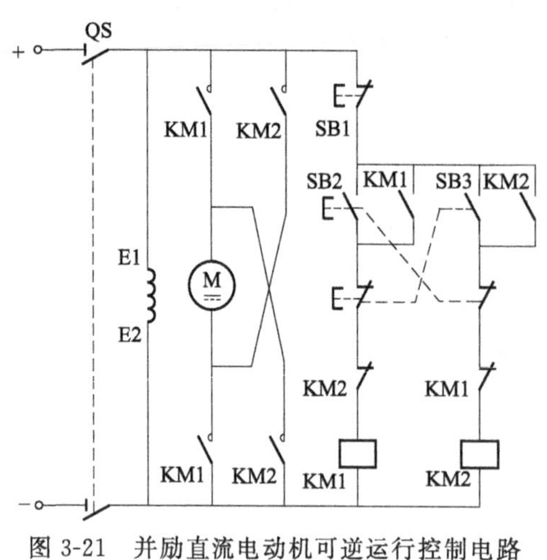

图 3-21　并励直流电动机可逆运行控制电路

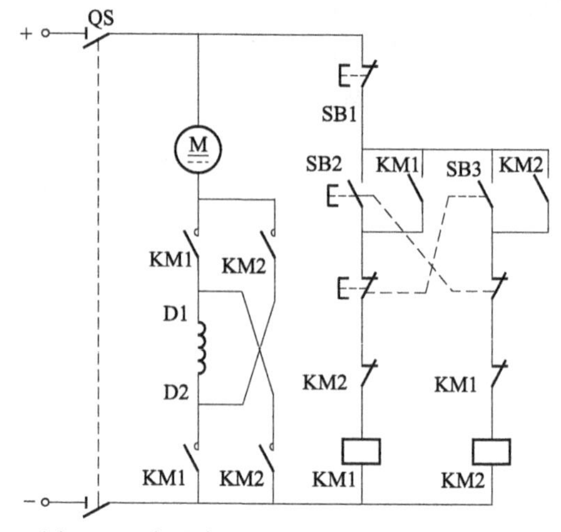

图 3-22　串励直流电动机可逆运行控制电路

3.2 电气控制电路中的保护措施

3.2.1 电动机过载保护电路

(1) 电动机双闸式保护控制电路

三相交流电动机启动电流很大，一般是额定电流的 4～7 倍，故选用的熔丝电流较大，一般只能起到短路保护的作用，不能起到过载保护的作用。若选用的熔丝电流小一些，可以起到过载保护的作用，但电动机正常启动时，会因为启动电流较大，而造成熔丝熔断，使电动机不能正常启动。这对保护运行中的电动机很不利。如果采用双闸式保护电路，则可以解决上述问题。电动机双闸式保护指用两只刀开关控制，电动机双闸式保护控制电路如图3-23所示。

启动时先合上启动刀开关 QS1，其熔丝额定电流较大（电动机额定电流的 1.5～2.5 倍），因此启动时熔丝不会熔断。当电动机进入正常运行后，再合上运行刀开关 QS2，断开启动刀开关 QS1。由于运行刀开关上熔丝的额定电流一般等于电动机的额定电流，所以在电动机正常运行的情况下，熔丝不会熔断。当电动机发生过载或断相运行时，电流增加到电动机额定电流的 1.73 倍左右，可使运行刀开关的熔丝熔断，断开电源，保护电动机不被烧毁。

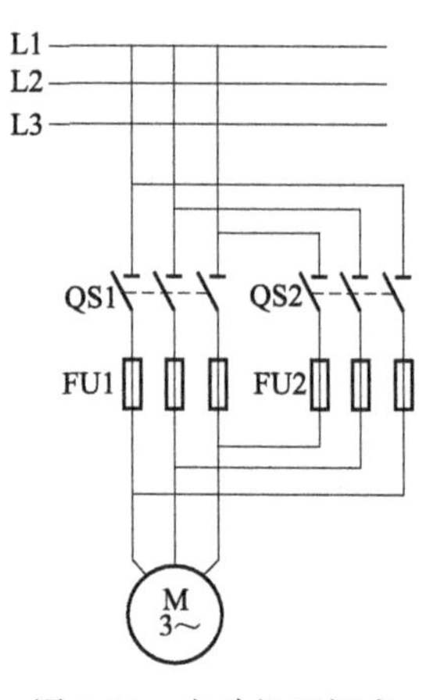

图 3-23　电动机双闸式保护控制电路

(2) 采用热继电器作电动机过载保护的控制电路

图 3-24 是一种采用热继电器作电动机过载保护的控制电路。

热继电器是一种过载保护继电器，将它的发热元件串接到电动机的主电路中，紧贴热元件处装有双金属片（由两种不同膨胀系数的金属片压接而成）。若有较大的电流流过热元件时，热元件产生的热量将会使双金属片弯曲，当弯曲到一定程度时，便会将脱扣器打开，从而使热继电器 FR 的常闭触点断开，使接触器

KM 的线圈失电释放，接触器 KM 的主触点断开，电动机立即停止运转，达到过载保护的目的。

(3) 启动时双路熔断器并联控制电路

由热继电器和熔断器组成的三相异步电动机保护系统，通常前者作为过载保护用，后者作为短路保护用。在这种保护系统中，如果热继电器失灵，而过载电流又不能使熔断器熔断，则会烧毁电动机。如果电动机能顺利启动，而运行时熔断器熔丝的额定电流等于电动机额定电流，则发生过载时，即使热继电器失灵，熔断器也会熔断，从而保护了电动机。图 3-25 所示为一种启动时双路熔断器并联控制电路。

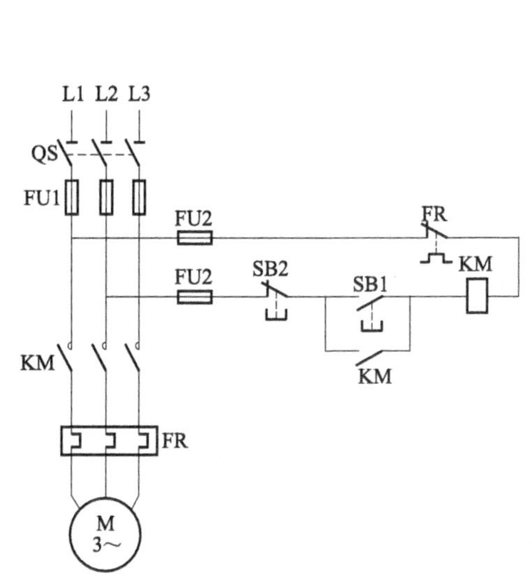

图 3-24　采用热继电器作电动机过载保护的控制电路

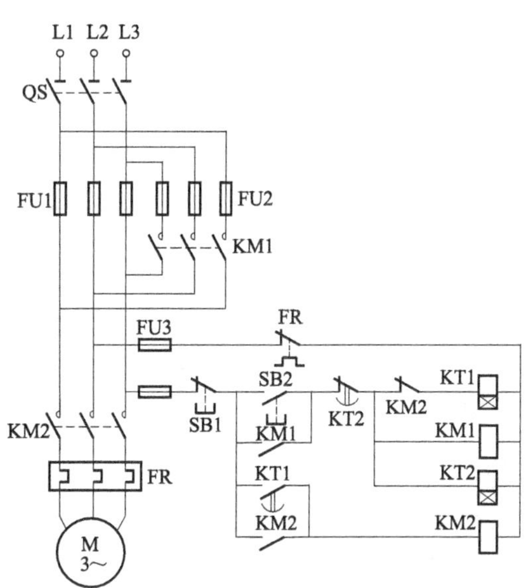

图 3-25　启动时双路熔断器并联控制电路

电动机启动时，两路熔断器装置并联工作。电动机启动完毕，正常运行时，第二路熔断器 FU2 自动退出。这样，由于第一路熔断器 FU1 的熔丝的额定电流和电动机的额定电流一致，一旦发生过电流或其他故障，能将熔丝熔断，保护电动机。

图 3-25 中时间继电器 KT1 的延时动作触点的动作特点为当时间继电器线圈得电时，触点延时闭合，时间继电器 KT1 的作用是保证熔断器 FU2 并上后，接触器 KM2 再动作，电动机才开始启动，KT1 的延时时间应调到最小位置（一般为零点几秒）。

图 3-25 中时间继电器 KT2 的延时动作触点的动作特点为当时间继电器线圈得电时，触点延时断开，时间继电器 KT2 的作用是待电动机启动结束后，切除第二路熔断器 FU2。KT2 的延时时间应调到电动机启动完毕。

选择熔丝时，FU1 熔丝的额定电流应等于电动机的额定电流，FU2 熔丝的额定电流一般与 FU1 的一样大，如果是重负荷启动或频繁启动，则应酌情增大。

(4) 电动机启动与运转熔断器自动切换控制电路

电动机启动与运转熔断器自动切换控制电路如图 3-26 所示，图中 KM2 与 FU2 分别为启动接触器与启动熔断器，图中 KM1 与 FU1 分别为运行接触器与运行熔断器。

图 3-26 中时间继电器 KT 的延时动作触点的动作特点为当时间继电器线圈得电时，触点延时闭合。其作用是，在启动过程结束后，将时间继电器 KT 和启动接触器 KM2 切除。

电动机启动熔断器 FU2 熔丝的额定电流按满足启动要求选择，运行熔断器 FU1 熔丝的额定电流按电动机额定电流选择。时间继电器 KT 的延长时间（3～30s）视负载大小而定。

(5) 使用电流互感器和热继电器的电动机保护电路

为了防止电动机过载损坏，常采用热继电器 FR 进行过载保护。对于容量较大的电动机，额定电流较大时，如果没有合适的热继电器，可以用电流互感器 TA 变流后，再接热继电器进行保护。如果启动时负载惯性转矩大，启动时间长（5s 以上），则在启动时可将热继电器短接，如图 3-27 所示。

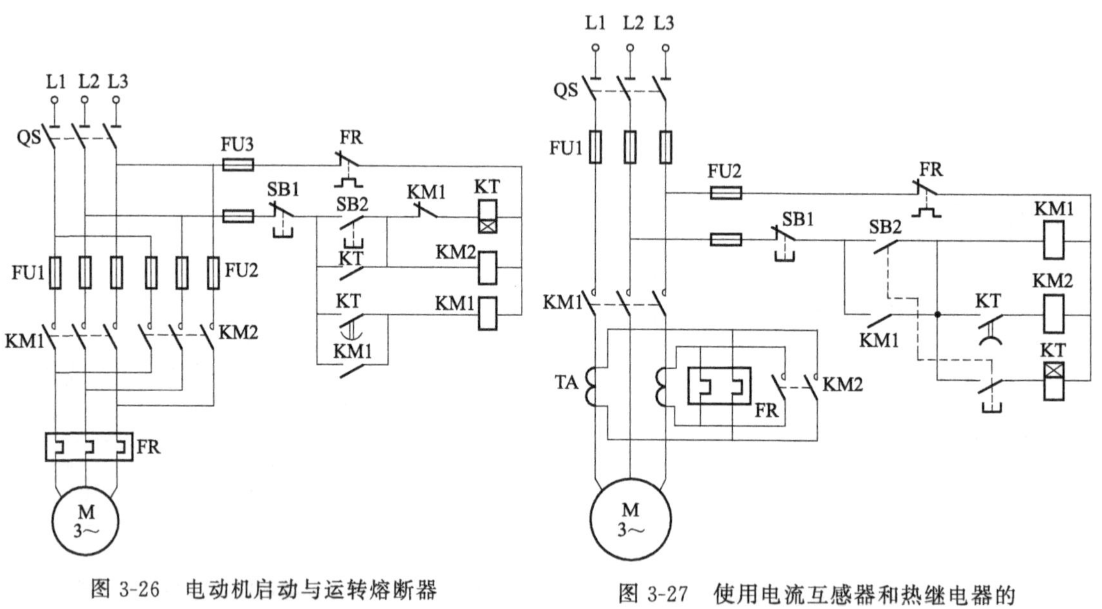

图 3-26 电动机启动与运转熔断器自动切换控制电路

图 3-27 使用电流互感器和热继电器的电动机过电流保护电路

图 3-27 中时间继电器 KT 的延时动作触点的动作特点为当时间继电器线圈得电时，触点瞬时闭合；当时间继电器线圈断电时，触点延时断开。其作用是，在启动过程中，将热继电器短接。

热继电器动作电流一般设定为电动机额定电流通过电流互感器电流比换算后的电流。

3.2.2 电动机断相保护电路

(1) 电动机断丝电压保护电路

由于熔丝熔断造成电动机断相运行的情况相当普遍，从而提出了断丝电压（又称熔丝电压）保护电路。断丝电压保护只适用于因熔丝熔断而产生的断相运行，所以局限性较大。图 3-28 所示电路把 3 个熔断器两端分别并联在继电器 KA1、KA2、KA3 上。

正常情况下，由于熔丝电阻很小，熔断器两端的电压很低，所以继电器不动作。当某相熔丝熔断时，在该相熔断器两端产生 30～170V 电压（0.5～75kW 电动机），在该相熔断器两端并联的继电器线圈得电，其常闭触点断开，从而使接触器 KM 线圈失电，KM 的主触点复位，电动机停转，起到熔丝熔断的保护。

熔丝熔断后，熔断器两端电压的大小与电动机所拖动的负载的大小（即电动机的转速）有关，利用断丝电压使继电器吸合，继电器的吸合电压一般整定为小于 60V。图 3-28 中

KA1、KA2、KA3可采用36V的JTX型通用小型继电器。

(2) 采用热继电器的断相保护电路

三相异步电动机采用热继电器的断相保护电路如图3-29所示。对于Y连接的三相异步电动机，正常运行时，其Y绕组中性点与零线N间无电流。当电动机因故障断相运行时，通过热继电器FR2的电流，使FR2的热元件受热弯曲，其常闭触点断开，KM的线圈失电、KM的主触点释放，电动机M停止运行。

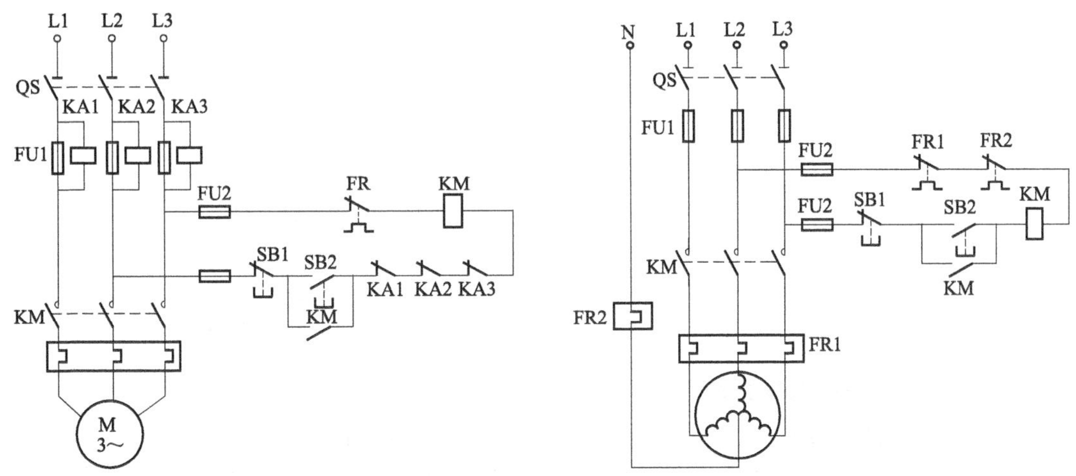

图3-28 断丝电压保护电路

图3-29 采用热继电器的断相保护电路

热继电器的电流整定值应略大于Y绕组中性点与零线N间的不平衡电流。该保护电路的特点是不管何处断相均能动作，有较宽的电流适应范围，通用性强；不另外使用电源，不会因保护电路的电源故障而拒动。

(3) 电容器组成的零序电压电动机断相保护电路

图3-30是一种由电容器组成的零序电压电动机断相保护电路，该保护电路采用3只电容器接成Y连接，构成一个人为中性点，适用于Y或△连接电动机的断相保护。

当发生断相故障时，因人为中性点电位发生偏移，使继电器KA的线圈得电，其常闭触点断开，使接触器KM的线圈失电，KM的主触点复位，从而使电动机断电，保护电动机定子绕组不被破坏。

由于此断相保护电路是在三相电源上投入3只电容器进行运行，而电容器在低压交流电网上又能起到无功功率补偿作用，故该断相保护电路在正常工作时，不消耗电能，相反还会提高电动机的功率因数，具有节电和断相保护两种功能。

(4) 简单的星形联结电动机零序电压断相保护电路

图3-31是一种简单的星形连接电动机零序电压断相保护电路。因为星形连接的电动机的中性点对地电压为零，所以在中性点与地之间连接一个18V的继电器，即可起到电动机的断相保护作用。

对于Y连接的三相异步电动机，正常运行时，其Y绕组中性点与地之间无电压。当电动机因故障使某一相断电时，会造成电动机的中性点电位偏移，中性点与地存在电位差，从而使继电器K吸合，其常闭触点断开，使接触器KM的线圈失电，KM的主触点断开，使电动机停转，保护电动机不被烧坏。此方法是一种简单易行的保护方法。

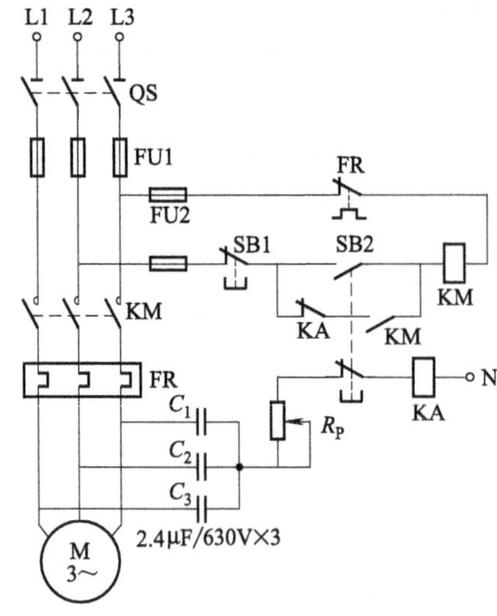

图 3-30 电容器组成的零序电压电动机断相保护电路

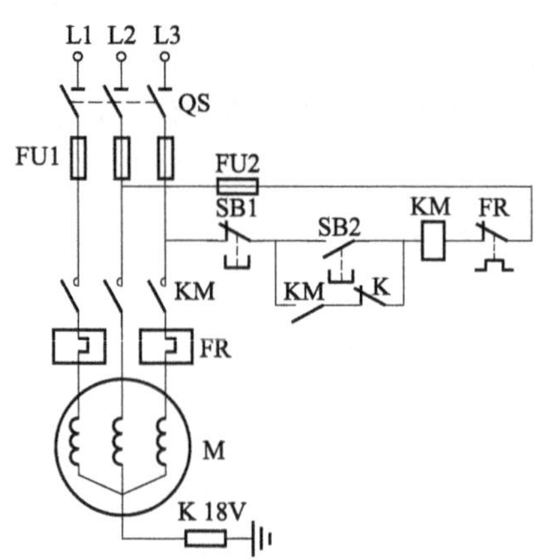

图 3-31 简单的星形联结电动机零序电压断相保护电路

(5) 采用欠电流继电器的断相保护电路

图 3-32 是一种采用 3 只欠电流继电器 KA 的断相保护电路。

合上电源开关 QS，按下启动按钮 SB2，接触器 KM 线圈得电，KM 的主触点闭合，电动机启动运行，同时 3 只欠电流继电器 KA1、KA2、KA3 得电吸合，3 只欠电流继电器的常开触点闭合，与此同时接触器 KM 的常开辅助触点闭合，接触器 KM 的线圈自锁。电动机正常运行。

当电动机发生断相故障时，接在该断相上的欠电流继电器释放，其常开触点 KA1、KA2 或 KA3 复位，使得接触器 KM 的线圈自锁电路断开，KM 的主触点复位，电动机停转，从而保护了电动机。

(6) 加一中间继电器的简易断相保护电路

采用中间继电器的断相保护电路，如图 3-33 所示。接触器线圈和继电器线圈分别接于电源 L1、L2 和 L2、L3 上。

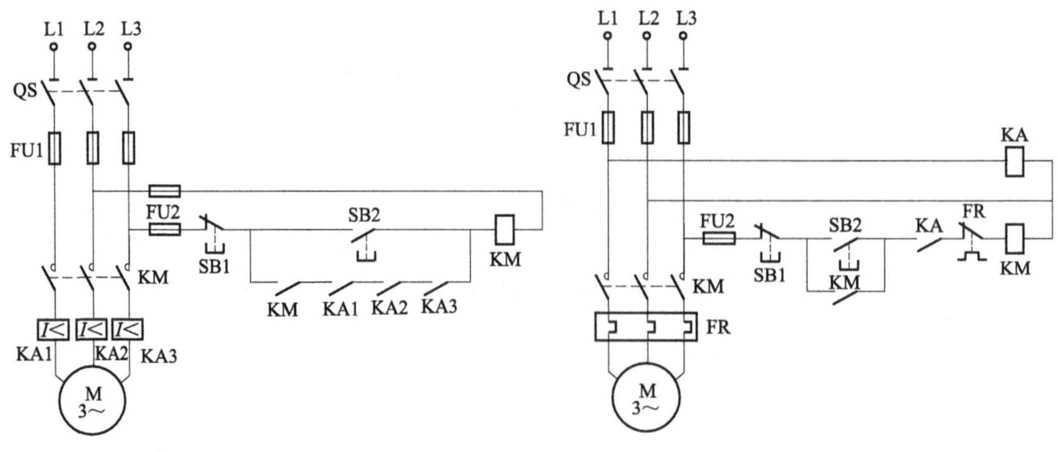

图 3-32 采用欠电流继电器的断相保护电路

图 3-33 加一中间继电器的简易断相保护电路

合上电源开关QS，中间继电器KA的线圈得电，其常开触点闭合，为接触器KM线圈得电做准备。按下启动按钮SB2，接触器KM的线圈得电，KM的主触点闭合，电动机启动运行。只有当电源三相都有电时，KM才能得电工作，无论哪一相电源发生断相，KM的线圈都会失电，KM的主触点切断电源，以保护电动机。

电动机在运行中，若熔丝熔断，使得其中一相电源断电，由于其他两相电源通过电动机可返回另一相断电的线圈上，为保证接触器、中间继电器可靠释放，应选择释放电压大于190V的接触器和中间继电器。

(7) 实用的三相电动机断相保护电路

图3-34是一种三相电动机断相保护电路。该交流三相电动机断相保护电路能在电源断相时，自动切断三相电动机电源，起到保护电动机的目的。

从图3-34中可以看出，电动机控制电路中多了一个同型号的交流接触器，当按下按钮SB2时，W相电源经过按钮SB1、SB2、接触器KM1的线圈到V相，使交流接触器KM1吸合，同时KM1的常开触点闭合，将交流接触器KM2的线圈接到U相与W相之间，使交流接触器KM2得电吸合，电动机M启动运转。这样，由于多用了一个同型号的接触器，两个接触器线圈的电压分别使用了U、V、W三相中的电压回路。故在U、V、W任何一相断相时，该电路都能使两个接触器中的一个或两个线圈都释放，从而保护电动机不因电源断相而烧毁。

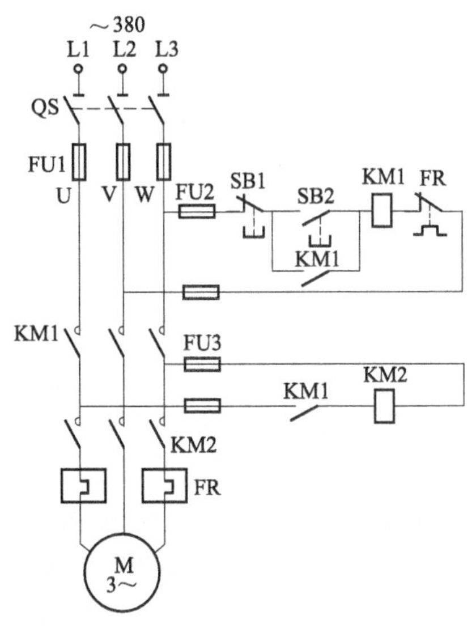

图3-34　实用的三相电动机断相保护电路

此断相保护电路适用于10kW以上的较大型的电动机且负荷较重的场合，能可靠地对电动机进行断相保护。该电路简单、实用、取材方便，效果理想。

3.2.3 直流电动机失磁、过电流保护电路

(1) 直流电动机失磁保护电路

直流电动机失磁保护电路的作用是防止电动机工作中因失磁而发生“飞车”事故。这种保护是通过在直流电动机励磁回路中串入欠电流继电器来实现的。

他励直流电动机失磁保护电路如图3-35所示，当电动机的励磁电流消失或减小到设定值时，欠电流继电器KA释放，其常开触点断开，接触器KM1或KM2断电释放，切断直流电动机的电枢回路，电动机断电停车，实现保护电动机的目的。

如图3-36所示，在直流电动机励磁绕组回路中串入硅整流二极管VD（其整流值只要大于直流电动机的励磁电流即可），并在其两端并联额定值为0.7V的电压继电器KV（JTX-0.7V），以此来控制主电路的接触器，也可以实现直流电动机失磁保护，达到防止“飞车”的目的。

当励磁绕组有电流时，二极管VD两端就有0.7V电压，使电压继电器KV得电吸合，其常开触点闭合，为控制电路中接触器KM的线圈得电做准备。当励磁绕组无电流时，VD两端无电压，KV线圈不得电，其常开触点仍处于断开状态，这时控制回路KM线圈也不能

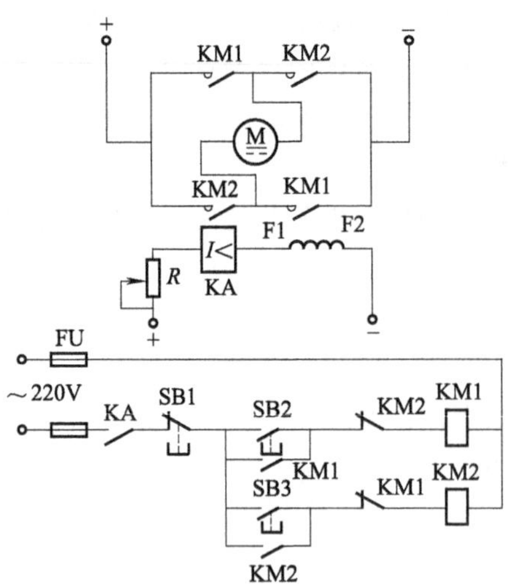

图 3-35 他励直流电动机失磁保护电路（一）

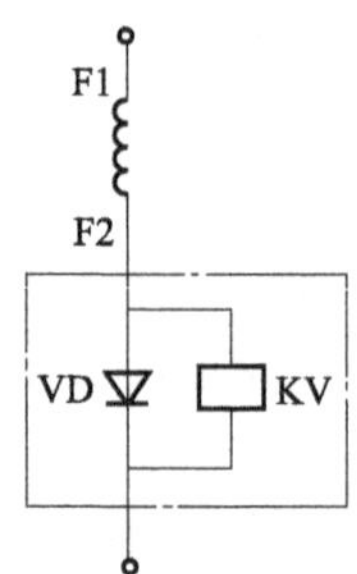

图 3-36 他励直流电动机失磁保护电路（二）

得电，则主电路不得电，电动机不工作。也就是说，若不先提供励磁电流，电动机就无法工作。

(2) 直流电动机励磁回路的保护电路

使用直流电动机时，为了确保励磁系统的可靠性，在励磁回路断开时需加保护电路。直流电动机励磁回路的保护电路如图 3-37 所示。

在图 3-37（a）所示电路中，电源经电抗器 L 降压，再经桥式整流器整流后，提供直流励磁电流给直流电动机的励磁绕组。电阻 R 与电容 C 组成浪涌吸收电路，防止电源的过电压进入励磁绕组。当励磁绕组电源断开时，在其两端并联一个释放电阻 R'，以防止励磁绕组的自感电动势击穿电源中的整流二极管，其阻值约为励磁绕组电阻（冷态）的 7 倍，功率 50～100W。

在图 3-37（b）所示电路中，在励磁绕组两端并联一个压敏电阻 R_V，取 R_V 的额定电压为励磁电压的 1.5～2.2 倍。当工作电压低于 R_V 的额定电压时，R_V 呈现高阻、断开状态；当工作电压高于 R_V 的额定电压时，R_V 呈现低阻、导通状态。当励磁绕组断开瞬间，若励磁绕组的自感电压高于压敏电阻 R_V 的额定电压，R_V 呈现低阻，限制了励磁绕组两端电压，起到保护作用。

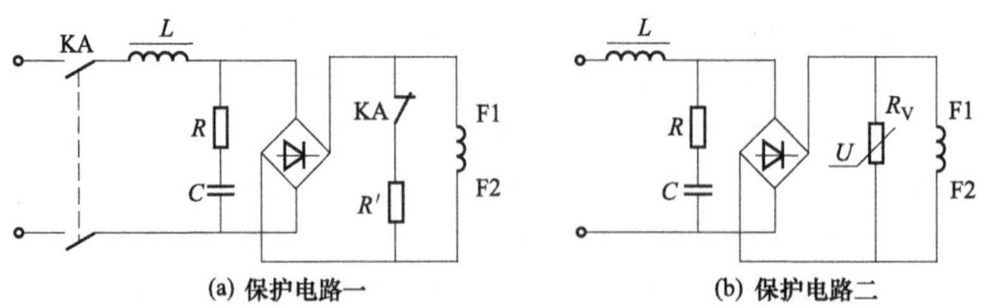

图 3-37 直流电动机励磁回路的保护电路

(3) 直流电动机失磁和过电流保护电路

为了防止直流电动机失去励磁而造成转速猛升（“飞车”），并引起电枢回路过电流，危及直流电源和直流电动机，因此励磁回路接线必须十分可靠，不宜用熔断器作励磁回路的保护，而应采用失磁保护电路。失磁保护很简单，只要在励磁绕组上并联一只失压继电器或串联一只欠电流继电器即可。用过流继电器可以作电动机的过载及短路保护。

直流电动机失磁和过电流保护电路如图 3-38 所示，图中 KUC 为欠电流继电器，KOC 为过电流继电器。KT1、KT2 为时间继电器，其常开触点的动作特点是当时间继电器吸合时，其常开触点延时闭合。

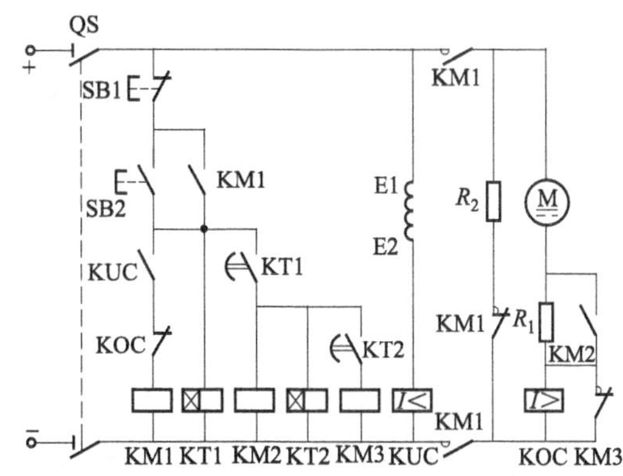

图 3-38 直流电动机失磁和过电流保护电路

闭合电源开关 QS，欠电流继电器 KUC 线圈得电，KUC 常开触点闭合，为接触器 KM1 线圈得电做准备。

过电流继电器 KOC 作直流电动机的过载及短路保护用。直流电动机电枢串电阻启动时，KOC 线圈被 KM3 短接，不受启动电流的影响。电动机正常运行时，KOC 处于释放状态，KOC 的常闭触点处于闭合状态。电动机过载或短路时，一旦流过 KOC 线圈的电流超过整定值，过电流继电器 KOC 吸合，KOC 的常闭触点马上断开，使接触器 KM1 的线圈失电，KM1 的主触点断开，切断直流电动机的电源，电动机停转。过电流继电器一般可按电动机额定电流的 1.1～1.2 倍整定。

欠电流继电器 KUC 作直流电动机的失磁保护，它串联在励磁回路中。电动机正常运行时，KUC 处于吸合状态，KUC 的常开触点处于闭合状态。当励磁失磁或励磁电流小于电流整定值时，欠电流继电器 KUC 释放，KUC 的常开触点复位，切断 KM1 的自锁回路，使接触器 KM1 的线圈失电，KM1 的主触点断开，切断直流电动机的电源，电动机停转。要求欠电流继电器的额定电流应大于电动机的额定励磁电流，电流整定值按电动机的最小励磁电流的 0.8～0.85 倍整定。当 KM1 线圈失电时，KM1 常闭主触点复位，接通能耗制动电阻 R_2，使电动机迅速停转。

第4章 常用电气控制电路

4.1 常用电动机启动控制电路

4.1.1 笼型三相异步电动机定子绕组串电阻（或电抗器）降压启动控制电路

定子绕组串电阻（或电抗器）降压启动是在三相异步电动机的定子绕组电路中串入电阻（或电抗器），启动时，利用串入的电阻（或电抗器）起降压限流作用，待电动机转速升到一定值时，将电阻（或电抗器）切除，使电动机在额定电压下稳定运行。由于定子绕组电路中串入的电阻要消耗电能，所以大、中型电动机常采用串电抗器的降压启动方法，它们的控制电路是一样的。现仅以串电阻启动控制电路为例说明其工作原理。

定子绕组串电阻（或电抗器）降压启动控制电路有手动接触器控制及时间继电器自动控制等几种形式。

(1) 手动接触器控制的串电阻降压启动控制电路

手动接触器控制的串电阻降压启动控制电路的原理图如图 4-1 所示。由控制电路可以看出，接触器 KM1 和 KM2 是按顺序工作的。

图 4-1 (a) 所示控制电路的工作原理如下：欲启动电动机，先合上电源开关 QS，然后按下启动按钮 SB2，接触器 KM1 因线圈得电而吸合并自锁，接触器 KM1 主触点闭合，电动机 M 定子绕组串电阻 R_{st}降压启动。当电动机的转速接近额定值时，按下按钮 SB3，接触器 KM2 因线圈得电而吸合并自锁，接触器 KM2 主触点闭合，将启动电阻 R_{st}短接，使电动机 M 全压运行。图 4-1 (b) 所示控制电路的工作原理与图 4-1 (a) 的不同之处是：接触器 KM2 吸合时，其一副常闭辅助触点断开，使接触器 KM1 因线圈断电而释放。

该控制电路的缺点是，从启动到全压运行需人工操作，所以启动时要按两次按钮，很不方便，故一般采用时间继电器控制的自动控制电路。

(2) 时间继电器控制的串电阻降压启动控制电路

时间继电器控制的串电阻降压启动控制电路的原理图如图 4-2 所示。它用时间继电器代替按钮 SB3，启动时只需按一次启动按钮，从启动到全压运行由时间继电器自动完成。

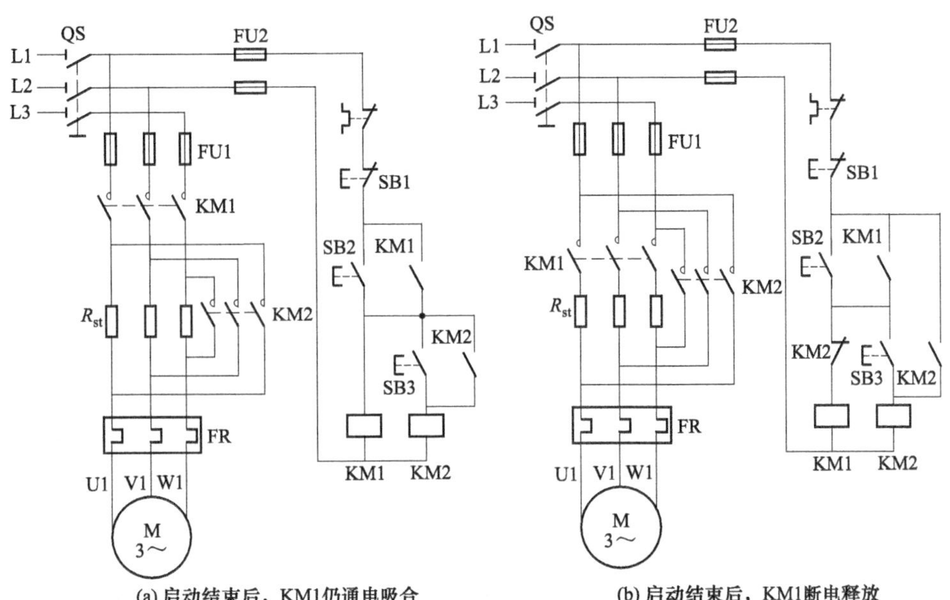

(a) 启动结束后，KM1仍通电吸合　　(b) 启动结束后，KM1断电释放

图 4-1　手动接触器控制的串电阻降压启动控制电路

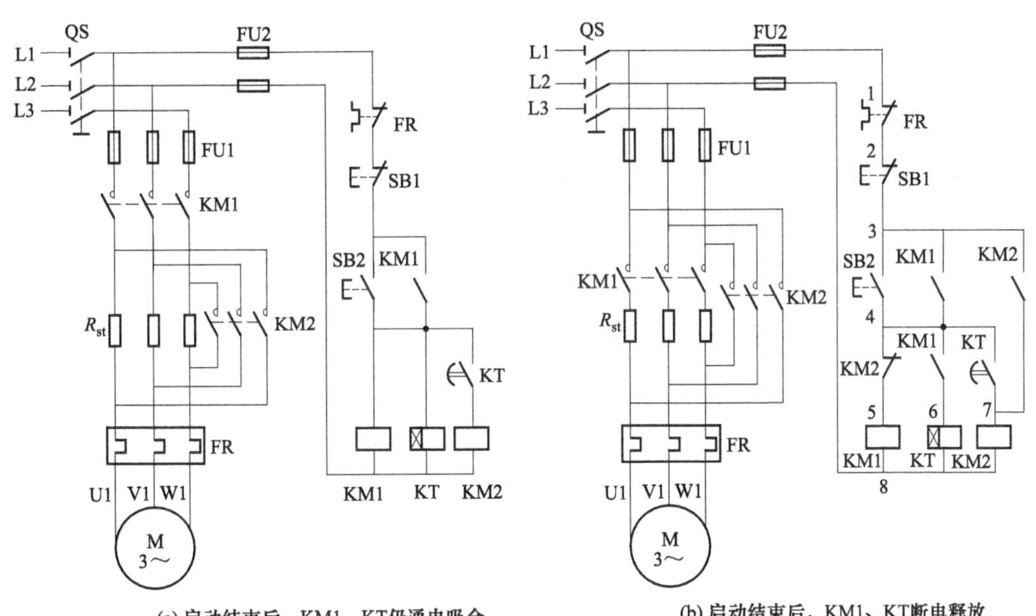

(a) 启动结束后，KM1、KT仍通电吸合　　(b) 启动结束后，KM1、KT断电释放

图 4-2　时间继电器控制的串电阻降压启动控制电路

图 4-2（a）所示控制电路工作原理如下：欲启动电动机，先合上电源开关 QS，然后按下启动按钮 SB2，接触器 KM1 与时间继电器 KT 因线圈得电而同时吸合并自锁，接触器 KM1 主触点闭合，电动机 M 定子绕组串电阻 R_{st} 减压启动。当时间继电器 KT 到达预先给定的延时值时，其延时闭合的常开触点闭合，接触器 KM2 因线圈得电而吸合，KM2 主触点闭合，将启动电阻 R_{st} 短接，使电动机 M 全压运行。采用该控制电路，在电动机运行时，接触器 KM1、KM2 和时间继电器 KT 线圈内都通有电流。为了避免这一缺点，可改进为图 4-2（b）所示的控制电路。

图 4-2（b）所示控制电路工作原理如下：欲启动电动机，先合上电源开关 QS，然后按下启动按钮 SB2，接触器 KM1 与时间继电器 KT 因线圈得电而同时吸合并自锁，接触器 KM1 主触点闭合，电动机 M 定子绕组串电阻 R_{st} 降压启动。当时间继电器 KT 到达预先给定的延时值时，其延时闭合的常开触点闭合，接触器 KM2 因线圈得电而吸合并自锁，KM2 主触点闭合，将启动电阻 R_{st} 短接，使电动机 M 全压运行。与此同时，接触器 KM2 的常闭辅助触点断开，使接触器 KM1 因线圈断电而释放。所以电动机全压运行时，只有接触器 KM2 接入电路。

4.1.2 笼型三相异步电动机自耦变压器（启动补偿器）降压启动控制电路

自耦变压器降压启动又称启动补偿器降压启动，利用自耦变压器来降低启动时加在电动机定子绕组上的电压，达到限制启动电流的目的。启动结束后将自耦变压器切除，使电动机全压运行。自耦变压器降压启动常采用一种叫作自耦变压器（又称启动补偿器）的控制设备来实现，可分手动控制与自动控制两种。

4-1 自耦变压器降压启动

(1) 手动控制的自耦变压器降压启动

图 4-3 所示为 QJ3 型自耦降压启动器控制电路，自耦变压器的抽头可以根据电动机启动时负载的大小来选择。

启动时，先把操作手柄转到“启动”位置，这时自耦变压器的三相绕组连接成 Y 接法，三个首端与三相电源相连接，三个抽头与电动机相连接，电动机在降压下启动。当电动机的转速上升到较高转速时，将操作手柄转到“运行”位置，电动机与三相电源直接连接，电动机在全压下运行，自耦变压器失去作用。若欲停止，只要按下按钮 SB，则失压脱扣器 K 的线圈断电，机械机构使操作手柄回到“停止”位置，电动机即停止。

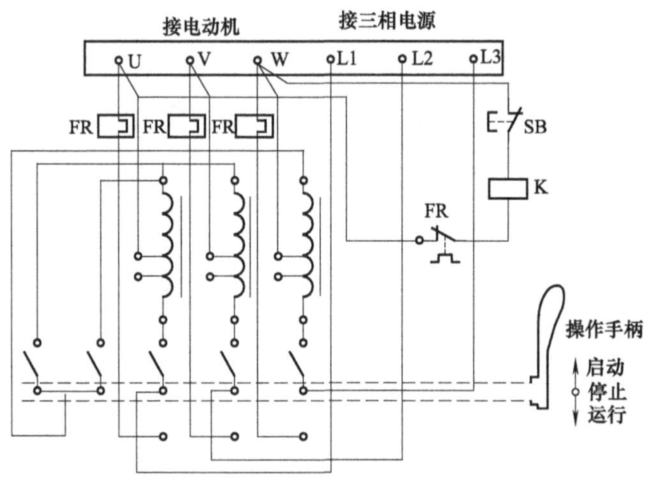

图 4-3 QJ3 型自耦变压器降压控制电路

(2) 时间继电器控制的自耦变压器降压启动

图 4-4 所示为时间继电器控制的自耦变压器降压启动控制电路的原理图。启动时，先合上电源开关 QS，然后按下启动按钮 SB2，接触器 KM1、KM2 与时间继电器 KT 因线圈得电而同时吸合并自锁，接触器 KM1、KM2 的主触点闭合，电动机定子绕组经自耦变压器接至电源降压启动。当时间继电器 KT 到达延时值时，其常闭触点断开，使接触器 KM1 因线圈断电而释放，KM1 主触点断开；与此同时，时间继电器 KT 延时闭合的常开触点闭合，

使接触器 KM3 因线圈得电而吸合并自锁，KM3 主触点闭合，电动机进入全压正常运行，而此时接触器 KM3 的常闭辅助触点也同时断开，使接触器 KM2 与时间继电器 KT 因线圈断电而释放，KM2 主触点断开，将自耦变压器从电网上切除。

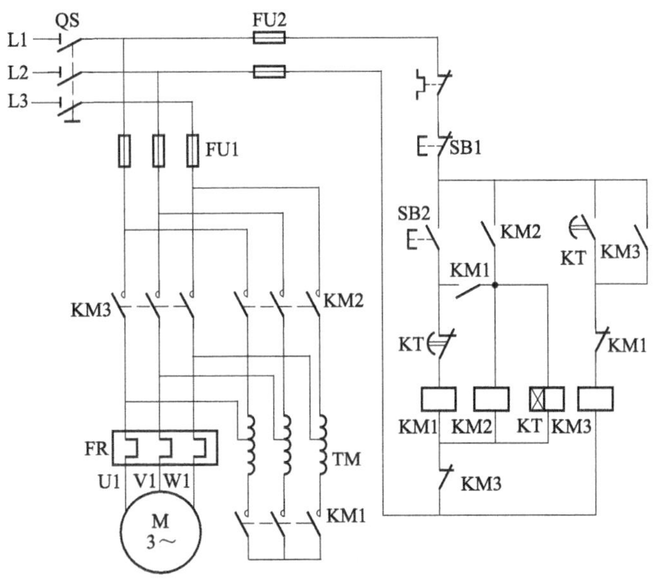

图 4-4　时间继电器控制的自耦变压器降压启动控制电路

自耦变压器降压启动与定子绕组串电阻降压启动相比较，在同样的启动转矩时，对电网的电流冲击小，功率损耗小。缺点是自耦变压器相对电阻器结构复杂、价格较高。因此，自耦变压器降压启动主要用于启动较大容量的电动机，以减小启动电流对电网的影响。

4-2　星-三角控制电路

4.1.3　笼型三相异步电动机星形-三角形（Y-△）降压启动控制电路

Y-△启动只能用于正常运行时定子绕组为△形连接（其定子绕组相电压等于电动机的额定电压）的三相异步电动机，而且定子绕组应有 6 个接线端子。启动时将定子绕组接成 Y 形（其定子绕组相电压降为电动机额定电压的 $\frac{1}{\sqrt{3}}$倍），待电动机的转速升到一定程度时，再改接成△形，使电动机正常运行。Y-△启动控制电路有按钮切换控制和时间继电器自动切换控制两种。

（1）按钮切换的控制电路

按钮切换控制电路的原理图如图 4-5 所示。启动时，先合上电源开关 QS，然后按下启动按钮 SB2，接触器 KM、KM1 因线圈得电而同时吸合并自锁，接触器 KM1 的主触点闭合，将电动机的定子绕组接成 Y 形，而与此同时，接触器 KM 的主触点闭合，将电动机接至电源，电动机以 Y 接法启动。将电动机的转速升高到一定值时，按下按钮 SB3，使接触器 KM1 因线圈断电而释放，KM1 主触点断开，使电动机 Y 接法启动结束；与此同时，接触器 KM1 的常闭辅助触点恢复闭合，使接触器 KM2 因线圈得电而吸合并自锁，KM2 主触点闭合，将电动机的定子绕组接成△形，使电动机以△接法投入正常运行，而接触器 KM2 的常闭辅助触点也断开，起到了与接触器 KM1 的联锁作用。

（2）时间继电器自动切换的控制电路

图 4-6 为时间继电器自动切换 Y-△降压启动控制电路的原理图。启动时，先合上电源

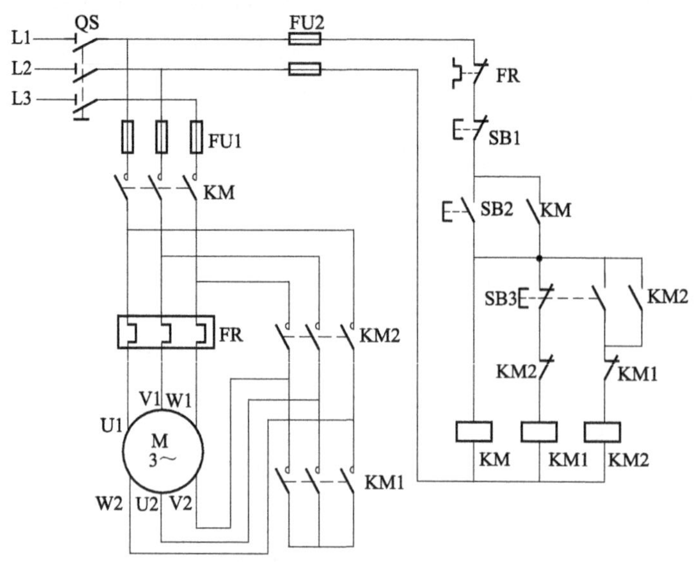

图 4-5 按钮切换 Y-△降压启动控制电路

开关 QS，然后按下启动按钮 SB2，接触器 KM、KM1 与时间继电器 KT 因线圈得电而同时吸合并自锁，接触器 KM1 的主触点闭合，将电动机的定子绕组接成 Y 形，而与此同时，接触器 KM 的主触点闭合，将电动机接至电源，电动机以 Y 接法启动。当时间继电器 KT 到达延时值时，其延时断开的常闭触点断开，使接触器 KM1 因线圈断电而释放，KM1 主触点断开，使电动机 Y 接法启动结束；而与此同时，时间继电器 KT 延时闭合的常开触点闭合，使接触器 KM2 因线圈断电而吸合并自锁，KM2 主触点闭合，将电动机的定子绕组接成△形，使电动机以△接法投入正常运行。

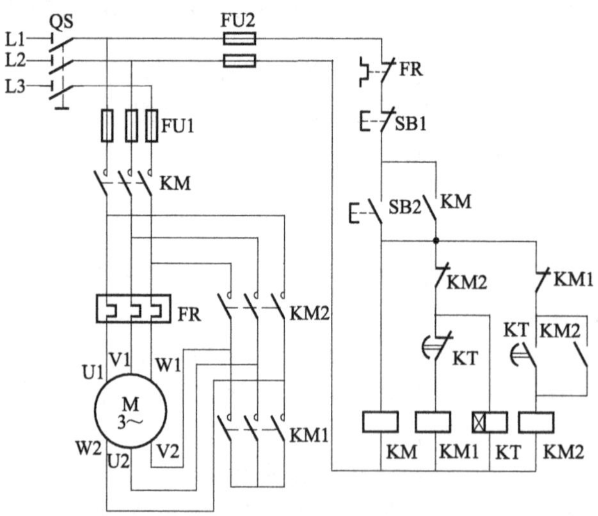

图 4-6 时间继电器自动切换 Y-△降压启动控制电路

Y-△ 启动的优点在于 Y 形启动时启动电流只是原来 △形接法时的 1/3，启动电流较小，而且结构简单、价格便宜。缺点是 Y 形启动时启动转矩也相应下降为原来△形接法时的 1/3，启动转矩较小，因而 Y-△ 启动只适用于空载或轻载启动的场合。

4.1.4 绕线转子三相异步电动机转子回路串电阻启动控制电路

对于笼型三相异步电动机，无论采用哪一种降压启动方法来减小启动电流时，电动机的启动转矩都随之减小。所以对于不仅要求启动电流小，而且要求启动转矩大的场合，就不得不采用启动性能较好的绕线转子三相异步电动机。

绕线转子三相异步电动机的特点是可以在转子回路中串入启动电阻，串接在三相转子绕组中的启动电阻，一般都接成 Y 形。在开始启动时，启动电阻全部接入，以减小启动电流，保持较高的启动转矩。随着启动过程的进行，启动电阻应逐段短接（即切除）；启动完毕时，启动电阻全部被切除，电动机在额定转速下运行。实现这种切换的方法有采用时间继电器控制和采用电流继电器控制两种。

(1) 采用时间继电器控制的转子回路串电阻启动控制电路

图 4-7 是用时间继电器控制的绕线转子三相异步电动机转子回路串电阻启动的控制电路。为了减小电动机的启动电流，在电动机的转子回路中，串联有三级启动电阻 R_{st1}、R_{st2} 和 R_{st3}。

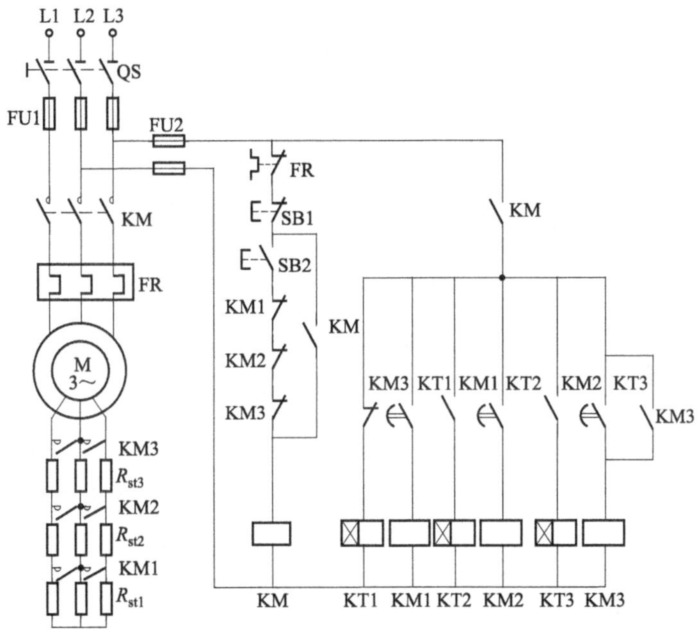

图 4-7 时间继电器控制绕线转子三相异步电动机转子回路串电阻启动控制电路

启动时，先合上电源开关 QS，然后按下启动按钮 SB2，使接触器 KM 因线圈得电而吸合并自锁，接触器 KM 的主触点闭合，使电动机 M 在串入全部启动电阻的情况下启动；与此同时，接触器 KM 的常开辅助触点闭合，使时间继电器 KT1 因线圈得电而吸合。经一定时间后，时间继电器 KT1 延时闭合的常开触点闭合，使接触器 KM1 因线圈得电而吸合，KM1 的主触点闭合，将电阻 R_{st1} 切除（即短接）；与此同时，接触器 KM1 的常开辅助触点闭合，使时间继电器 KT2 因线圈得电而吸合。又经一定时间后，时间继电器 KT2 延时闭合的常开触点闭合，使接触器 KM2 因线圈得电而吸合，KM2 的主触点闭合，这样又将电阻 R_{st2} 切除；同时，接触器 KM2 的常开辅助触点闭合，使时间继电器 KT3 因线圈得电而吸合。再经一定时间后，时间继电器 KT3 延时闭合的常开触点闭合，使接触器 KM3 因线圈得电而吸合并自锁，KM3 的主触点闭合，将转子回路串入的启动电阻全部切除，电动机投入正常运行。同时，接触器 KM3 的常闭辅助触点断开，使时间继电器 KT1 因线圈断电而释放，并依次使 KM1、KT2、KM2、KT3 释放，只有接触器 KM 和 KM3 仍保持吸合。

(2) 采用电流继电器控制的转子回路串电阻启动控制电路

图 4-8 是用电流继电器控制的绕线转子三相异步电动机转子回路串电阻启动控制电路。

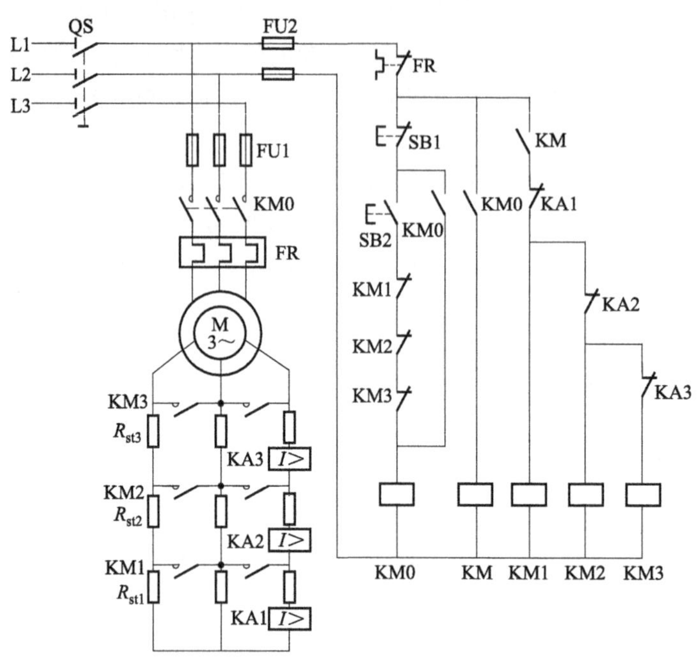

图 4-8 电流继电器控制绕线转子三相异步电动机转子回路串电阻启动控制电路

在图 4-8 所示的电动机转子回路中，也串联有三级启动电阻 R_{st1}、R_{st2}和 R_{st3}。该控制电路是根据电动机在启动过程中转子回路里电流的大小来逐级切除启动电阻的。

图 4-8 中，KA1、KA2 和 KA3 是电流继电器，它们的线圈串联在电动机的转子回路中，电流继电器的选择原则是：它们的吸合电流可以相等，但释放电流不等，且使 KA1 的释放电流大于 KA2 的释放电流，而 KA2 的释放电流大于 KA3 的释放电流。图中 KM 是中间继电器。

启动时，先合上隔离开关 QS，然后按下启动按钮 SB2，使接触器 KM0 因线圈得电而吸合并自锁，KM0 的主触点闭合，电动机在接入全部启动电阻的情况下启动；同时，接触器 KM0 的常开辅助触点闭合，使中间继电器 KM 因线圈得电而吸合。另外，由于刚启动时，电动机转子电流很大，电流继电器 KA1、KA2 和 KA3 都吸合，它们的常闭触点断开，于是接触器 KM1、KM2 和 KM3 都不动作，全部启动电阻都接入电动机的转子电路。随着电动机的转速升高，电动机转子回路的电流逐渐减小，当电流小于电流继电器 KA1 的释放电流时，KA1 立即释放，其常闭触点闭合，使接触器 KM1 因线圈得电而吸合，KM1 的主触点闭合，把第一段启动电阻 R_{st1} 切除（即短接）。当第一段电阻 R_{st1} 被切除时，转子电流重新增大，随着转速上升，转子电流又逐渐减小，当电流小于电流继电器 KA2 的释放电流时，KA2 立即释放，其常闭触点闭合，使接触器 KM2 因线圈得电而吸合，KM2 主触点闭合，又把第二段启动电阻 R_{st2} 切除。如此继续下去，直到全部启动电阻被切除，电动机启动完毕，进入正常运行状态。

控制电路中，中间继电器 KM 的作用是保证刚开始启动时，接入全部启动电阻。由于电动机开始启动时，启动电流由零增大到最大值需一定时间，这样就有可能出现，在启动瞬间，电流继电器 KA1、KA2 和 KA3 还未动作，因接触器 KM1、KM2 和 KM3 的吸合而把启动电阻 R_{st1}、R_{st2} 和 R_{st3} 短接（切除），相当于电动机直接启动。控制电路中采用了中间继电器 KM 以后，不管电流继电器 KA1 等有无动作，开始启动时可由 KM 的常开触点来切断接触器 KM1 等线圈的通电回路，这就保证了启动时将启动电阻全部接入转子回路。

4.1.5　三相异步电动机软启动器常用控制电路

(1) STR 系列电动机软启动器概述

STR 系列数字式电动机软启动器是采用电力电子技术、微处理器技术及现代控制理论设计生产，具有先进水平的新型电动机启动设备。该产品能有效地限制异步电动机启动时的启动电流，可广泛应用于风机、水泵、输送类及压缩机等负载，是传统的星-三角（Y-△）转换、自耦降压等降压启动设备的理想换代产品，也是具有先进水平的新型节能产品。

STR 系列软启动器经过多年推广应用及不断改进，无论在性能及可靠性上均显示出卓越的优越性。目前适合各种场合使用的电动机软启动器的功率范围为 7.5～600kW，品种有：①STRA 系列软启动装置；②STRB 系列软启动器；③STRC 汉字显示电动机软启动器；④STRG 系列通用型软启动控制柜；⑤STRF 风力发电专用电动机软启动器。

(2) STR 系列电动机软启动器的基本接线图

STR 系列电动机软启动器的基本接线如图 4-9 所示，其接线图中的各外接端子的符号、名称及说明见表 4-1。

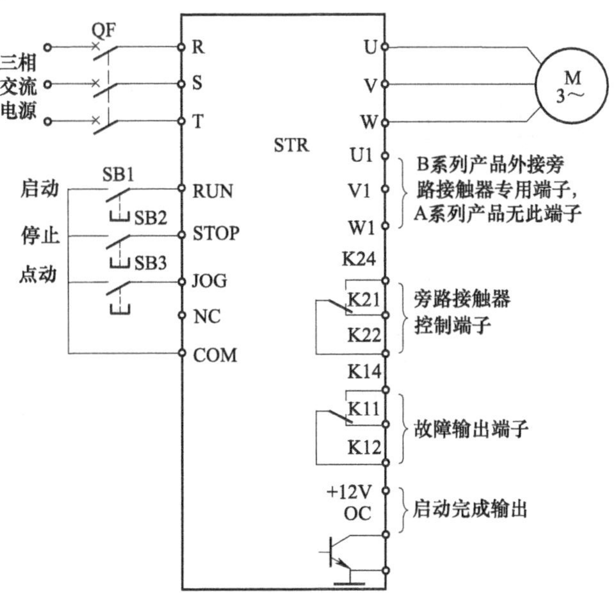

图 4-9　STR 系列电动机软启动器的基本接线图

表 4-1　STR 系列电动机软启动器各外接端子的符号、名称及说明

<table>
<tr><th colspan="3">符　号</th><th colspan="2">端子名称</th><th>说　明</th></tr>
<tr><td colspan="2" rowspan="3">主电路</td><td>R,S,T</td><td colspan="2">交流电源输入端子</td><td>通过断路器(MCCB)接三相交流电源</td></tr>
<tr><td>U,V,W</td><td colspan="2">软启动器输出端子</td><td>接三相异步电动机</td></tr>
<tr><td>U1,V1,W1</td><td colspan="2">外接旁路接触器专用端子</td><td>B 系列专用,A 系列无此端子</td></tr>
<tr><td rowspan="13">控制电路</td><td rowspan="5">数字输入</td><td>RUN</td><td colspan="2">外控启动端子</td><td>RUN 和 COM 短接即可外接启动</td></tr>
<tr><td>STOP</td><td colspan="2">外控停止端子</td><td>STOP 和 COM 短接即可外接停止</td></tr>
<tr><td>JOG</td><td colspan="2">外控点动端子</td><td>JOG 和 COM 短接即可实现点动</td></tr>
<tr><td>NC</td><td colspan="2">空端子</td><td>扩展功能用</td></tr>
<tr><td>COM</td><td colspan="2">外部数字信号公共端子</td><td>内部电源参考点</td></tr>
<tr><td rowspan="2">数字输出</td><td>+12V</td><td colspan="2">内部电源端子</td><td>内部输出电源,12V,50mA,DC</td></tr>
<tr><td>OC</td><td colspan="2">启动完成端子</td><td>启动完成后 OC 门导通(DC 30V/100mA)</td></tr>
<tr><td rowspan="6">继电器输出</td><td>K14</td><td>常开</td><td rowspan="3">故障输出端子</td><td rowspan="3">故障时 K14-K12 闭合,K11-K12 断开
触点容量:AC 10A/250V;DC 10A/30V</td></tr>
<tr><td>K11</td><td>常闭</td></tr>
<tr><td>K12</td><td>公共</td></tr>
<tr><td>K24</td><td>常开</td><td rowspan="3">外接旁路接触器控制端子</td><td rowspan="3">启动完成后 K24-K22 闭合,K21-K22 断开
触点容量:AC 10A/250V 或 5A/380V</td></tr>
<tr><td>K21</td><td>常闭</td></tr>
<tr><td>K22</td><td>公共</td></tr>
</table>

(3) 一台 STR 系列软启动器控制两台电动机的控制电路

有时为了节省资金，可以用一台电动机软启动器对多台电动机进行软启动、软停车控制，但要注意的是使用软启动器在同一时刻只能对一台电动机进行软启动或软停车，多台电动机不能同时启动或停车。一台 STR 系列软启动器控制两台电动机的控制电路如图 4-10 所示，图中右下侧为控制回路（也称二次电路），通过转换开关 S 可选择 M1 或 M2。

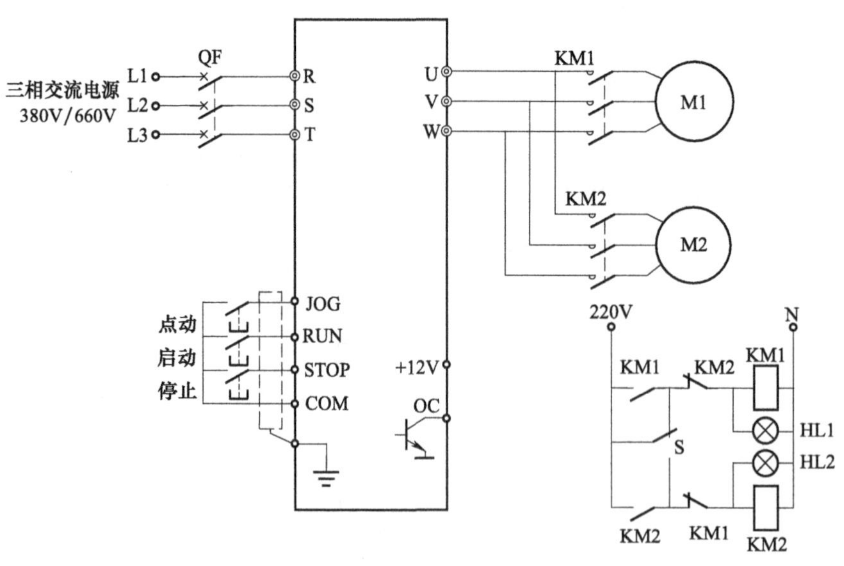

图 4-10　一台 STR 系列软启动器控制两台电动机的控制电路

4.1.6 用启动变阻器手动控制直流电动机启动的控制电路

对于小容量直流电动机，有时用人工手动办法启动。虽然启动变阻器的形式很多，但其原理基本相同。图 4-11 所示为三点启动器及其接线图。启动变阻器中有许多电阻 R，分别接于静触点 1、2、3、4、5。启动器的动触点随可转动的手柄 6 移动，手柄上附有衔铁及其复位弹簧 7，弧形铜条 8 的一端经电磁铁 9 与励磁绕组接通，同时弧形铜条 8 还经电阻 R 与电枢绕组接通。

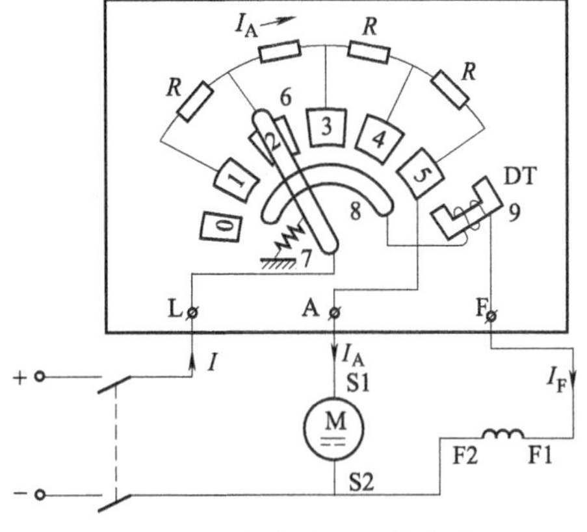

图 4-11　三点启动器及其接线图

启动时，先合上电源开关，然后转动启动变阻器手柄，把手柄从 0 位移到触点 1 上时，接通励磁电路，同时将变阻器全部电阻串入电枢电路，电动机开始启动运转，随着转速的升高，把手柄依次移到静触点 2、3、4 等位置，将启动电阻逐级切除。当手柄移至触点 5 时，电磁铁吸住手柄衔铁，此时启动电阻全部被切除，电动机启动完毕，进入正常运行。

当电动机停止工作切除电源或励磁回路断开时，电磁铁由于线圈断电，吸力消失，在复位弹簧的作用下，手柄自动返回 0 位，以备下次启动，并可起失磁保护作用。

4.1.7 直流电动机电枢回路串电阻启动控制电路

（1）并励直流电动机电枢回路串电阻启动控制电路

并励直流电动机的电枢电阻比较小，所以常在电枢回路中串入附加电阻来启动，以限制启动电流。

图 4-12 所示为并励直流电动机电枢回路串电阻启动控制电路的原理图。图中，KA1 为过电流继电器，作直流电动机的短路和过载保护；KA2 为欠电流继电器，作励磁绕组的失磁保护。图中 KT 为时间继电器，其触点是当时间继电器释放时延时闭合的常闭触点，该触

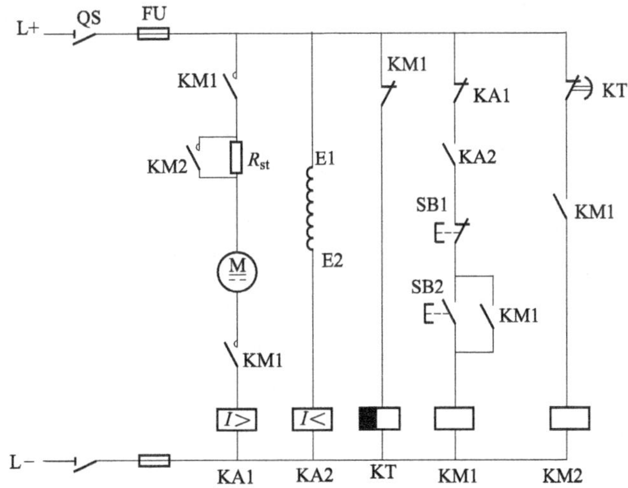

图 4-12　并励直流电动机电枢回路串电阻启动控制电路

点的特点是当时间继电器吸合时，触点立即断开；当时间继电器释放时，触点延时闭合。

启动时，合上电源开关 QS，励磁绕组得电励磁，欠电流继电器 KA2 线圈得电吸合，KA2 常开触点闭合，接通控制电路电源；同时时间继电器 KT 线圈得电吸合，时间继电器 KT 在释放时延时闭合的常闭触点瞬时断开。然后按下启动按钮 SB2，接触器 KM1 线圈得电吸合，KM1 主触点闭合，电动机串电阻器 R_{st}启动；KM1 的常闭触点断开，时间继电器 KT 的线圈断电释放，KT 在释放时延时闭合的常闭触点延时闭合，接触器 KM2 的线圈得电吸合，KM2 的主触点闭合将电阻器 R_{st}短接，电动机在全压下运行。

(2) 他励直流电动机电枢回路串电阻分级启动控制电路

图 4-13 是一种用时间继电器控制的他励直流电动机电枢回路串电阻分级启动控制电路，它有两级启动电阻。图中 KT1 和 KT2 为时间继电器，其触点是当时间继电器释放时延时闭合的常闭触点，该触点的特点是当时间继电器吸合时，触点立即断开；当时间继电器释放时，触点延时闭合。该电路中，触点 KT1 的延时时间小于触点 KT2 的延时时间。

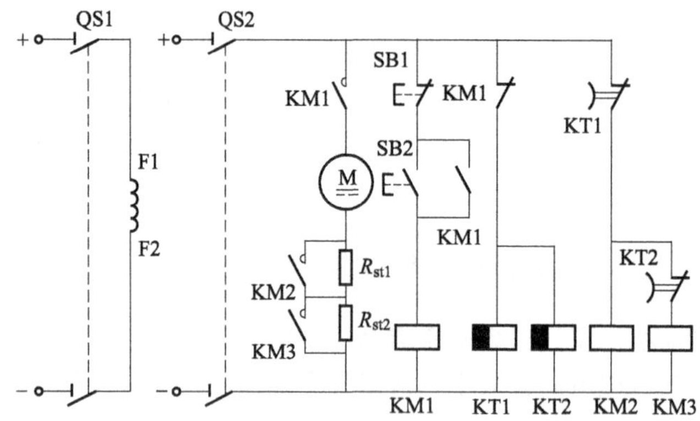

图 4-13 他励直流电动机电枢回路串电阻分级启动控制电路

启动时，首先合上开关 QS1 和 QS2，励磁绕组首先得到励磁电流，与此同时，时间继电器 KT1 和 KT2 因线圈得电而同时吸合，它们在释放时 KT1 和 KT2 延时闭合的常闭触点立即断开，使接触器 KM2 和 KM3 线圈断电，于是，并联在启动电阻 R_{st1} 和 R_{st2} 上的接触器 KM2 和 KM3 常开触点处于断开状态，从而保证了电动机在启动时全部电阻串入电枢回路中。

然后按下启动按钮 SB2，接触器 KM1 因线圈得电而吸合并自锁，电动机在串入全部启动电阻的情况下启动。与此同时，KM1 的常闭触点断开，使时间继电器 KT1 和 KT2 因线圈断电而释放。经过一段延时时间后，时间继电器 KT1 延时闭合的常闭触点闭合，接触器 KM2 因线圈得电而吸合，其常开触点闭合，将启动电阻 R_{st1} 短接，电动机继续加速。再经过一段延时时间后，时间继电器 KT2 延时闭合的常闭触点闭合，接触器 KM3 因线圈得电而吸合，其常开触点闭合，将启动电阻 R_{st2} 短接，电动机启动完毕，投入正常运行。

(3) 并励直流电动机电枢回路串电阻分级启动控制电路

图 4-14 是一种用时间继电器控制的并励直流电动机电枢回路串电阻分级启动控制电路，除主电路部分与他励直流电动机电枢回路串电阻分级启动控制电路有所不同外，其余完全相同。因此，两种控制电路的动作原理也基本相同，故不赘述。

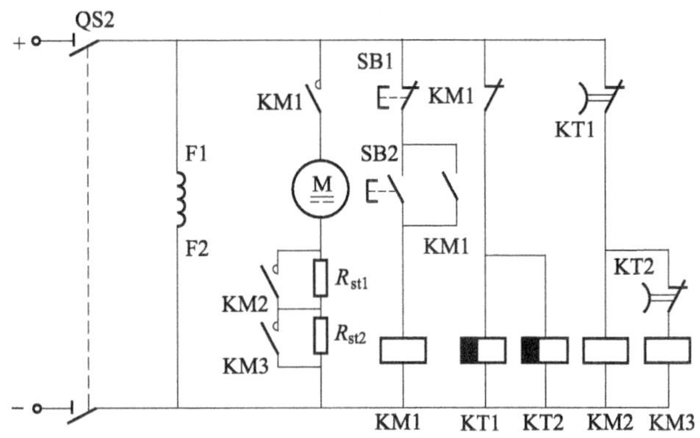

图 4-14 并励直流电动机电枢回路串电阻分级启动控制电路

4.2 常用电动机调速控制电路

4.2.1 单绕组变极调速异步电动机的控制电路

将三相笼型异步电动机的定子绕组，经过不同的换接，来改变其定子绕组的极对数 p，可以改变它的旋转磁场的转速，从而改变转子的转速。这种通过改变定子绕组的极对数 p，而得到多种转速的电动机，称为变极多速异步电动机。由于笼型转子本身没有固定的极数，它的极数随定子磁场的极数而定，变换极数时比较方便，所以变极多速异步电动机都采用笼型转子。

由于单绕组变极双速异步电动机是变极调速中最常用的一种形式，所以下面仅以单绕组变极双速异步电动机为例进行分析。

图 4-15 是一台 4/2 极的双速异步电动机定子绕组接线示意图。要使电动机在低速时工作，只需将电动机定子绕组的 1、2、3 三个出线端接三相交流电源，而将 4、5、6 三个出线端悬空，此时电动机定子绕组为三角形（△）连接，如图 4-15（a）所示，磁极为 4 极，同步转速为 1500r/min。

要使电动机高速工作，只需将电动机定子绕组的 4、5、6 三个出线端接三相交流电源，而将 1、2、3 三个出线端连接在一起，此时电动机定子绕组为两路星形（又称双星形，用 Y Y 或 2Y 表示）连接，如图 4-15（b）所示，磁极为 2 极，同步转速为 3000 r/min。

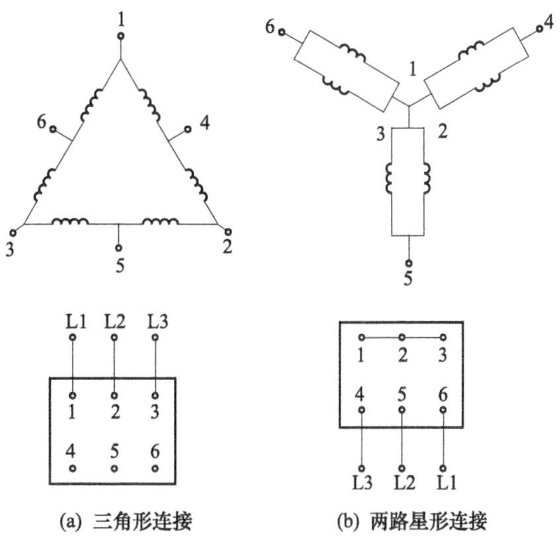

图 4-15 4/2 极双速异步电动机定子绕组接线示意图

必须注意，从一种接法改为另一种接法时，为使变极后电动机的转向不改变，应在变极时把接至电动机的 3 根电源线对调其中任意 2 根，一般的单绕组变极都是这样。

单绕组双速异步电动机的控制电路，一般有以下两种。

(1) 采用接触器控制的单绕组双速电动机控制电路

采用接触器控制单绕组双速异步电动机的控制电路的原理图如图 4-16 所示。该电路工作原理如下：

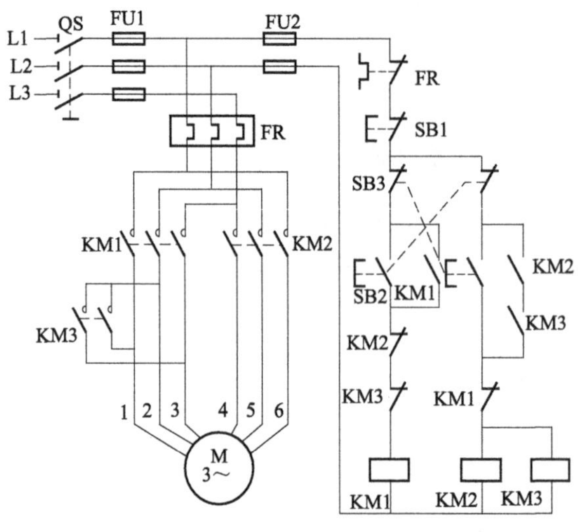

图 4-16　采用接触器控制的单绕组双速异步电动机控制电路

先合上电源开关 QS，低速控制时，按下低速启动按钮 SB2，使接触器 KM1 因线圈得电而吸合并自锁，KM1 的主触点闭合，使电动机 M 作三角形（△）连接，以低速运转。与此同时 KM1 的常闭辅助触点断开。如需换为高速时，按下高速启动按钮 SB3，于是接触器 KM1 因线圈断电而释放；同时接触器 KM2、KM3 因线圈得电而同时吸合并自锁，KM2、KM3 的主触点闭合，使电动机 M 作两路星形（YY）连接，并且将电源相序改接，因此，电动机以高速同方向运转。与此同时，接触器 KM2、KM3 起联锁作用的常闭辅助触点断开。

当电动机静止时，若按下高速启动按钮 SB3，将使接触器 KM2 与 KM3 因线圈得电而同时吸合并自锁，KM2 与 KM3 主触点闭合，使电动机 M 作两路星形（YY）连接，电动机将直接高速启动。

(2) 采用时间继电器控制的单绕组双速异步电动机控制电路

采用时间继电器控制的单绕组双速异步电动机的控制电路原理图如图 4-17 所示。该电路的工作原理如下：

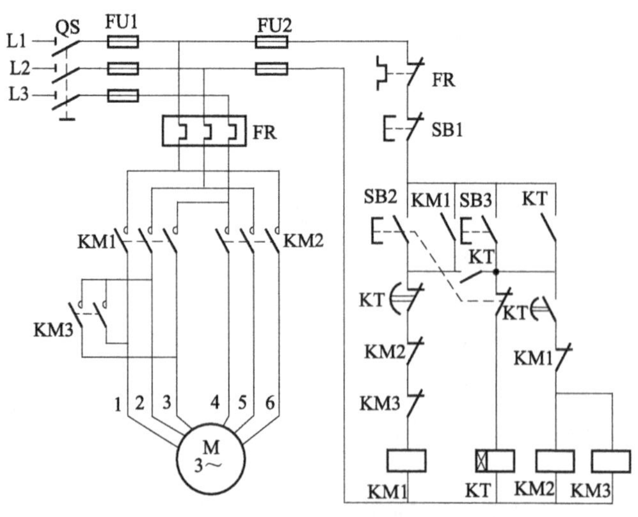

图 4-17　采用时间继电器控制的单绕组双速异步电动机控制电路

先合上电源开关 QS，低速控制时，按下低速启动按钮 SB2，使接触器 KM1 因线圈得电而吸合并自锁，KM1 的主触点闭合，使电动机 M 作三角形（△）连接，以低速运转。同时，接触器 KM1 的常闭辅助触点断开，使接触器 KM2、KM3 处于断电状态。

当电动机静止时，若按下高速启动按钮 SB3，电动机 M 将先作三角形（△）连接，以低速启动，经过一段延时时间后，电动机 M 自动转为两路星形（YY）连接，再以高速运行。其动作过程如下：按下按钮 SB3，时间继电器 KT 因线圈得电而吸合，并由其瞬时闭合的常开触点自锁；与此同时 KT 的另一副瞬时闭合的常开触点闭合，使接触器 KM1 因线圈得电而吸合并自锁，KM1 的主触点闭合，使电动机 M 作三角形（△）连接，以低速启动；经过一段延时时间后，时间继电器 KT 延时断开的常闭触点断开，使接触器 KM1 因线圈断电而释放；而与此同时，时间继电器 KT 延时闭合的常开触点闭合，使接触器 KM2、KM3 因线圈得电而同时吸合，KM2、KM3 主触点闭合，使电动机 M 作两路星形（YY）连接，并且将电源相序改接，因此，电动机以高速同方向运行；而且，KM2、KM3 起联锁作用的常闭辅助触点也同时断开，使 KM1 处于断电状态。

4.2.2 绕线转子三相异步电动机转子回路串电阻调速控制电路

绕线转子三相异步电动机的调速可以采用改变转子电路中电阻的调速方法。随着转子回路串联电阻的增大，电动机的转速降低，所以串联在转子回路中的电阻也称为调速电阻。

绕线转子三相异步电动机转子回路串电阻调速的控制电路如图 4-18 所示。它也可以用作转子回路串电阻启动，所不同的是，一般启动用的电阻都是短时工作的，而调速用的电阻应为长期工作的。

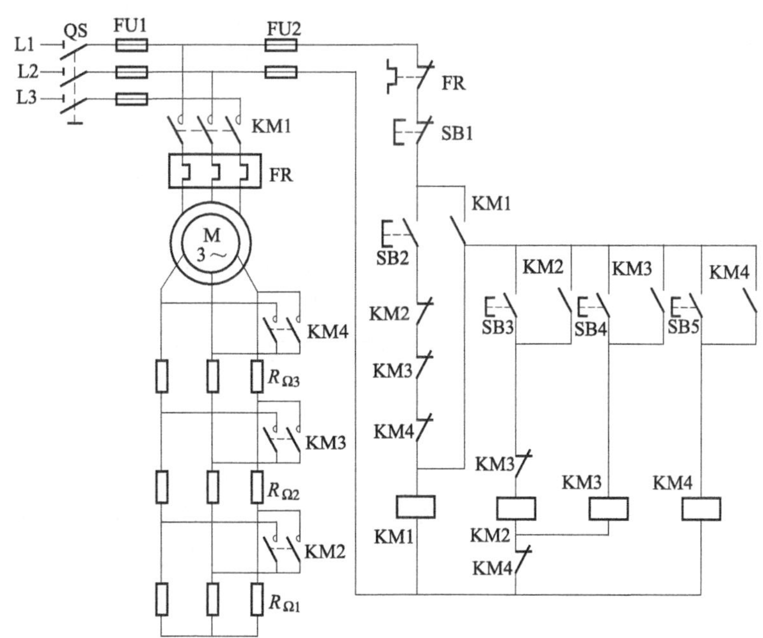

图 4-18　绕线转子三相异步电动机转子回路串电阻调速控制电路

按下按钮 SB2，使接触器 KM1 因线圈得电而吸合并自锁，KM1 主触点闭合，使电动机 M 转子绕组串接全部电阻低速运行。当分别按下按钮 SB3、SB4、SB5 时，将分别使接触器

KM2、KM3、KM4 因线圈得电而吸合并自锁，其主触点闭合，并分别将转子绕组外接电阻 $R_{\Omega1}$、$R_{\Omega2}$、$R_{\Omega3}$短接（切除），电动机将以不同的转速运行。当外接电阻全部被短接后，电动机的转速最高。而此时接触器 KM2、KM3 均因线圈断电而释放，仅有 KM1、KM4 因线圈得电吸合。

按下按钮 SB1，接触器 KM1 等线圈断电释放，电动机断电停止。

绕线转子三相异步电动机转子回路串电阻调速的最大缺点是，如果把转速调得越低，就需要在转子回路串入越大的电阻，随之转子铜耗就越大，电动机的效率也就越低，故很不经济。但由于这种调速方法简单、便于操作，所以目前在起重机、吊车一类的短时工作的生产机械上仍被普遍采用。

4.2.3 电磁调速三相异步电动机控制电路

电磁调速三相异步电动机又称滑差电动机，是一种交流无级调速电动机。它由三相异步电动机、电磁转差离合器和测速发电机等组成，可通过控制器进行较广范围的平滑调速，其调速比一般 10∶1，可以广泛地应用在纺织、印染、化工、造纸、电缆等部门的恒转矩负载及风机类负载。

中小型电磁调速异步电动机是组合式结构；较大的电磁调速异步电动机是整体式结构。笼型三相异步电动机为原动机，测速发电机安装在电磁调速异步电动机的输出轴上，用来控制和指示电动机的转速；电磁转差离合器是电磁调速的关键部件，电动机的平滑调速就是通过它的作用来实现的。

电磁转差离合器有两个旋转部分，即电枢和磁极。电枢制成圆筒形结构，通常由铸钢加工而成。它直接固定在异步电动机的轴伸上，随异步电动机旋转，属主动部分；磁极制成爪形结构，有励磁绕组，固定在输出轴上，属从动部分。磁极的励磁绕组经集电环通入直流励磁。

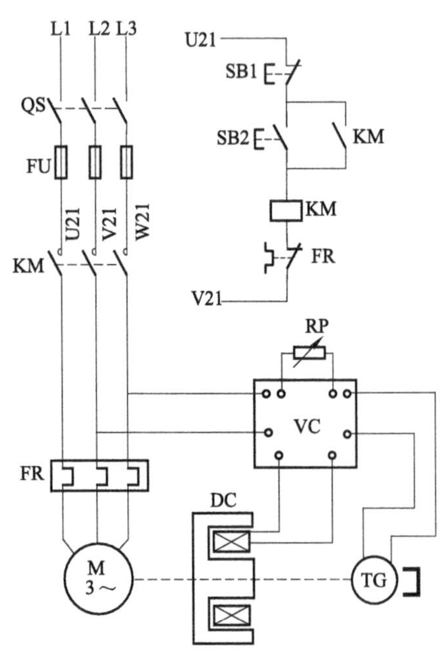

图 4-19　电磁调速异步电动机控制电路

电磁调速异步电动机控制电路的原理图如图 4-19所示。图中 VC 是晶闸管可控整流电源，其作用是将交流电变换成直流电，供给电磁转差（滑差）离合器的直流励磁电流，电流的大小可通过电位器 RP 进行调节。

欲启动电动机，先合上电源开关 QS，然后按下启动按钮 SB2，接触器 KM 因线圈得电而吸合并自锁，KM 的主触点闭合，三相异步电动机运转，同时也接通了晶闸管可控整流装置 VC 的电源，使电磁转差（滑差）离合器磁极的励磁线圈得到励磁电流，此时磁极随电动机及离合器电枢同向转动。调节电位器 RP，即可改变爪形磁极的转速，从而调节了被拖动负载的转速。图中 TG 为测速发电机，由它取出的电动机转速信号，反馈给晶闸管可控整流电路，以调整和稳定电动机的转速，改善电磁调速异步电动机的机械特性。

由于电磁转差（滑差）离合器是依靠电枢中的

感应电流而工作的，感应电流会引起电枢发热，在一定的负载转矩下，转速越低，则转差就越大，感应电流也就越大，电枢发热也就越严重。因此，电磁调速异步电动机不宜长期低速运行。

4-3　变频器端子控制

4.2.4　变频调速控制电路

(1) SB200 系列变频器在变频恒压供水装置上的应用

SB200 系列变频器在变频恒压供水装置上的应用如图 4-20 所示。

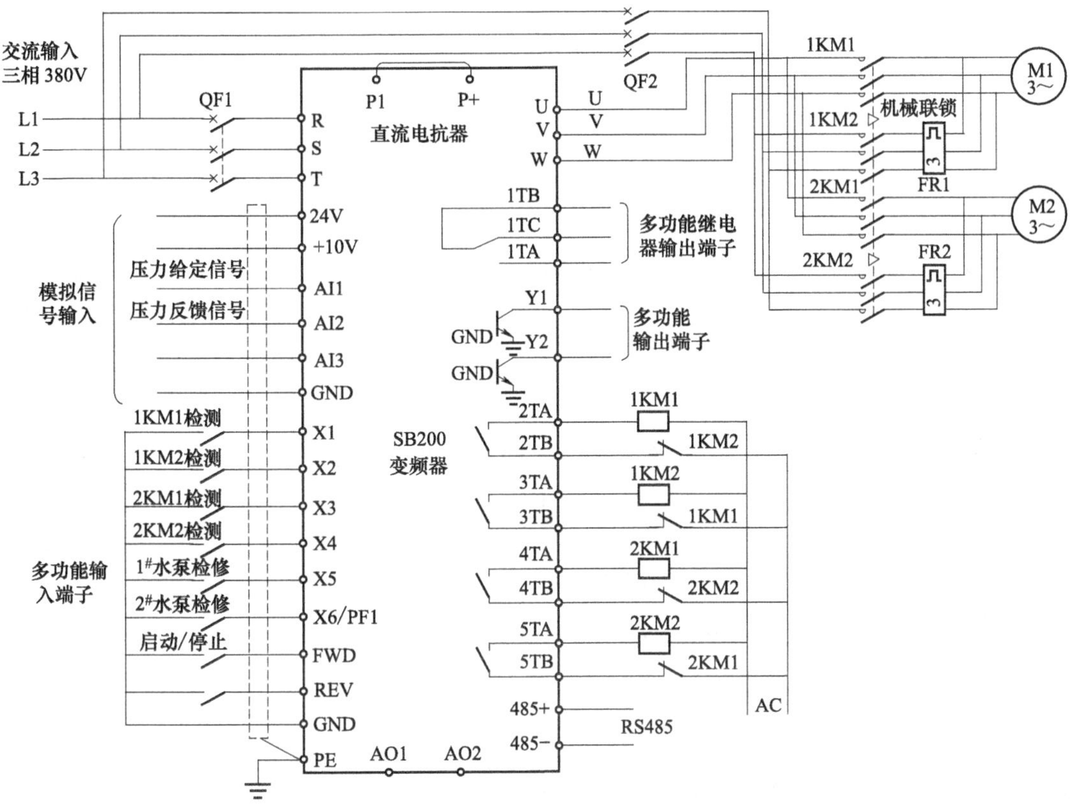

图 4-20　SB200 系列变频器应用于变频恒压供水（一控二系统）的接线

图 4-20 中为变频一控二，即一台变频器控制两台水泵，运行中只有一台水泵处于变频运行状态。循环投切系统中，M1、M2 分别为驱动 1#、2# 水泵的电动机，1KM1、2KM1 分别为 1#、2# 水泵变频运转控制接触器，1KM2、2KM2 分别为 1#、2# 水泵工频运转控制接触器，1KM1、1KM2、2KM1、2KM2 由变频器内置继电器控制，四个接触器的状态均可通过可编程输入端子进行检测，如图 4-20 中 X1～ X4 所示；当 1#、2# 水泵在运行中出现故障时，可以通过输入相应检修指令，让该故障水泵退出运行，非故障水泵继续保持运行，以保证系统供水能力；压力给定信号可通过端子模拟输入信号或数字给定，反馈信号可为电流或电压信号，也可将两个信号的运算结果作为反馈信号。

(2) 富凌 DZB300B 系列变频器在数控机床上的应用

图 4-21 是机床控制系统示意图，富凌 DZB300B 系列变频器在数控机床上的应用基本接线如图 4-22 所示。在图 4-22 中，VI 和 ACM 为数控模拟电压（0～10V）接入端子；S1、S2 接正、反转输入信号，DCM 为公共端子；A、B、C 为故障输出报警继电器，A、B 为常开

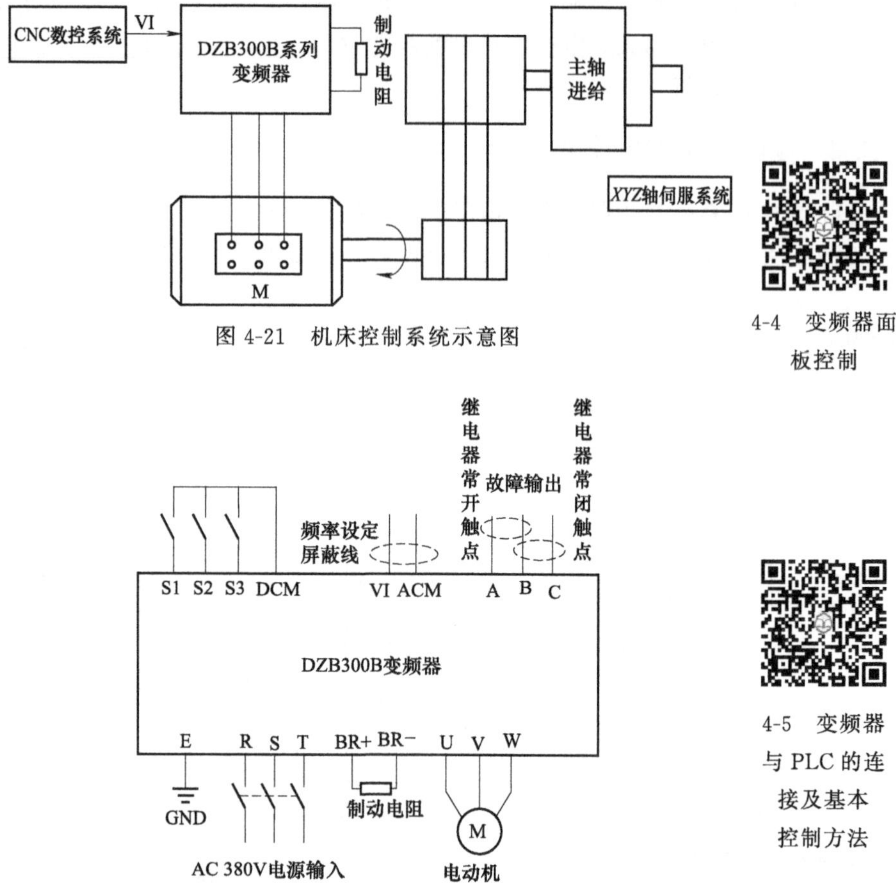

图 4-21 机床控制系统示意图

图 4-22 富凌 DZB300B 系列变频器在数控机床上的应用基本接线图

触点，B、C 为常闭触点。

4.2.5 直流电动机改变电枢电压调速控制电路

直流电动机改变电枢电压的简易调速控制电路的原理图如图 4-23 所示。该控制电路将交流电压经桥式整流后的直流电压，通过晶闸管 V 加到直流电动机的电枢绕组上。调节电位器 RP 的值，则能改变 V 的导通角，从而改变输出直流电压的大小，实现直流电动机调速。

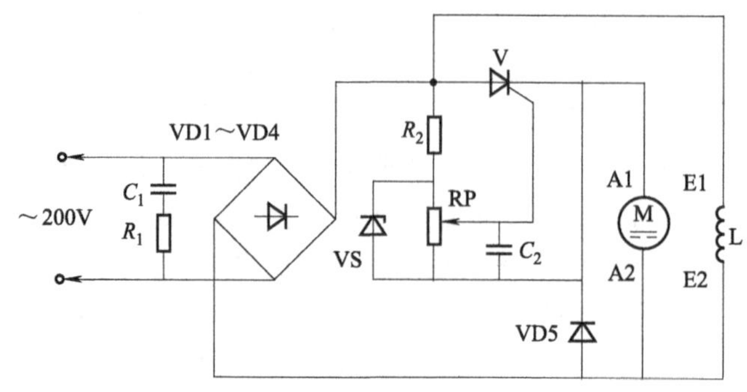

图 4-23 直流电动机改变电枢电压的简易调速控制电路

为了使电动机在低速时运转平稳，在移相回路中接入稳压管 VS，以保证触发脉冲的稳定。VD5 起续流作用。只要调节 RP 的电阻值就能实现调速。

本电路操作简单，在小容量直流电动机及单相串励式手电钻中得到广泛应用。

通常，对于小容量直流电动机，可采用单相桥式可控整流电路对直流电动机的电枢绕组供电，如图 4-24 所示，单相桥式可控整流电路输出的直流电压为

$$U_d = 0.9U\cos\alpha$$

式中，U 为单相交流电压的有效值；α 为晶闸管的触发控制角；U_d 为整流电路输出的直流电压。改变控制角就能改变整流电压，从而改变直流电动机的转速。图 4-24 中的 L 为平波电抗器，用来减小电流的脉动，保持电流的连续。

对于容量较大的直流电动机，可采用三相桥式可控整流电路对直流电动机的电枢绕组供电，如图 4-25 所示，三相桥式可控整流电路输出的直流电压为

$$U_d = 2.34U\cos\alpha$$

式中，U 为交流电压的有效值；α 为晶闸管的触发控制角；U_d 为整流电路输出的直流电压。改变控制角就能改变整流电压，从而改变直流电动机的转速。图 4-25 中的 L 为平波电抗器，用来减小电流的脉动，保持电流的连续。

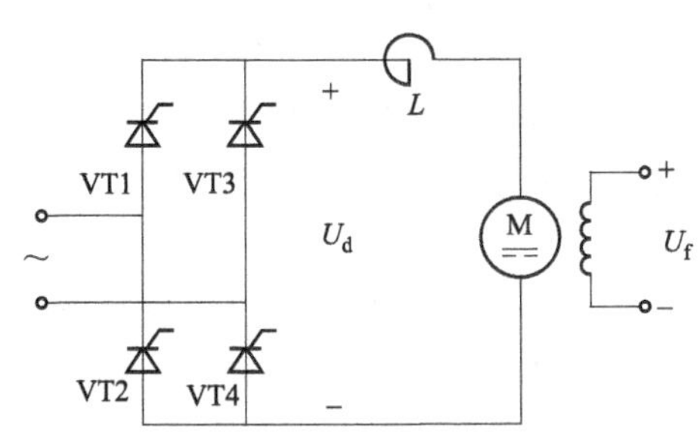

图 4-24　单相桥式可控整流电路供电的调压调速系统原理图

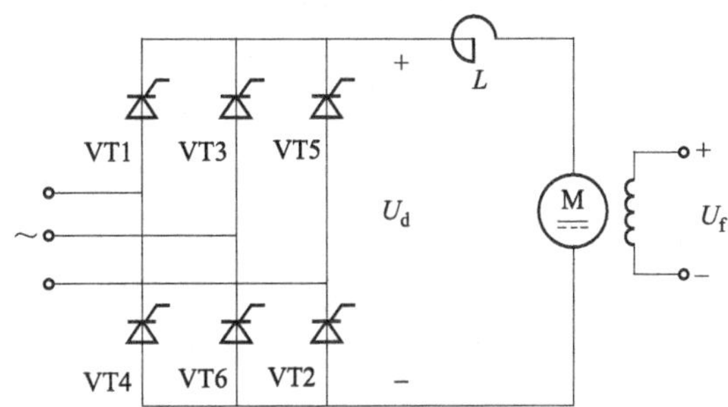

图 4-25　三相桥式可控整流电路供电的调压调速系统原理图

4.2.6 并励直流电动机电枢回路串电阻调速控制电路

并励直流电动机电枢回路串电阻调速的控制电路如图 4-26 所示。该电路的主电路部分与并励直流电动机电枢回路串电阻启动的控制电路基本相同。由直流电动机电枢回路串电阻

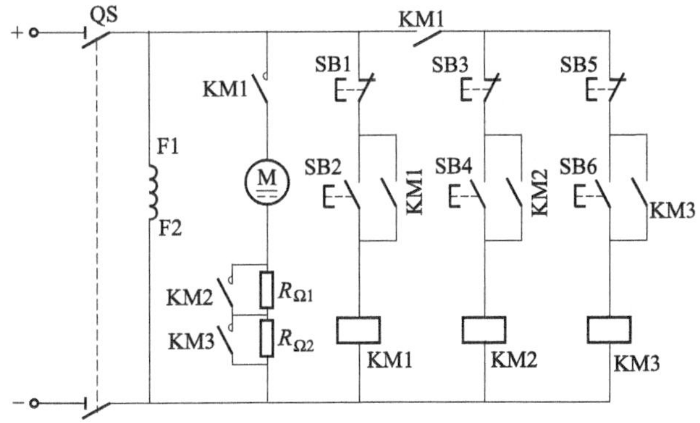

图 4-26　并励直流电动机电枢回路串电阻调速控制电路

多级启动可知，它也能实现调速，所不同的是：一般启动用的变阻器都是短时工作的，而调速用的变阻器应为长期工作的。

在图 4-26 中，接触器 KM1 为主接触器，控制直流电动机启动与运行；接触器 KM2 和接触器 KM3 分别用于将调速电阻 $R_{\Omega1}$ 和 $R_{\Omega2}$ 短路（即切除），使电动机中速或高速运行。

4.3 常用电气设备控制电路

4.3.1 起重机械常用电磁抱闸制动控制电路

在许多生产机械设备中，为了使生产机械能够根据工作需要迅速停车，常常采用机械制动。机械制动是利用机械装置使电动机在切断电源后迅速停转的。采用比较普遍的机械制动是电磁抱闸。电磁抱闸主要由两部分组成：制动电磁铁和闸瓦制动器。

图 4-27 是一种电磁抱闸制动的控制电路与抱闸原理。

当按下启动按钮 SB2 时，接触器 KM 的线圈得电动作，其常开主触点闭合，电动机接通电源。与此同时，电磁抱闸的线圈 YB 也通了电源，其铁芯吸引衔铁而闭合，同时衔铁克服弹簧拉力，迫使制动杠杆向上移动，从而使制动器的闸瓦与闸轮松开，电动机正常运转。

当按下停止按钮 SB1 时，接触器 KM 线圈断电释放，电动机的电源被切断时，电磁抱闸的线圈也同时断电，衔铁释放，在弹簧拉力的作用下使闸瓦紧紧抱住闸轮，电动机就迅速被制动停转。

这种制动在起重机械上被广泛采用。当重物吊到一定高处，线路突然发生故障断电时，电动机断电，电磁抱闸线圈也断电，闸瓦立即抱住闸轮使电动机迅速制动停转，从而可防止重物掉下。另外，也可利用这一点将重物停留在空中某个位置。

4.3.2 建筑工地卷扬机控制电路

在建筑工地上常用的一种卷扬机为单筒快速电磁制动式电控卷扬机，它主要由卷扬机交

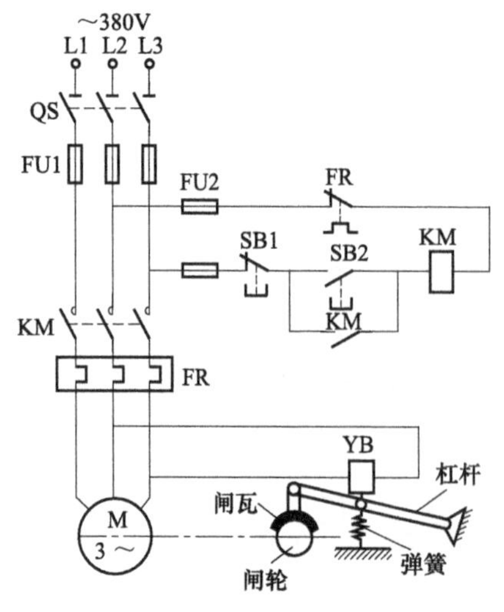

图 4-27 电磁抱闸制动控制电路

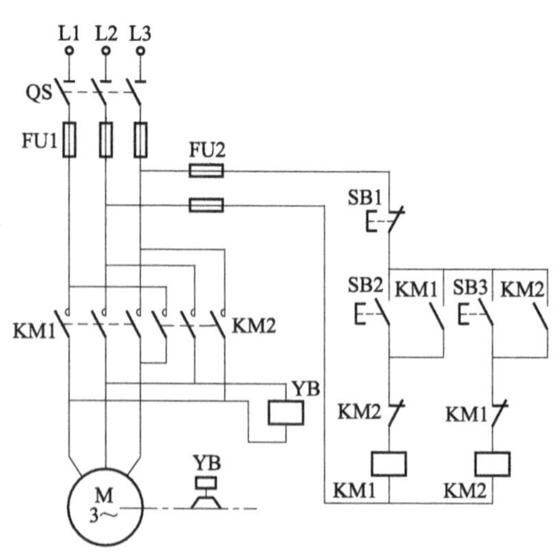

图 4-28 建筑工地卷扬机控制电路

流电动机、电磁制动器、减速器及卷筒组成。图 4-28 是一个典型的电动机正、反转带电磁抱闸制动的控制电路。

当合上电源开关 QS，按下正转启动按钮 SB2 时，正转接触器 KM1 得电吸合并自锁，其主触点接通电动机和电磁铁线圈电源，电磁铁 YB 得电吸合，使制动闸立即松开制动轮，电动机 M 正转，带动卷筒转动，使钢丝绳卷在卷筒上，从而带动提升设备向楼层高处运输。

当需要卷扬机停止时，按下停止按钮 SB1，接触器 KM1 断电释放，切断电动机 M 和电磁铁 YB 线圈电源，电动机停转，并且电磁抱闸立即抱住制动轮，避免货物以自重下降。

当需要卷扬机做反向下降运行时，按下反转按钮 SB3。反转接触器 KM2 得电吸合并自锁，其主触点反序接通电动机电源，电磁铁 YB 线圈也同时得电吸合，松开抱闸，电动机反转运行，使卷筒反向松开卷绳，货物下降。

这种卷扬机的优点是体积小、结构简单、操作方便、下降时安全可靠，因此得到广泛采用。

4.3.3 带运输机控制电路

在大型建筑工地上，当粉料堆放较远，使用很不方便时，可采用带运输机来运送粉料。利用带运输机构把粉料运送到施工现场或送入施工机械中加工，这既省时又省力。图 4-29 是一种多条带运输机控制电路。电路采用两台电动机拖动，这是一个两台电动机按顺序启动，按反顺序停止的控制电路。

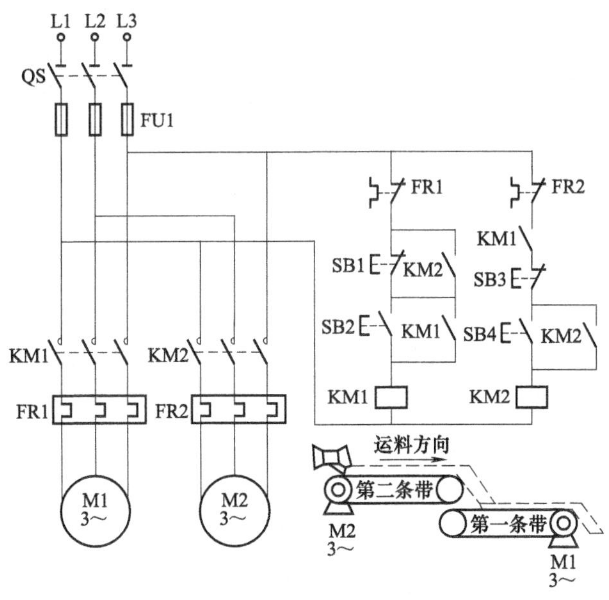

图 4-29　带运输机控制电路

为了防止运料带上运送的物料在带上堆积堵塞，在控制上要求：先启动第一条运输带的电动机 M1，当 M1 运转后才能启动第二条运输带的电动机 M2。这样能保证首先将第一条运输带上的物料清理干净，来料后能迅速运走，不至于堵塞。停止带运输时，要先停止第二条运输带的电动机 M2，然后才能停止第一条运输带的电动机 M1。

启动时，先按下启动按钮 SB2 时，接触器 KM1 得电吸合并自锁，其主触点闭合，使电动机 M1 运转，第一条带开始工作。KM1 的另一个常开辅助触点闭合，为接触器 KM2 通电做准备，这时再按下启动按钮 SB4，接触器 KM2 得电动作，电动机 M2 运转，第二条带投入运行。

停止运行时，先按下停止按钮 SB3，接触器 KM2 断电释放，M2 停转，第二条带停止运输。再按下 SB1，KM1 断电释放，M1 停转，第一条带也停止运输。

由于在 KM2 线圈回路串联了 KM1 的常开辅助触点，使得在 KM1 未得电前，KM2 不能得电；而又在停止按钮 SB1 上并联了 KM2 的常开辅助触点，能保证只有 KM2 先断电释放后，KM1 才能断电释放。这就保证了第一条运输带先工作，第二条运输带才能开始工作；第二条运输带先停止，第一条运输带才能停止。防止了物料在运输带上的堵塞。

4.3.4 混凝土搅拌机控制电路

JZ350 型搅拌机控制电路如图 4-30 所示。图中 M1 为搅拌机滚筒电动机，正转时搅拌混凝土，反转时使搅拌好的混凝土出料，正、反转分别由接触器 KM1 和 KM2 控制；M2 为料斗电动机，正转时牵引料斗起仰上升，将砂子、石子和水泥倒入搅拌机滚筒，反转时使料斗下降放平，等待下一次上料，正、反转分别由接触器 KM3 和 KM4 控制；M3 为水泵电动机，由接触器 KM5 控制。

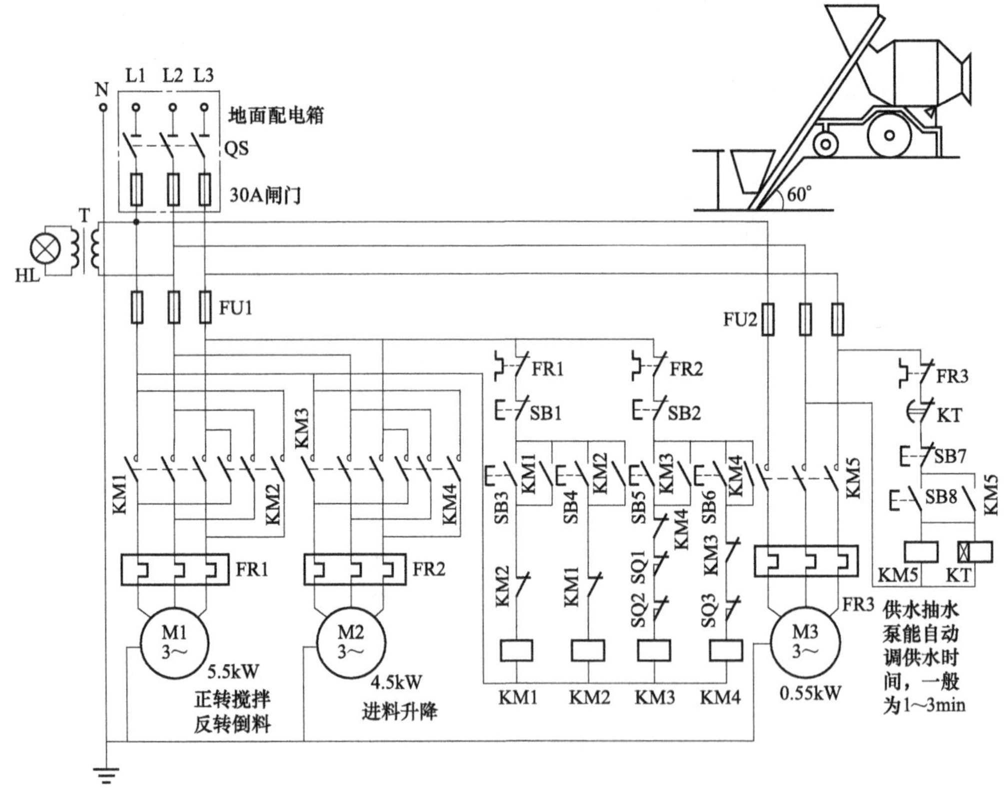

图 4-30 混凝土搅拌机控制电路

当把水泥、砂子、石子配好料后，操作人员按下上升按钮 SB5 后，接触器 KM3 的线圈得电吸合并自锁，使上料卷扬电动机 M2 正转，料斗送料起升。当升到一定高度后，料斗挡铁碰撞上升限位开关 SQ1 和 SQ2，使 KM3 断电释放。这时料斗已升到预定位置，把料自动倒入搅拌机内，并自动停止上升。然后操作人员按下下降按钮 SB6，接触器 KM4 的线圈得电吸合并自锁，其主触点逆序接通料斗电动机 M2 的电源，使电动机 M2 反转，卷扬系统带动料斗下降，待下降到其料口与地面平齐时，料斗挡铁碰撞下降限位开关 SQ3，使接触器 KM4 断电释放，料斗自动停止下降，为下次上料做好准备。

待上料完毕，料斗停止下降后，操作人员再按下水泵启动按钮 SB8，接触器 KM5 的线圈得电吸合并自锁，使供水水泵电动机 M3 运转，向搅拌机内供水，与此同时，时间继电器 KT 得电工作，待供水与原料成比例后（供水时间由时间继电器 KT 调整确定，根据原料与水的配比确定），KT 动作延时结束，时间继电器 KT 的常闭延时断开的触点断开，从而使接触器 KM5 断电自动释放，水泵电动机停止。也可根据供水情况，手动按下停止按钮 SB7，停止供水。

加水完毕即可实施搅拌，按下搅拌启动按钮 SB3，搅拌控制接触器 KM1 得电吸合并自锁，搅拌电动机 M1 正转搅拌，搅拌完毕后按下停止按钮 SB1，搅拌机停止搅拌。出料时，按下出料按钮 SB4，接触器 KM2 得电吸合并自锁，其主触点逆序接通电动机 M1 的电源，M1 反转即可把混凝土泥浆自动搅拌出来。当出料完毕或运料车装满后，按下停止按钮 SB1，接触器 KM2 断电释放，M1 停转，出料停止。

4.3.5　秸秆饲料粉碎机控制电路

农村用于加工玉米秸秆、青草等牲畜饲料的秸秆饲料粉碎机，有的使用两台电动机（喂料用电动机和切料用电动机各一台）作动力来完成秸秆饲料的粉碎工作。为防止切料电动机堵转，要求切料电动机先启动运转一段时间后再启动喂料电动机。图 4-31 是一种秸秆饲料粉碎机控制电路，可以实现上述功能。

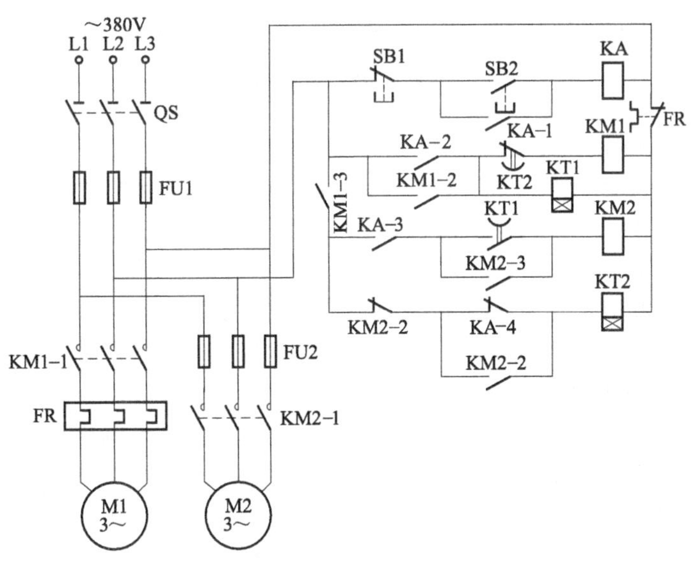

图 4-31　秸秆饲料粉碎机控制电路

粉碎青饲料时，先接通刀开关 QS，然后按下启动按钮 SB2，使中间继电器 KA 通电吸合，其常开触点 KA-1～KA-3 接通，常闭触点 KA-4 断开，其中 KA-1 使中间继电器 KA 自锁；KA-2 使接触器 KM1 和时间继电器 KT1 通电吸合，KM1 的常开辅助触点 KM1-2 使 KM1 和 KT1 自锁；切料电动机 M1 启动运转，此时 KM1-3 闭合，为接触器 KM2 和时间继电器 KT2 通电做准备。延时约 30s 后，KT1 的延时闭合的常开触点接通，KM2 通电吸合并自锁，喂料电动机 M2 启动运转。

加工完饲料欲停机时，按下 SB1，KA 和 KM2 释放，M2 停止运转；同时 KT2 通电工作，延时一段时间后，其延时断开的常闭触点 KT2 断开，使 KM1 释放，M1 停止运行，整个工作过程结束。

4.3.6 自动供水控制电路

图 4-32 是一种采用干簧管来检测和控制水位的自动供水控制电路。该控制电路由电源电路和水位检测控制电路组成，电路简单、工作可靠，既可用于生活供水，也可用于农田灌溉。

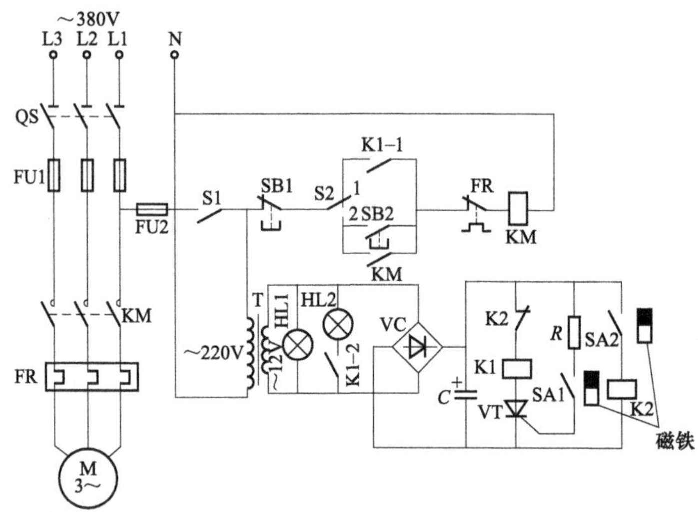

图 4-32 自动供水控制电路

水位检测控制电路由干簧管 SA1、SA2，继电器 K1、K2，晶闸管 VT，电阻器 *R*，交流接触器 KM，热继电器 FR，控制按钮 SB1、SB2 和手动/自动控制开关 S2 组成。

图 4-32 中 S2 为手动/自动控制开关，S2 位于位置 1 时为自动控制状态，S2 位于位置 2 时为手动控制状态；HL1 和 HL2 分别为电源指示灯和自动控制状态时的上水指示灯。

接通刀开关 QS 和电源开关 S1，L1 端和 N 端之间的交流 220V 电压经电源变压器 T 降压后产生交流 12V 电压，作为 HL1 和 HL2 的工作电压，同时还经整流桥堆 VC 整流及滤波电容器 *C* 滤波后，为水位检测控制电路提供 12V 直流工作电压。

SA1 为低水位检测与控制用干簧管，SA2 为高水位检测与控制用干簧管。

在受控水位降至低水位时，安装在浮子上的永久磁铁靠近 SA1，SA1 的触点在永久磁铁的磁力作用下接通，使 VT 受触发导通，K1 通电吸合，其常开触点 K1-1 和 K1-2 接通，使 HL2 点亮，KM 通电吸合，水泵电动机 M 通电工作。

浮子随着水位的上升而上升，使永久磁铁离开 SA1，SA1 的触点断开，但 VT 仍维持导通状态。直到水位上升至设定的高水位、永久磁铁靠近 SA2 时，SA2 的触点接通，使 K2 通电吸合，K2 的常闭触点断开，使 K1 释放，VT 截止，K1 的常开触点 K1-1 和 K1-2 断开，HL2 熄灭，KM 释放，M 断电而停止工作。

当用户用水使水位下降、永久磁铁降至 SA2 以下时，SA2 的触点断开，使 K2 释放，K2 的常闭触点又接通，但此时 K1 和 KM 仍处于释放状态，直到水位又降至 SA1 处、SA1

的触点接通时，VT 再次导通，K1 和 KM 吸合，M 又通电工作。

以上工作过程周而复始地进行，即可使受控水位保持在高水位与低水位之间，从而实现了水位的自动控制。

4.3.7 排水泵控制电路

排水泵是城市中常用的电气设备，电动机容量多在 1.1～7.5kW 之间。排水泵的水位大部分采用干簧浮子式液位计控制，其触点容量为 300W，电压为 220V。虽然它可以直接与接触器线圈连接，但其触点不能自锁控制，一般通过接触器的常开辅助触点使电动机保持运转。

图 4-33 是一种排水泵控制电路，它由主电路和控制电路组成，其主电路包括电源开关 QF、交流接触器 KM 的主触点、热继电器 FR 以及三相交流电动机 M 等；其控制电路包括控制按钮 SB1、SB2，选择开关 SA，水位信号开关 SL1、SL2 以及交流接触器 KM 的线圈等。

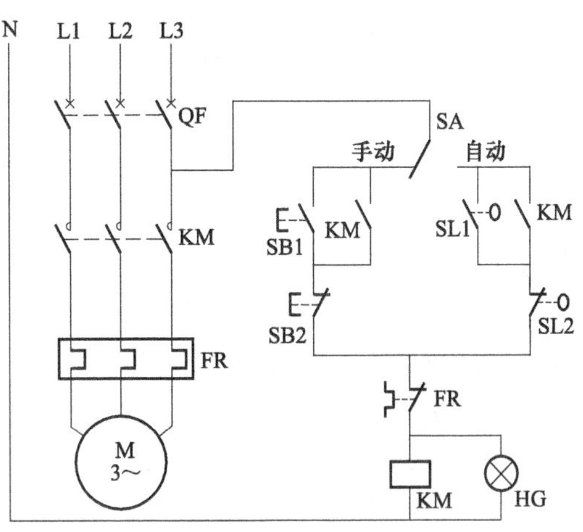

图 4-33 排水泵控制电路

这个电路有两种工作状态可供选择，即手动控制和自动控制。本电路手动、自动控制共用热继电器进行过载保护。

采用手动控制时，将单刀双掷开关 SA 置于“手动”位置，按下按钮 SB1 时水泵电动机 M 启动，按下按钮 SB2 时水泵电动机 M 停机。图中 HG 为绿色信号灯，点亮时表示接触器处于运行状态。

采用自动控制时，将单刀双掷开关 SA 置于“自动”位置，当集水井（池）中的水位到达高水位时，SL1 闭合，接触器 KM 的线圈得电吸合并自锁，KM 的主触点闭合，水泵电动机启动排水；待水位降至低水位时，SL2 动作，将其常闭触点断开，接触器 KM 的线圈失电复位，排水泵停止排水。

4.3.8 电动葫芦的控制电路

电动葫芦的控制电路如图 4-34 所示。升降电动机采用正、反转控制，其中 KM1 闭合，电动机正转，实现吊钩上升功能，而 KM2 闭合，电动机反转，实现吊钩下降功能。吊钩水平移动电动机也采用正、反转控制，其中 KM3 闭合，电动机正转，实现吊钩向前平移功能，而 KM4 闭合，电动机反转，实现吊钩向后平移功能。由于各接触器均无设置自锁触点，所以吊钩上升、下降、前移、后移均为点动控制。

按下吊钩上升按钮 SB1，接触器 KM1 线圈得电，升降电动机主回路中 KM1 常开主触点闭合，开始将吊钩提升；与接触器 KM2 线圈串联的 KM1 常闭辅助触点断开，实现互锁。按下吊钩下降按钮 SB2，接触器 KM2 线圈得电，升降电动机主回路中 KM2 常开主触点闭合，开始将吊钩下放；与接触器 KM1 线圈串联的 KM2 常闭辅助触点断开，实现互锁。

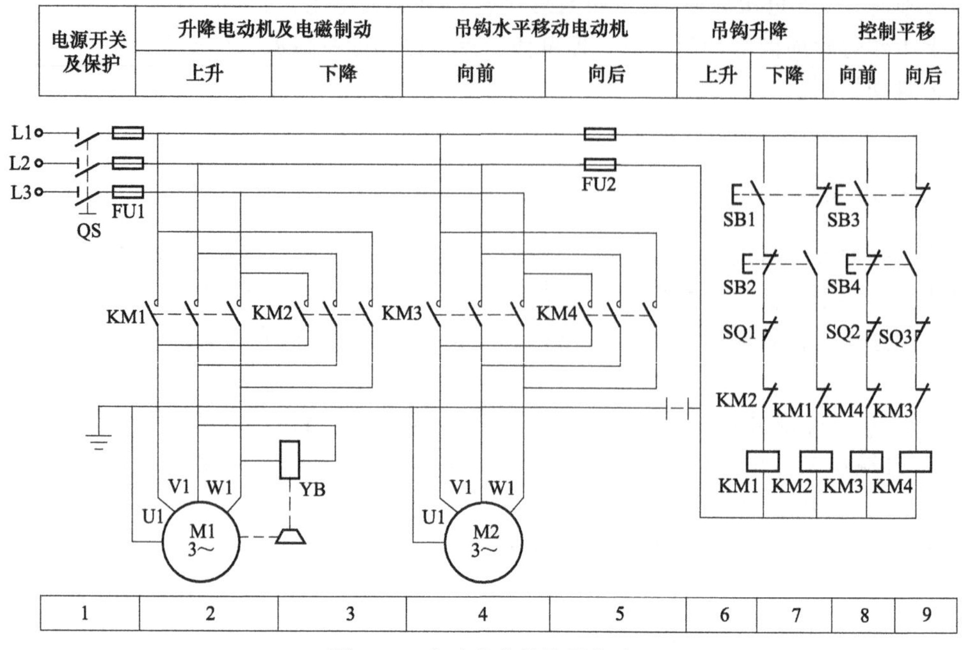

图 4-34 电动葫芦的控制电路

按下吊钩前移按钮 SB3，接触器 KM3 线圈得电，吊钩水平移动电动机主回路中 KM3 的常开主触点闭合，电动机正转，开始将吊钩向前平移；与接触器 KM4 线圈串联的 KM3 常闭辅助触点断开，实现互锁。按下吊钩后移按钮 SB4，接触器 KM4 线圈得电，吊钩水平移动电动机主回路中 KM4 常开主触点闭合，电动机反转，开始将吊钩向后平移；与接触器 KM3 线圈串联的 KM4 常闭辅助触点断开，实现互锁。

利用行程开关 SQ1 实现吊钩上升时的行程控制：当行程开关 SQ1 动作后，吊钩上升按钮 SB1 失去作用。利用行程开关 SQ2 实现吊钩前移时的行程控制：当行程开关 SQ2 动作后，吊钩前移按钮 SB3 失去作用。利用行程开关 SQ3 实现吊钩后移时的行程控制：当行程开关 SQ3 动作后，吊钩后移按钮 SB4 失去作用。

第5章 电气控制电路的调试方法与故障分析

5.1 电气控制电路的调试方法

5.1.1 通电调试前的检查和准备

电气设备安装完毕，在通电试车前，应准备好调试用的工具和仪表，对线路、电动机等进行全面的检查，然后才能通电试车。

① 准备好调试所需的工具、仪表，如螺钉旋具、电笔、万用表、钳形表、绝缘电阻表等。

② 清除安装板上的线头杂物，检查各开关、触点动作是否灵活可靠，灭弧装置有无破损。

③ 按照电路原理图和接线图，逐段检查接线有无漏接、错接，检查导线连接点是否符合工艺要求。

④ 对于新投入使用或停用3个月以上的低压电动机，应用500V绝缘电阻表测量其绝缘电阻，低压电动机的绝缘电阻不得小于0.5MΩ，否则应查明原因并修理。

⑤ 用绝缘电阻表测量主电路、控制电路对机壳的绝缘电阻及不同回路之间的绝缘电阻，各项绝缘电阻不应小于0.5MΩ。

⑥ 对不可逆运转的机械设备，应检查电动机的转向与机械设备要求的方向是否一致。一般可通电检查；对于连接好的设备，可用相序表等进行测量。

⑦ 检查传动设备及所带生产机械的安装是否牢固。

⑧ 检查轴承的油位是否正常。

⑨ 检查电动机及所带机械设备的润滑系统、冷却系统；打开有关的水阀门、风阀门、油阀门。

⑩ 如有可能，用手盘车，检查转子转动是否灵活，有无卡涩现象。

⑪ 对于绕线转子异步电动机，还应检查电刷的牌号是否符合要求、压力是否合适、能

否自由活动，换向器是否光洁、偏心，电刷与换向器接触是否良好等。

⑫ 电动机通电前，要认真检查其铭牌电压、频率等参数与电源电压是否一致，然后按接线图检查各部分的接线是否正确，各接线螺钉是否紧固，各导线的截面、标号是否与图纸所标一致。

⑬ 检查测量仪表是否齐全，配有电流互感器的，电流互感器的一、二次确认无开路现象。

⑭ 检查设备机座、电线钢管的保护接地或接零线是否接好。

5.1.2 保护定值的整定

(1) 低压断路器的调整

① 低压断路器分保护电动机用与保护配电线路用两种，不应选错；保护电动机时，断路器的额定电流应大于或等于电动机的额定电流。

② 长延时动作过电流脱扣器的额定电流按电动机额定电流的1.0～1.2倍整定；6倍长延时电流整定值的可返回时间应不小于电动机的启动时间。可返回时间分为1s、3s、5s、8s、15s几种。

③ 瞬时动作的过电流值，应按电动机启动电流的1.7～2.0倍整定。

(2) 过电流继电器的调整

过电流继电器的保护定值一般按产品有关资料来定。若无资料，对于保护三相异步电动机，一般可调整为电动机额定电流的1.7～2.0倍；频繁启动时，可调整为电动机额定电流的2.25～2.5倍；对于直流电动机，可调整为电动机额定电流的1.1～1.15倍。

(3) 过电压继电器的调整

过电压继电器一般按产品有关资料来整定，如无资料，可调整为直流电动机额定电压的1.1～1.15倍。

(4) 欠电流继电器的调整

欠电流继电器吸合值可调整为直流电动机额定励磁电流值，释放值可调整为电动机最小励磁电流的0.8倍。

(5) 热继电器动作电流的调整

热继电器的整定电流一般应与电动机额定电流调整一致；对于过载能力差的电动机，应适当减小整定值，热元件的整定值一般调整为电动机额定电流的0.7倍左右；对启动时间长或带冲击性负载的电动机，应适当增大整定值，一般调整到电动机额定电流的1.1～1.2倍。此外，热继电器的动作时间应大于电动机的启动时间。

5.1.3 通电试车的方法步骤

5.1.3.1 通电试车的注意事项

① 电气设备经静态检查、保护定值整定后，方可进行通电试车。

② 试车前，设备上应无人工作，周围无影响运行的杂物，照明充足。

③ 通电试车的步骤一般是先试控制电路，后试主电路，当主电路发生故障时，可由控制电路将主电路切除。

5.1.3.2 通电试车方法

(1) 控制电路通电试车

① 断开电动机主电路，将控制、保护、信号、联锁电路的有关设备全部送电。检查各

部分的电压是否正常，接触器、继电器线圈温升是否正常，信号灯是否正常。

② 操作相应开关（按钮），试启动相应保护装置、电气联锁装置、限位装置；观察有关接触器、继电器是否正常动作，信号灯是否变化。

（2）主电路通电试车

恢复好控制电路及主电路接线后，通电试车前，有条件的应将电动机与生产机械分开，按照先空载、后负载，先点动、后连续，先低速、后高速，先启动、后制动，先单机、后多机的原则通电试车。试车过程中，要注意检查以下内容：

① 严格执行电动机的允许启动次数，严禁连续多次启动，否则电动机容易过热烧坏。一般冷态下允许连续启动 2 次，间隔 5min；热态时只允许启动 1 次。启动时间不超过 3s 的电动机，可允许多启动 1 次。

② 降压启动时，应掌握好降压启动切换到全压运行的时间。

③ 电动机安装现场距离控制台较远时，应派专人到电动机安装现场，监视启动过程。

④ 检查各指示仪表的指示，空载和负载电流是否合格（是否平衡、是否稳定、空载电流占额定电流的百分比是否过大）。

⑤ 检查电动机的转向、启动、转速是否正常；声音、温升有无异常；制动是否迅速。

⑥ 检查轴承是否发热，检查传动带是否过紧或联轴器有无问题。

⑦ 再次试验控制回路保护装置、联锁装置、限位装置等动作是否可靠。如有惯性越位时，应反复调整；如果保护装置动作，应查明原因，处理故障后再通电试验，切不可增大保护强行送电，以免保护失灵而烧毁设备。

⑧ 在电动机试车时，如有如下现象应立即停机。

a. 电动机不转或低速运转。

b. 超过正常启动时间电流表不返回。

c. 三相电流剧增或三相电流严重不平衡。

d. 电动机有异常声音、剧烈振动、轴承过热或声音异常。

e. 电动机扫膛或机械撞击。

f. 启动装置起火冒烟。

g. 电动机所带负载损坏、卡阻。

h. 人身事故等。

5.2 电气控制电路故障的诊断方法

机床电气控制电路是多种多样的，机床的电气故障往往又与机械、液压、气动系统交错在一起，比较复杂，不正确的检修方法有时还会使故障扩大，甚至会造成设备及人身事故，因此必须掌握正确的检修方法。常见的故障分析方法包括感官诊断法、电压测量法、电阻测量法、短接法、强迫闭合法、对比法、置换元件法和逐步接入法等。实际检修时，要综合运用以上方法，并根据积累的经验，对故障现象进行分析，快速准确地找到故障部位，采取适当方法加以排除。

5.2.1 感官诊断法

感官诊断法（又称直接观察法）是根据机床电器故障的外在表现，通过眼看、鼻闻、耳听、手摸、询问等手段，来检查判断故障的方法。

(1) 诊断方法

① 望　查看熔断器的熔体是否熔断及熔断情况；检查接插件是否良好，连接导线有无断裂脱落，绝缘是否老化；观察电气元件烧黑的痕迹；更换明显损坏的元器件。

② 闻　闻一闻故障电器是否有因电流过大而产生的异味。如果有，应立即切断电源检查。

③ 问　向机床操作者和故障在场人员询问故障情况，包括故障发生的部位、故障现象(如响声、冒火、冒烟、异味、明火等，热源是否靠近电器，有无腐蚀性气体侵蚀，有无漏水等)、是否有人修理过、修理的内容等。

④ 切　电动机、变压器和电磁线圈正常工作时，一般只有微热的感觉。而发生故障时，其外壳温度会明显上升。所以，可在断开电源后，用手触摸电动机等外壳的温度来判断故障。

⑤ 听　因电动机、变压器等故障运行时的声音与正常时是有区别的，所以通过听它们发出的声音，可以帮助查找故障。

(2) 检查步骤

① 初步检查　根据调查的情况，查看有关电器外部有无损坏，连线有无断路、松动，绝缘有无烧焦，螺旋熔断器的熔断指示器是否跳出，电器有无进水、油垢，开关位置是否正确等。

② 试车　通过初步检查，确认不会使故障进一步扩大和不会发生人身、设备事故后，可进行试车检查。试车中要注意有无严重跳火、冒火、异常气味、异常声音等现象，一经发现应立即停车，切断电源。注意检查电动机的温升及电器的动作程序是否符合电气原理图的要求，从而发现故障部位。

(3) 故障分析与注意事项

① 用观察火花的方法检查故障　电器的触点在闭合分断电路或导线线头松动时会产生火花，因此可以根据火花的有无、大小等现象来检查电器故障。例如，正常紧固的导线与螺钉间不应有火花产生，当发现该处有火花时，说明线头松动或接触不良。电器的触点在闭合、分断电路时跳火，说明电路通路，不跳火说明电路不通。当观察到控制电动机的接触器主触点两相有火花、一相无火花时，说明无火花的触点接触不良或这一相电路断路。三相中有两相的火花比正常大，另一相比正常小，可初步判断为电动机相间断路或接地。三相火花都比正常大，可能是电动机过载或机械部分卡住。在辅助电路中，若接触器线圈电路为通路，衔铁不吸合，要分清是电路断路还是接触器机械部分卡住造成的。可按一下启动按钮，如按钮常开触点在闭合位置，断开时有轻微的火花，说明电路为通路，故障为接触器本身机械部分卡住等；如触点间无火花，说明电路是断路的。

② 从电器的动作程序来检查故障　机床电器的工作程序应符合电器说明书和图纸的要求，如某一电路上的电器动作过早、过晚或不动作，说明该电路或电器有故障。还可以根据电器发出的声音、温度、压力、气味等分析判断故障。另外运用直观法，不但可以确定简单的故障，还可以把较复杂的故障缩小到较小的范围。

③ 注意事项

a. 当电气元件已经损坏时，应进一步查明故障原因后再更换，不然会造成元件的连续烧坏。

b. 试车时，手不能离开电源开关，以便随时切断电源。

c. 直接观察法的缺点是准确性差，所以不经进一步检查不要盲目拆卸导线和元件，以免延误时机。

5.2.2 电压测量法

5-1 电压的分阶测量法

正常工作时，电路中各点的电压是一定的，当电路发生故障时，电路中各点的电压也会随之改变，所以用万用表电压挡测量电路中关键测试点的电压值与电路原理图上标注的正常电压值进行比较，来缩小故障范围或故障部位。

(1) 检查方法和步骤

① 分阶测量法　电压的分阶测量法如图 5-1 所示。当按启动按钮 SB2 时，接触器 KM1 不吸合，说明电路有故障。

检查时，需要两人配合进行。一人按下 SB2 不放，另一人把万用表拨到电压 500V 挡位上，首先测量 0、1 两点之间的电压，若电压值为 380V，说明控制电路的电源电压正常。然后，将黑色测试棒接到 0 点上，红色测试棒按标号依次向前移动，分别测量标号 2、3、4、5、6 各点的电压。电路正常的情况下，0 与 2～ 6 各点电压均为 380V。若 0 与某一点之间无电压，说明是电路有故障。例如，测量 0 与 2 两点之间的电压时，电压为 0V，说明热继电器 FR 的常闭触点接触不良或触点两端接线柱所接导线断路。究竟故障在触点上还是连线断路，可先接牢所接导线，然后将红色测试棒接在 FR 常闭触点的接线柱 2 上，若电压仍为 0V，则故障在 FR 常闭触点上。

如果测量 0 与 2 两点之间的电压时，电压为 380V，说明热继电器 FR 的常闭触点无故障。但是，测量 0 与 3 两点时，电压为 0V，则说明行程开关 SQ 的常闭触点有故障或接线柱与导线接触不良。

维修实践中，根据故障的情况也可不必逐点测量，而多跨几个标号测试点进行测量。

② 分段测量法　触点闭合后各电器之间的导线在通电时，其电压降接近于零。而用电器、各类电阻、线圈通电时，其电压降等于或接近于外加电压。根据这一特点，采用分段测量法检查电路故障更为方便。电压的分段测量法如图 5-2 所示。

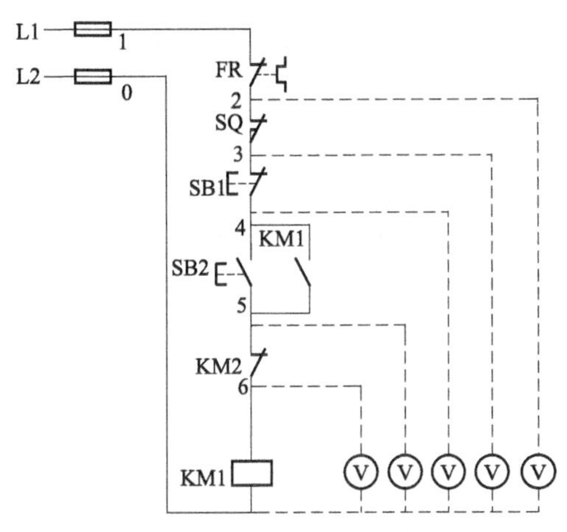

图 5-1　电压的分阶测量法

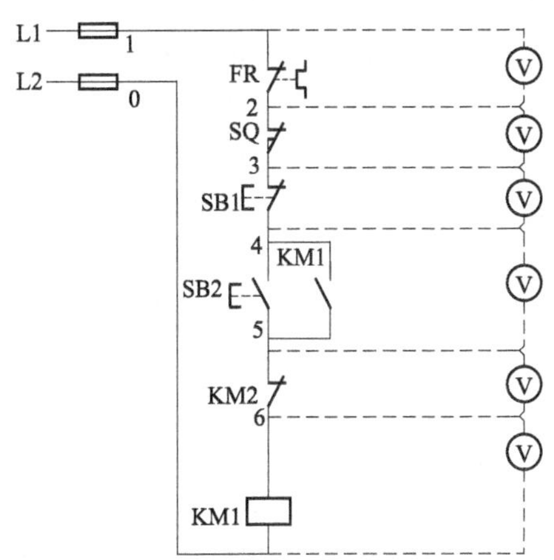

图 5-2　电压的分段测量法

当按下按钮 SB2 时，如接触器 KM1 不吸合，说明电路有故障。检查时，按住按钮 SB2 不放，先测 0、1 两点的电源电压。电压为 380V，而接触器不吸合，说明电路有断路之处。此时，可将红、黑两测试棒逐段或者重点测相邻两点标号的电压。当电路正常时，除 0 与 6 两标号之间的电压等于电源电压 380V 外，其他相邻两点间的电压都应为零。如测量某相邻两点电压为 380V，说明该两点之间所包括的触点或连接导线接触不良或断路。例如，标号 3 与 4 两点之间的电压为 380V，则说明停止按钮 SB1 接触不良。同理，可以查出其他故障部位。

当测量电路电压无异常，而 0 与 6 间电压正好等于电源电压，接触器 KM1 仍不吸合，则说明接触器 KM1 的线圈断路或机械部分被卡住。

对于机床电器开关及电器相互之间距离较大、分布面较广的设备，由于万用表的测试棒连线长度有限，所以用分段测量法检查故障比较方便。

(2) 注意事项

① 用分阶测量法时，标号 6 以前各点对 0 点电压应为 380V，如低于该电压（相差 20% 以上，不包括仪表误差）可视为电路故障。

② 用分段测量法时，如果测量到接触器线圈两端 6 与 0 的电压等于电源电压，可判断为电路正常；如不吸合，说明接触器本身有故障。

③ 电压的两种检查方法可以灵活运用，测量步骤也不必过于死板，也可以在检查一条电路时用两种方法。

④ 在运用以上两种测量方法时，必须将启动按钮 SB2 按住不放才能测量。

5.2.3 电阻测量法

5-2 电阻的分段测量法

电路在正常状态和故障状态下的电阻是不同的。例如，由导线连接的线路段的电阻为零，出现断路时，断路点两端的电阻为无穷大；负载两端的电阻为某一定值，负载短路时，负载两端的电阻为零或减小。所以可以通过测量电路的电阻值来查找故障点。

电阻测量法可以测量元器件的质量，也可以检查线路的通断、接插件的接触情况，通过对测量数据的分析来寻找故障元器件。

(1) 检查方法和步骤

① 分阶测量法　电阻的分阶测量法如图 5-3 所示。当确定电路中的行程开关 SQ 闭合时，按下启动按钮 SB2，接触器 KM1 不吸合，说明该电路有故障。检查时先将电源断开，把万用表拨到电阻挡位上，测量 0、1 两点之间的电阻（注意测量时，要一直按下按钮 SB2）。若两点之间的电阻值接近接触器线圈电阻值，说明接触器线圈良好。如电阻为无穷大，说明电路断路。为了进一步检查故障点，将 0 点上的测试棒移至标号 2 上，如果电阻为零，说明热继电器触点接触良好。再将测试棒分别移至标号 3～6，逐步测量 1-3、1-4、1-5、1-6 各点的电阻值。当测量到某标号时电阻突然增大，则说明测试棒刚刚跨过的触点或导线断路；若电阻为零，说明各触点接触良好。根据其测量结果可找出故障点。

② 分段测量法　电阻的分段测量法如图 5-4 所示。先切断电源，然后按下启动按钮 SB2 不放，两测试棒逐段或重点测试相邻两标号（除 0-6 两点之间外）的电阻。如两点间之间的电阻很大，说明该触点接触不良或导线断路。例如，当测得 2-3 两点之间的电阻很大时，说明行程开关 SQ 的触点接触不良。

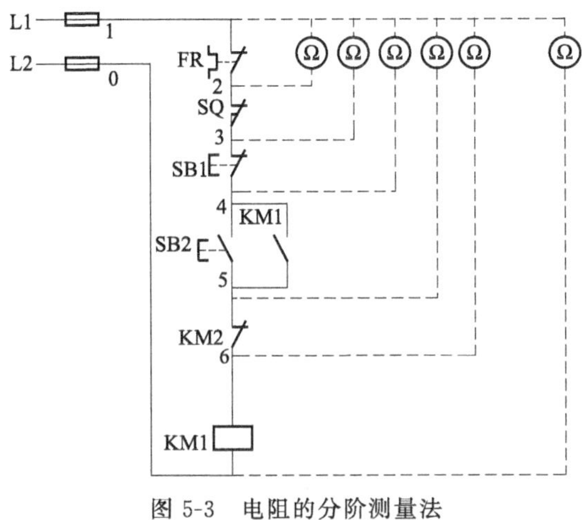

图 5-3 电阻的分阶测量法

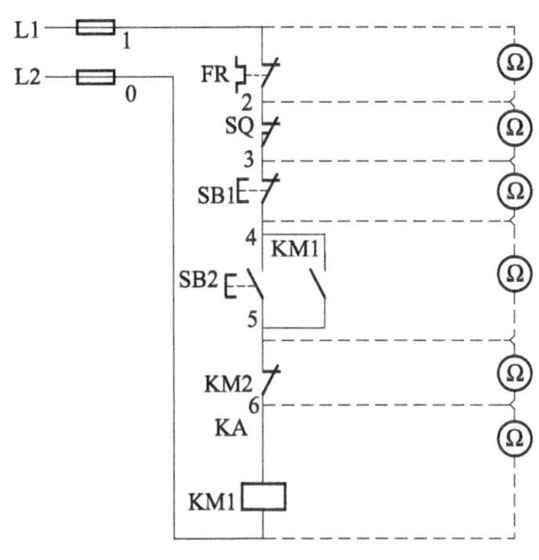

图 5-4 电阻的分段测量法

这两种方法适用于开关、电器在机床上分布距离较大的电气设备。

(2) 注意事项

电阻测量法的优点是安全，缺点是测量电阻值不准确时容易造成判断错误。为此应注意以下几点：

① 用电阻测量法检查故障时，一定要断开电源。

② 如所测量的电路与其他电路并联，必须将该电路与其他电路断开，否则电阻不准确。

③ 测量高电阻器件，万用表要拨到适当的挡位。在测量连接导线或触点时，万用表要拨到 R×1 的挡位上，以防仪表误差造成误判。

④ 测量较为复杂的电路，例如测量电路板上某电阻的阻值、电容器是否漏电等，一般应卸下来才能确定，因为电路板上很多元器件相互关联，无法独立测试某一元件。

5.2.4 短接法

电路或电器的故障大致归纳为短路、过载、断路、接地、接线错误、电器的电磁及机械部分故障等六类。诸类故障中出现较多的是断路故障，它包括导线断路、虚连、松动、触点接触不良、虚焊、假焊、熔断器熔断等。对这类故障除用电阻法、电压法检查外，还有一种更为简单可靠的方法，就是短接法。方法是用一根绝缘良好的导线，将所怀疑的断路部位短接起来，如短接到某处，电路工作恢复正常，则说明该处有断路故障。

(1) 检查方法和步骤

① 局部短接法　局部短接法如图 5-5 所示。当按下启动按钮 SB2 时，接触器 KM1 不吸合，说明该电路有故障。检查时，可首先测量 0、1 两点电压，若电压正常，可将按钮 SB2 按住不放，分别短接 L1—1、1—2、2—3、3—4、4—5、5—6 和 0-L2。当短接到某点时，接触器吸合，说明故障就在这两点之间。

② 长短接法　长短接法如图 5-6 所示，是指依次短接两个或多个触点或线段，用来检查故障的方法。这样做既节约时间，又可弥补局部短接法的某些缺陷。例如，用长短接法一次可将 1-6 间短接，如短接后接触器 KM1 吸合，说明 1—6 这段电路上一定有断路的地方，然后再用局部短接的方法来检查，就不会出现错误判断的现象。

长短接法的另一个作用是把故障点缩小到一个较小的范围之内。总之应用短接法时可长短接与局部短接结合，加快排除故障的速度。

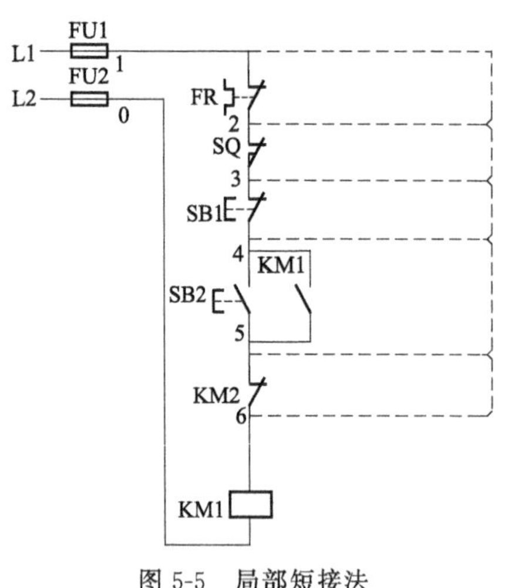

图 5-5 局部短接法

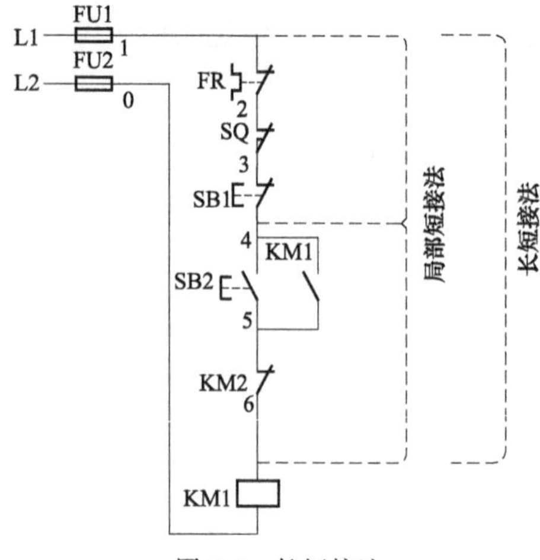

图 5-6 长短接法

(2) 注意事项

① 应用短接法是用手拿着绝缘导线带电操作的，所以一定要注意安全，避免发生触电事故。

② 应确认所检查的电路电压正常时，才能进行检查。

③ 短接法只适于压降极小的导线及电流不大的触点之类的断路故障。对于压降较大的电阻、线圈、绕组等断路故障，不得用短接法，否则就会出现短路故障。

④ 对于机床的某些要害部位要慎重行事，必须在保障电气设备或机械部位不出现事故的情况下，才能使用短接法。

⑤ 在怀疑熔断器熔断或接触器的主触点断路时，先要估计一下电流。一般在5A以下时才能使用短接法，否则，容易产生较大的火花。

5.2.5 强迫闭合法

在排除机床电气故障时，如果经过直接观察法检查后没有找到故障点，而身边也没有适当的仪表进行测量，可用一根绝缘棒将有关继电器、接触器、电磁铁等用外力强行按下，使其常开触点或衔铁闭合，然后观察机床电气部分或机械部分出现的各种现象，如电动机从不转到转动，机床相应的部分从不动到正常运行等。利用这些外部现象的变化来判断故障点的方法叫强迫闭合法。

(1) 检查方法和步骤

下面以图5-7为例，介绍采用强迫闭合法检查控制回路故障的方法步骤。若按下启动按钮SB2，接触器KM不吸合，可用一根细绝缘棒或一把绝缘良好的螺丝刀（注意手不能接触金属部分），从接触器灭弧罩的中间孔（小型接触器用两绝缘棒对准两侧的触点支架）快速按下，然后迅速松开，可能有如下情况出现：

① 电动机启动，接触器不再释放，说明启动按钮SB2接触不良。

② 强迫闭合时，电动机不转，但有“嗡嗡”声，松开时看到三个主触点都有火花，且亮度均匀。其原因是电动机过载使控制电路中的热继电器FR常闭触点跳开。

③ 强迫闭合时，电动机运转正常，松开后电动机停转，同时接触器也随之跳开，一般是控制电路中的接触器辅助触点KM接触不良、熔断器FU2熔断或停止、启动按钮接触

不良。

④ 强迫闭合时电动机不转，有“嗡嗡”声，松开时接触器的主触点只有两触点有火花。说明电动机主电路中有一相断路或接触器有一对主触点接触不良。

(2) 注意事项

采用强迫闭合法时，所用的工具必须有良好的绝缘性能，否则，会出现比较严重的触电事故。

用强迫闭合法检查电路故障，如运用得当，比较简单易行；但运用不好也容易出现人身和设备事故。所以应注意以下几点：

① 运用强迫闭合法时，应对机床电路控制程序比较熟悉，对要强迫闭合的电器与机床机械部分的传动关系比较明确。

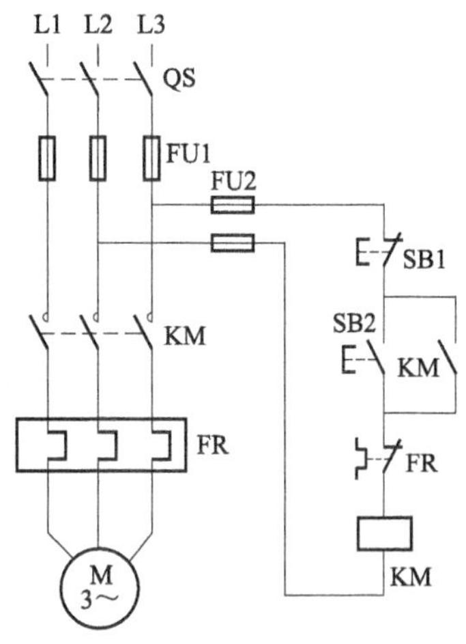

图 5-7　强迫闭合法

② 用强迫闭合法前，必须对整个有故障的电气设备做仔细的外部检查，如发现以下情况，不得采用强迫闭合法检查。

a. 在具有联锁保护的正反转控制电路中，如果两个接触器中有一个未释放时，不得强迫闭合另一个接触器。

b. Y-△启动控制电路中，当接触器 KM△没有释放时，不能强迫闭合其他接触器。

c. 机床的运动机械部分已达到极限位置，但是弄不清反向控制关系时，不要随便采用强迫闭合法。

d. 当强迫闭合某电器时，可能造成机械部分（机床夹紧装置等）严重损坏时，不得随便采用。

5.2.6　其他检查法

(1) 电流测量法

电流测量法是通过测量电路中某测试点的工作电流的大小、电流的有或无来判断故障的方法。例如，负载开路后，负载电流很小或为零；负载短路后，负载电流会急剧增大；负载接地后，漏电电流增大。所以针对不同的故障现象，通过测量电路中的电流，可以查找电路的故障。

测量电流时，应选用合适的仪表。测量的负载电流较大时，通常可以采用钳形电流表或电流表经电流互感器；负载电流较小时，可以采用数字万用表或普通指针式万用表直接串联于电路中测量。

如果测量的是直流电路，使用电流表时，应注意电流的正负极。

(2) 置换元件法

置换元件法又称替换法。当某些电器的故障原因不易确定或检查时间过长时，为了保证机床的利用率，可置换同一型号的性能良好的元器件进行实验，以证实故障是否由此电器引起。如果某元件一经替换，故障排除，则被替换下来的元器件就是故障元器件。所以替换法是确切判断某一个元器件是否失效或不合适的最为有效的方法之一。这种方法适用于容易拆装的元器件，如带有插座的继电器、集成电路等。

当代换的元器件接入电路后，再次损坏，则应考虑是否由于代用件型号不对，还要考虑一下所接入电路是否存在其他故障。

(3) 类比法

类比法又称为对比法。当遇到一个并不熟悉的设备，手头上又没有参考资料时，如果可以找到相同的设备或在同一台设备中有相同的功能单元时，可以采用类比法，即通过对设备的工作状态、参数的比较，来判断或确定故障，这样可以大大地缩短检修速度。

对比法在检查故障时经常使用，如比较继电器、接触器的线圈电阻、弹簧压力、动作时间、工作时发出的声音等。电路中的电气元件属于同样控制性质或多个元件共同控制同一台设备时，可以利用其他相似的或同一电源的元件动作情况来判断故障。例如，异步电动机正反转控制电路，若正转接触器 KM1 不吸合，可操纵反转，看反转接触器 KM2 是否吸合，如 KM2 吸合则证明 KM1 的电路本身有故障。再如反转接触器吸合时，电动机两相运转，可操作电动机正转，若电动机运转正常，说明 KM2 的一对主触点或连线有一相接触不良或断路。

(4) 逐步接入法

遇到难以检查的短路或接地故障时，可重新更换熔体，然后逐步或重点地将各支路一条一条接入电源，重新试验，当接到某条支路时熔断器又熔断，则故障就在这条电路及其所包括的电气元件中，这种方法叫逐步接入法。

在用逐步接入法排除故障时，因大多数并联支路已经拆除，为了保护电器，可用较小容量的熔断器接入电路进行试验。

(5) 排除法

排除法是指根据故障现象，分析故障原因，并将引起故障的各种原因一条一条地列出，然后一个一个地进行检查排除，直至查出真正的故障位置的方法。

5.3 机床电气控制电路安装调试与常见故障检修实例

5.3.1 C620-1型车床电气控制电路

C620-1 型车床的电气控制电路如图 5-8 所示。图中分为主电路、控制电路和照明电路三部分。

该控制电路中，主轴电动机 M1 是由启动按钮 SB2 和停止按钮 SB1 及接触器 KM 控制的。冷却泵电动机 M2 是采用转换开关 QS2 控制的。M2 是与 M1 联锁的，只有主轴电动机 M1 运转后，冷却泵电动机 M2 才能启动运转供冷却液。

(1) 安装调试步骤及要求

① 按电气元件明细表配齐电气设备和元件，并逐个检验其规格和质量是否合格。在控制板上画线和安装电气元件，并在各电气元件附近作好与原理图上相同的代号标记。

② 根据电动机容量、线路走向及要求和各元件的安装尺寸，正确选配导线规格、导线通道类型和数量、接线端子板型号和节数、控制板、管夹、紧固件等。

③ 在控制板上布线，要求走线横平竖直、整齐、合理，接线不得松动，并在各电气元件及接线端子板接点的线头上，套有与原理图上相同线号的编码套管。

④ 选择合理的导线走向，做好导线通道的准备工作，并安装控制板外部的所有电器。

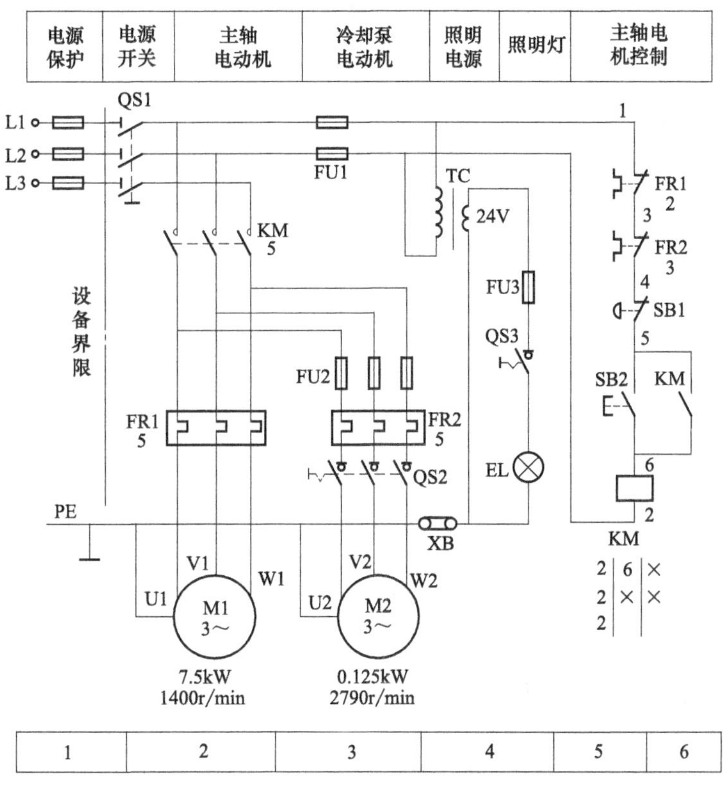

图 5-8　C620-1 型车床电气控制电路

进行控制箱外部布线，对于可移动的导线通道应留适当的余量，使金属软管在运动时不承受拉力，并在所有导线通道内按规定放好备用导线，在导线线头上套有与原理图上相同编号的编码套管。

⑤ 检查电路的接线是否正确和接地通道是否具有连续性。检查热继电器的整定值是否符合要求，各级熔断器的熔体是否符合要求，如不符合要求应予更换。

⑥ 检查电动机的安装是否牢固，与生产机械传动装置的连接是否正常。检测电动机及线路的绝缘电阻，清理安装场地。

⑦ 接通电源开关，点动控制各电动机，以检查转向是否符合要求。

⑧ 通电空转试验时，应检查各电气元件、线路、电动机及传动装置的工作情况是否正常。否则，应立即切断电源进行检查，待调整或修复后方可再次通电试车。

(2) 注意事项

① 在控制箱外部进行布线时，导线必须穿在导线通道内或敷设在机床底座内的导线通道里。所有的导线不得有接头。

② 在进行快速进给时，要注意使运动部件处于行程的中间位置，以防止运动部件与车头或尾架相撞产生设备事故。

③ 通电操作时，必须严格遵守安全操作规程。

④ 不要漏接接地线。要注意不能利用金属软管作为接地通道。

(3) 常见故障分析及排除方法

C620-1 型车床电气控制电路常见故障及其排除方法见表 5-1。

表 5-1 C620-1 型车床电气控制电路常见故障及其排除方法

故障现象	可能原因	排除方法
主轴电动机不能启动，且接触器 KM 不吸合	①熔断器 FU1 的熔体熔断或接头松动 ②热继电器 FR1 或 FR2 误动作 ③接触器 KM 线圈引线松动或线圈断路 ④按钮 SB1 或 SB2 接触不良	①查明原因，更换同规格熔体或紧固接头 ②查明动作的原因，并予以排除 ③紧固引线或更换线圈 ④检修按钮触点
主轴电动机不能启动，但接触器 KM 已吸合	①接触器 KM 的三副主触点接触不良 ②热继电器 FR1 的热元件连接点接触不良 ③电源电压过低 ④电动机接线错误或接头松动 ⑤电动机有故障	①检修接触器的主触点 ②紧固热继电器的热元件的连接点 ③查明原因，使电源电压恢复正常 ④查明原因，改正接线或紧固接头 ⑤检修电动机
主轴电动机缺相运行	①接触器 KM 的三副主触点有一副未吸合或接触不良 ②热继电器 FR1 的热元件的连接线中，有一相接触不良 ③电动机定子绕组中的某一相导线的接头处氧化或压紧螺母未拧紧	①检修接触器的主触点 ②检修热元件的连接线 ③清理接头处氧化层并重新焊接好或紧固螺母
主轴电动机能够启动，但不能自锁	①接触器 KM 的辅助动合（常开）触点接触不良 ②自锁回路连接导线松脱	①检修接触器的辅助触点 ②查出故障点，予以紧固
主轴电动机不能停转	①接触器 KM 的三副主触点发生熔焊故障 ②停止按钮 SB1 的两触点间击穿 ③接触器 KM 因铁芯有油污而粘住不能释放	①检修接触器并更换主触点 ②检修或更换按钮 ③清理铁芯极面油污
冷却泵电动机不能启动	①熔断器 FU2 的熔体熔断或接头松动 ②热继电器 FR2 的热元件的连接点接触不良 ③开关 QS2 接触不良	①查明原因，更换同规格熔体或紧固接头 ②紧固热继电器的热元件的连接点 ③检修开关 QS2
照明灯不亮	①照明灯的钨丝烧断或漏气 ②熔断器 FU3 的熔体熔断或接头松动 ③变压器 TC 的绕组断路	①更换照明灯 ②查明原因，更换同规格熔体或紧固接头 ③检修或更换变压器

5.3.2 M7120 型平面磨床电气控制电路

M7120 型平面磨床的电气控制电路如图 5-9 所示。图中分为主电路、控制电路、电磁工作台控制电路及照明与指示灯电路四部分。

该控制电路中，液压泵电动机 M1 是由启动按钮 SB3 和停止按钮 SB2 及接触器 KM1 控制的，砂轮电动机 M2 和冷却泵电动机 M3 是由启动按钮 SB5 和停止按钮 SB4 及接触器 KM2 控制的，按下启动按钮 SB5，砂轮电动机 M2 启动，冷却泵电动机 M3 也同时启动。砂轮升降电动机 M4 上升时，是采用上升点动按钮 SB6 和接触器 KM3 控制的；砂轮升降电动机 M4 下降时，是采用下降点动按钮 SB7 和接触器 KM4 控制的。电磁吸盘的控制电路包括整流装置、控制装置和保护装置三个部分。

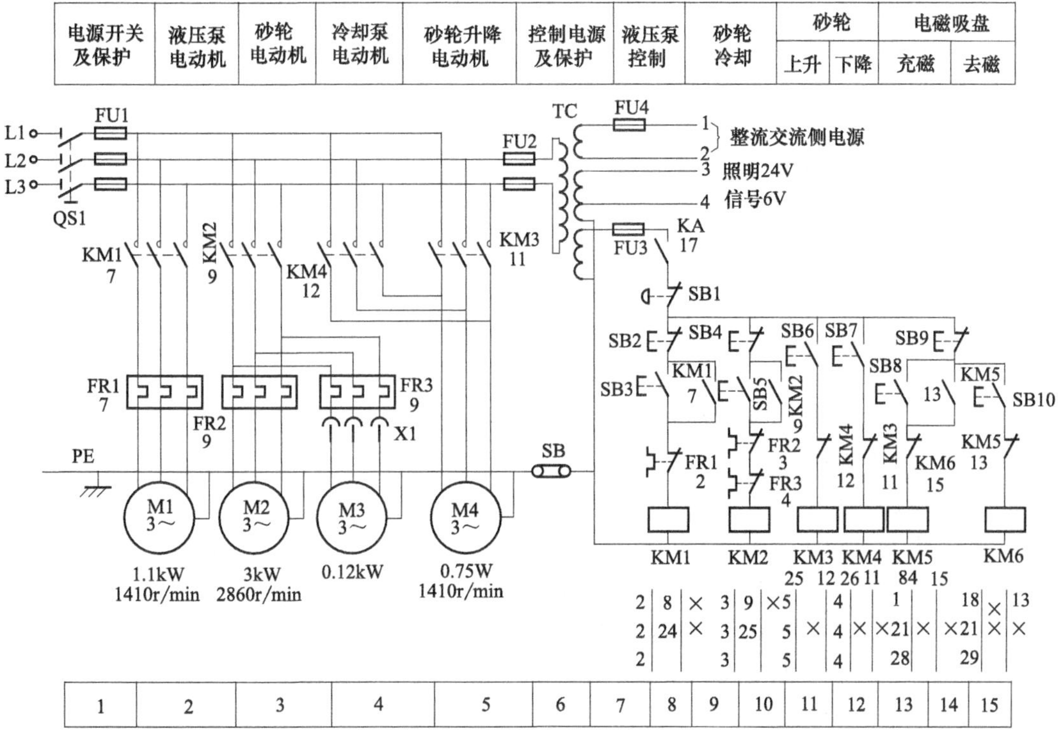

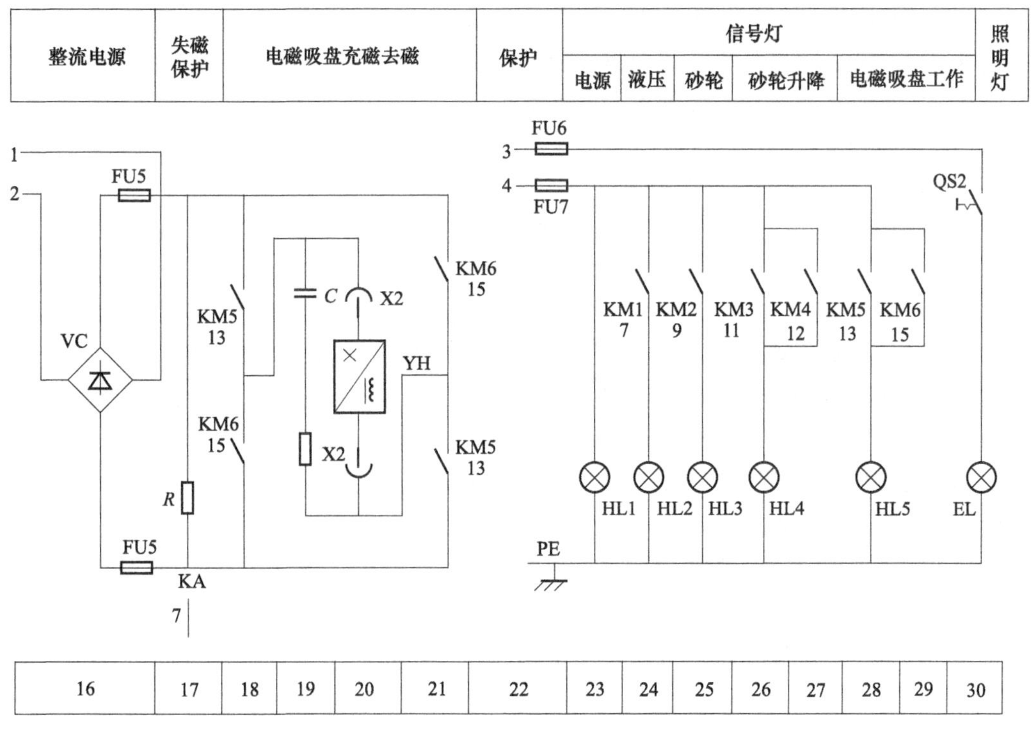

图 5-9　M7120 型平面磨床电气控制电路

(1) 安装调试步骤及要求

① 熟悉 M7120 型平面磨床的主要结构及运动形式，观察并熟悉磨床各电气元件的安装

位置、走线布线情况，了解该磨床的各种工作状态及各操作手柄、按钮、接插件的作用。

② 按电气元件明细表配齐电气设备和元件，并逐个检验其规格和质量是否合格。

③ 根据电动机容量、线路走向及要求和各元件的安装尺寸，正确选配导线规格、导线通道类型和数量、接线端子板型号和节数、控制板、管夹、紧固件等。

④ 在控制板上画线和安装电气元件，并在各电气元件附近作好与原理图上相同的代号标记。

⑤ 按控制面板上布线的工艺要求布线，并在各电气元件及接线端子板接点的线头上，套有与原理图上相同线号的编码套管。

⑥ 选择合理的导线走向，做好导线通道的准备工作，并安装控制板外部的所有电气元件。

⑦ 进行控制箱外部布线，对于可移动的导线通道应留适当的余量，使金属软管在运动时不承受拉力，并在所有导线通道内按规定放好备用导线。

⑧ 根据电路图检查电路接线的正确性及各接点连接是否牢固可靠。

⑨ 检查电动机和所有电气元件不带电的金属外壳的保护接地点是否牢靠。

⑩ 检查电动机的安装是否牢固，连接生产机械的传动装置是否符合安装要求。

⑪ 检查热继电器的整定值、熔断器的熔体是否符合要求。

⑫ 用绝缘电阻表检测电动机及线路的绝缘电阻，做好通电试运转的准备。

⑬ 清理安装现场。

⑭ 通电试车时，接通电源开关 QS1，点动检查各电动机的运转情况。若正常，按下 SB8，检查电磁吸盘充磁的控制过程；按下 SB9，再按下 SB10，检查电磁吸盘的退磁控制过程；检查各电气元件、电动机及传动装置的工作情况是否正常。若有异常，应立即切断电源进行检查，待调整或修复后，方能再次通电试车。

(2) 注意事项

① 严禁利用金属软管作为接地通道。

② 在控制箱外部进行布线时，导线必须穿在导线通道内或敷设在机床底座内的导线通道里。所有两接线端子之间的导线必须连续，中间无接头。

③ 接线时，必须认真细心，做到查出一根导线，立即在两线头上套装编码套管，连接后再进行复检，以避免接错线。通道内导线每超过 10 根，应加一根备用线。

④ 整流二极管要装上散热器，二极管的极性连接要正确。否则，会引起整流变压器短路，烧毁二极管和变压器。

⑤ 在安装调试的过程中，工具、仪表的使用要正确。

(3) 常见故障分析及排除方法

M7120 型平面磨床电气控制电路常见故障及其排除方法见表 5-2，其他电动机的控制电路的常见故障及其排除方法与 C620-1 型车床基本相似，可参考表 5-1。

表 5-2 M7120 型平面磨床电气控制电路常见故障及其排除方法

故障现象	可能原因	排除方法
砂轮只能下降，不能上升	①接触器 KM3 线圈断路或线圈电路不通 ②按钮 SB6 触点接触不良或连接线松脱 ③接触器 KM4 的动断(常闭)辅助触点接触不良	①查明原因，检修接触器线圈电路或更换接触器线圈 ②检修按钮触点或紧固连接线 ③检修接触器 KM4 的辅助触点

续表

故障现象	可能原因	排除方法
电磁吸盘没有吸力	①熔断器 FU4 和 FU5 的熔体熔断或接头松动 ②接插器 X2 接触不良 ③电磁吸盘 YH 线圈的两个出线头间短路或出线头本身断路 ④整流器 VC 或变压器 TC 损坏	①查明原因，更换同规格熔体或紧固接头 ②检修接插器 ③查明原因，予以修复或更换 ④更换整流器或变压器
电磁吸盘的吸力不足	①交流电源电压较低 ②接触器 KM5 的两副主触点接触不良 ③接插器 X2 的插头、插座间接触不良 ④整流器 VC 中有一个硅二极管或连接导线断路	①查明原因，使电源电压恢复正常 ②检修或更换接触器的主触点 ③检修接插器 X2 的插头和插座 ④查明原因，予以修复或更换

5.3.3　Z3040 型摇臂钻床电气控制电路

Z3040 型摇臂钻床的电气控制电路如图 5-10 所示。

该控制电路中，主轴电动机 M1 是由启动按钮 SB2 和停止按钮 SB1 及接触器 KM1 控制的。摇臂升降电动机 M2 和液压泵电动机 M3 是分别采用上升按钮 SB3 或下降按钮 SB4、时间继电器 KT、电磁铁 YA、限位开关 SQ2 和 SQ3、接触器 KM2（上升）或 KM3（下降），以及接触器 KM4 和 KM5 进行控制的，其中时间继电器 KT 的作用是控制接触器 KM5 的吸合时间，使电动机 M2 停转后，再夹紧摇臂。立柱、主轴箱的松开或夹紧是同时进行的，其控制过程如下：按松开按钮 SB5（或夹紧按钮 SB6），接触器 KM4（或 KM5）得电吸合，液压泵电动机 M3 得电旋转，供给压力油，压力油经 2 位 6 通阀（此时电磁铁 YA 处于释放状态）进入立柱夹紧及松开油缸和主轴箱夹紧及松开油缸，推动活塞和菱形块，使立柱和主轴箱分别松开（或夹紧）。冷却泵电动机 M4 是由转换开关 QS2 直接控制的。

（1）安装调试步骤及要求

① 按电气元件明细表配齐电气设备和元件，并逐个检验其规格和质量是否合格。

② 根据电动机容量、线路走向及要求和各元件的安装尺寸，正确选配导线规格、导线通道类型和数量、接线端子板型号和节数、控制板、管夹、紧固件等。

③ 在控制板上画线和安装电气元件，并在各电气元件附近作好与原理图上相同的代号标记。

④ 按控制面板上布线的工艺要求进行布线和套编码套管。

⑤ 选择合理的导线走向，做好导线通道的准备工作，并安装控制板外部的所有电气元件。

⑥ 进行控制箱外部布线，对于可移动的导线通道应留适当的余量，使金属软管在运动时不承受拉力，并在所有导线通道内按规定放好备用导线，在导线线头上套有与原理图上相同编号的编码套管。

⑦ 检查电路的接线是否正确和接地通道是否具有连续性。

⑧ 检查热继电器的整定值、各级熔断器的熔体是否符合要求，如不符合要求，应予以更换。

⑨ 检查限位开关 SQ1、SQ2、SQ3 的安装位置是否符合机械要求。

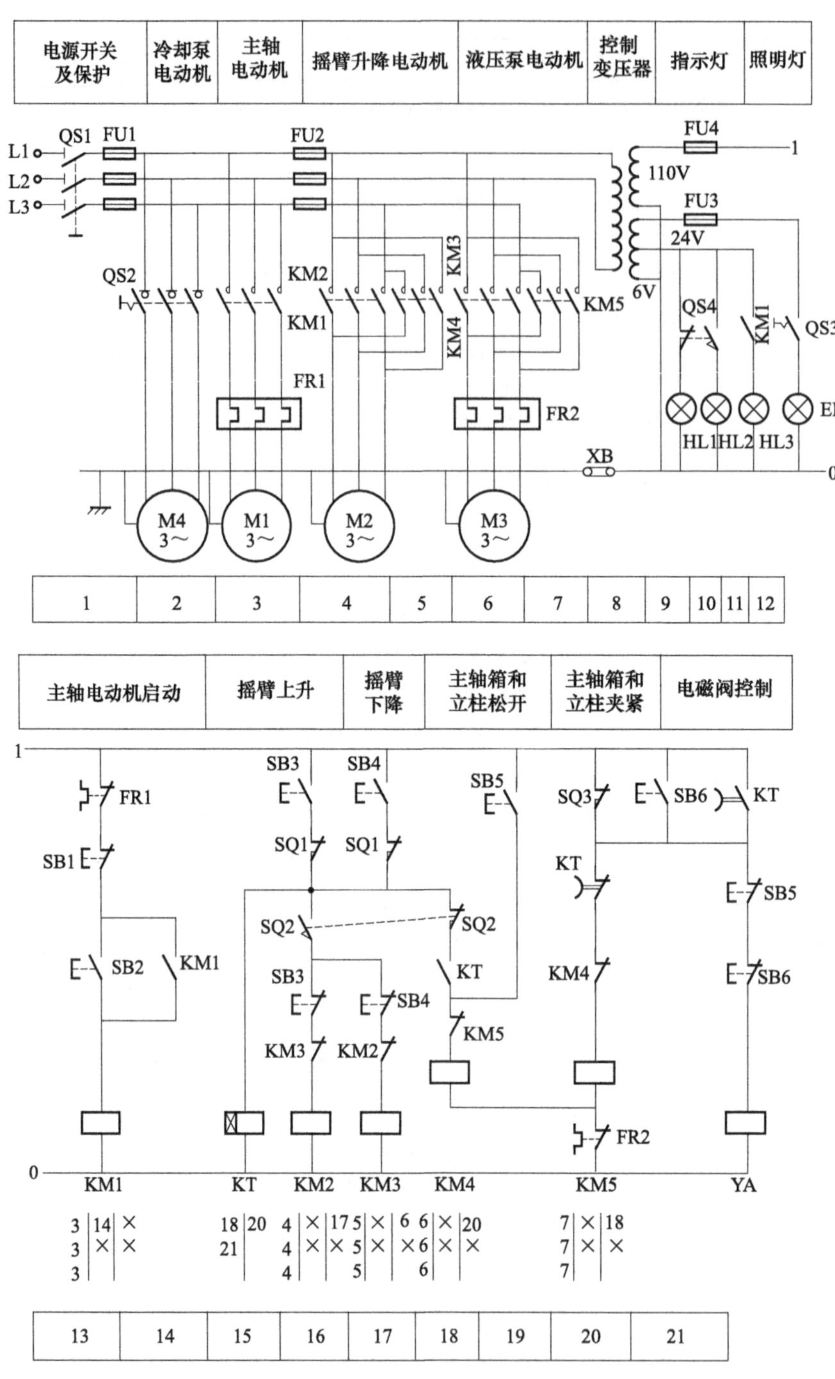

图 5-10　Z3040 型摇臂钻床电气控制电路

⑩ 检查电动机的安装是否牢固，连接生产机械的传动装置是否符合安装要求。

⑪ 检测电动机及线路的绝缘电阻，清理安装场地。

⑫ 接通电源开关，点动控制各电动机，以检查电动机的转向是否符合要求。

⑬ 通电空转试验时，应检查各电气元件、线路、电动机及传动装置的工作情况是否正常。如不正常，应立即切断电源进行检查，在调整或修复后，方可再次通电试车。

(2) 注意事项

① 不要漏接接地线，严禁利用金属软管作为接地通道。

② 在控制箱外部进行布线时，导线必须穿在导线通道内或敷设在机床底座内的导线通道里。所有两接线端子之间的导线必须连续，中间无接头。

③ 接线时，必须认真细心，做到查出一根导线，立即在两线头上套装编码套管，连接后再进行复检，以避免接错线。

④ 不能随意改变升降电动机原来的电源相序，否则将使摇臂升降失控，不接受限位开关 SQ1、SQ2 的限位保护。此时应立即切断总电源开关 QS1，以免造成严重的事故。

⑤ 在安装调试的过程中，工具、仪表的使用要正确。

⑥ 通电操作时，必须严格遵守安全操作规程。

(3) 常见故障分析及排除方法

Z3040 型摇臂钻床电气控制电路常见故障及其排除方法见表 5-3。

表 5-3　Z3040 型摇臂钻床电气控制电路常见故障及其排除方法

故障现象	可能原因	排除方法
所有电动机都不能启动	①熔断器 FU1 或 FU2 的熔体熔断或接头松动 ②总电源开关 QS1 接触不良 ③控制变压器 TC 的绕组断路或短路	①查明原因，更换同规格熔体或紧固接头 ②检修接线与触点 ③检修或更换变压器
主轴电动机不能启动	①热继电器 FR1 动作 ②热继电器 FR1 的常闭触点接触不良 ③按钮 SB1 和 SB2 的触点接触不良或连接线松脱 ④接触器 KM1 的线圈断路或接头松动 ⑥接触器 KM1 的三副主触点接触不良 ⑥连接电动机的导线松动或脱落	①查明动作原因，予以排除 ②检修或更换触点 ③检修触点或紧固连接线 ④查明原因，检修线圈或紧固接头 ⑤检修或更换主触点 ⑥紧固连接电动机的导线
立柱、主轴箱的松开和夹紧与标牌指示相反	三相电源的相序接错	将三相电源线中任意两相更换
摇臂松开后不能升降	①限位开关 SQ2 的常开触点接触不良或位置调整不当 ②接触器 KM2(或 KM3)的线圈断路或接头松动 ③接触器 KM2(或 KM3)的主触点接触不良 ④连接升降电动机 M2 的导线松动或脱落	①查明原因，检修触点或重新调整位置 ②查明原因，检修线圈或紧固接头 ③检修或更换主触点 ④紧固连接电动机的导线
摇臂升(或降)后不能夹紧	①限位开关 SQ3 或接触器 KM4 的常闭触点接触不良 ②时间继电器 KT 的延时闭合的常闭触点接触不良 ③接触器 KM5 的线圈断路或接头松动 ④接触器 KM5 的三副主触点接触不良	①查明原因，检修或更换触点 ②检修或更换触点 ③查明原因，检修线圈或紧固接头 ④检修或更换主触点
摇臂升(或降)后夹紧过头	限位开关 SQ3 的位置调整不当	重新调整限位开关的位置

第6章 PLC的基础知识

6.1 可编程控制器概述

6.1.1 可编程控制器的定义

可编程控制器是指可通过编程或软件配置改变控制对策的控制器，简称为PLC。

可编程控制器（PLC）是一种数字式运算操作的电子系统，是专为在工业环境下应用而设计的。它采用可编程序的存储器，用来在其内部存储执行逻辑运算、顺序控制、定时、计数和算术操作等面向用户的指令，并通过数字式或模拟式的输入/输出，控制各种类型的机械或生产过程。可编程控制器及其有关外围设备，都是按易于与工业控制系统联成一个统一整体、易于扩充其功能的原则设计的，具有很强的抗干扰能力、广泛的适应能力和应用范围。

6.1.2 可编程控制器的特点

可编程控制器主要功能和特点如下：

① 可靠性高，抗干扰能力强。这通常是用户选择控制装置的首要条件。PLC生产厂家在硬件和软件上采取了一系列抗干扰措施，使它可以直接安装于工业现场而稳定可靠地工作。

② 适应性强，应用灵活。由于PLC产品均成系列化生产，品种齐全，多数采用模块式的硬件结构，组合和扩展方便，用户可根据自己的需要灵活选用，以满足系统大小不同及功能繁简各异的控制系统要求。

③ 编程方便，易于使用。PLC的编程可采用与继电器电路极为相似的梯形图语言，直观易懂，深受现场电气技术人员的欢迎。

④ 控制系统设计、安装、调试方便。PLC中含有大量的相当于中间继电器、时间继电器、计数器等的“软元件”。又用程序（软接线）代替硬接线，安装接线工作量少。设计人员只要有PLC就可进行控制系统设计并可在实验室进行模拟调试。

⑤ 维修方便、维修工作量小。PLC有完善的自诊断及监视功能。PLC对于其内部工作

状态、通信状态、异常状态和 I/O 点的状态均有显示。工作人员通过它可以查出故障原因，便于迅速处理。

⑥ 功能完善。除基本的逻辑控制、定时、计数、算术运算等功能外，配合特殊功能模块还可以实现过程控制、数字控制等功能，为方便工厂管理又可与上位机通信，通过远程模块还可以控制远方设备。

由于具有上述特点，使得 PLC 的应用范围极为广泛，可以说只要有工厂及控制要求的地方，就会有 PLC 的应用。

6.1.3 可编程控制器的分类

可编程控制器的类型多，型号各异，不同的生产企业的产品规格也各不相同。一般可按 I/O 点数和结构形式来分类。

(1) 按 I/O 点数分类

可编程控制器按 I/O 总点数可分为小型、中型和大型。这个分类界限不是固定不变的，它会随 PLC 的发展而改变。一般来说，处理 I/O 的点数较多时，控制关系比较复杂，用户要求的存储器容量较大，要求 PLC 指令及其他功能也比较多，指令执行的过程也较快。

(2) 按结构形式分类

可编程控制器按结构形式可分整体式和模块式。整体式又称单元式或箱体式，它将电源、CPU、I/O 部件等都集中装在一个机箱内，构成一个整体，具有结构紧凑、体积小、价格低等特点，一般小型 PLC 采用这种结构；模块式 PLC 由一些标准模块单元构成，这些标准模块如 CPU 模块、输入模块、输出模块、电源模块等，将这些模块插在框架或基板上即可组装而成，各模块功能是独立的，外形尺寸统一，而且配置灵活、装配方便、便于扩展和维修，一般中、大型 PLC 和一些小型 PLC 多采用这种结构形式。

有的可编程控制器将整体式和模块式结合起来，称为叠装式。

6.1.4 可编程控制器控制与继电器控制的区别

在 PLC 的编程语言中，梯形图是最为广泛使用的语言，通过 PLC 的指令系统将梯形图变成 PLC 能接受的程序，由编程器将程序键入到 PLC 用户存储区去。而梯形图与继电器控制原理图十分相似，主要原因是 PLC 梯形图的发明大致上沿用继电器控制电路的元件符号，仅在个别处有些不同。同时，信号的输入/输出形式及控制功能也是相同的。但是，PLC 的控制与继电器的控制又有不同之处。

PLC 与继电器控制的主要区别有以下几点：

(1) 组成器件不同

继电器控制电路是由许多真正的硬件继电器组成的。而 PLC 是由许多“软继电器”组成的，这些“继电器”实际上是存储器中的触发器，可以置“0”或置“1”。

(2) 触点的数量不同

硬继电器的触点数有限，一般只有 4～8 对；而“软继电器”可供编程的触点数有无限对，因为触发器状态可取用任意次。

(3) 控制方法不同

继电器控制是通过元件之间的硬接线来实现的，因此其控制功能就固定在线路中了，因此功能专一，不灵活；而PLC控制是通过软件编程来解决的，只要程序改变，功能可跟着改变，控制很灵活。又因PLC是通过循环扫描工作的，不存在继电器控制电路中的联锁与互锁电路，控制设计大大简化。

(4) 工作方式不同

在继电器控制电路中，当电源接通时，电路中各继电器都处于受制约状态，该合的合，该断的断。而在PLC的梯形图中，各“软继电器”都处于周期性循环扫描接通中，从客观上看，每个“软继电器”受条件制约，接通时间是短暂的。也就是说继电器控制的工作方式是并行的，而PLC的工作方式是串行的。

(5) 控制速度不同

继电器控制逻辑依靠诸触点的机械动作实现控制，工作频率低。触点的开闭动作一般在几十毫秒级。另外，机械触点还会出现抖动问题。而PLC是由程序指令控制半导体电路来实现控制的，速度极快，一般一条用户指令的执行时间在微秒数量级。PLC内部还有严格的同步，不会出现抖动问题。

(6) 限时控制不同

继电器逻辑控制利用时间继电器的滞后动作进行限时控制，其定时精度不高，且有定时时间易受环境湿度和温度变化的影响、调整时间困难等问题。而PLC使用半导体集成电路作定时器，时基脉冲由晶体振荡器产生，精度相当高，且定时时间不受环境的影响。

(7) 计数控制

PLC能实现计数功能，而继电器控制逻辑一般不具备计数功能。

(8) 可靠性和可维护性

继电器控制逻辑使用了大量的机械触点，触点开闭时会受到电弧的损坏，并有机械磨损，寿命短，因此可靠性和可维护性差。而PLC采用微电子技术，大量的开关动作由无触点的半导体电路来完成，它体积小、寿命长、可靠性高。PLC还配有自检和监督功能，能检查出自身的故障，并随时显示给操作人员，还能动态地监视控制程序的执行情况，为现场调试和维护提供了方便。

6.2 可编程控制器的组成及各组成部分的作用

6.2.1 可编程控制器的基本组成

可编程控制器外形的种类非常多，常用可编程控制器的外形如图6-1所示。

可编程控制器实质上是一种工业控制计算机，只不过它比一般的计算机具有更强的与工业过程相连接的接口和更直接的适应于控制要求的编程语言，故PLC与计算机的组成十分相似。从硬件结构看，它也有中央处理器（CPU）、存储器、输入/输出（I/O）接口、电源等，如图6-2所示。

PLC的工作电源一般为单相交流电源，也有用直流24V供电的。PLC对电源的稳定度要求不高，一般可允许电源电压波动率在±15%的范围内。PLC内部有一个稳压电源，用于对CPU板、I/O板及扩展单元供电。有的PLC，其电源与CPU合为一体；有的PLC，特别是大中型PLC，备有专用电源模块。有些PLC，电源部分还提供有24V DC稳压输出，

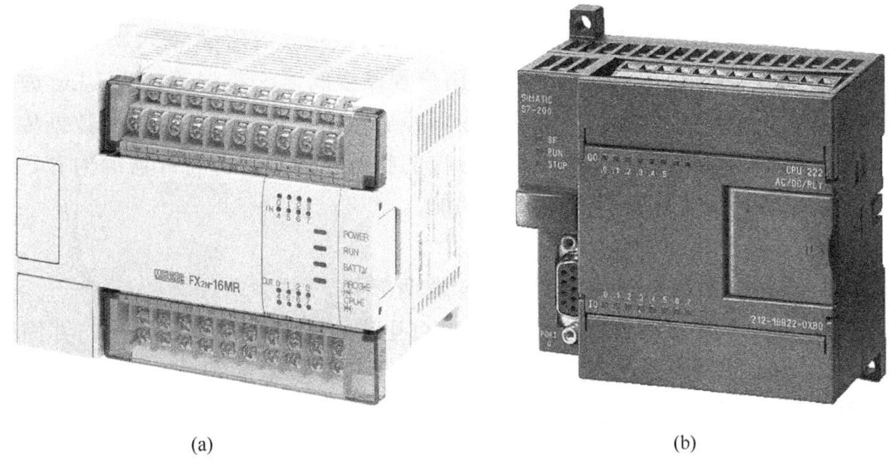

(a) (b)

图 6-1 可编程控制器的外形

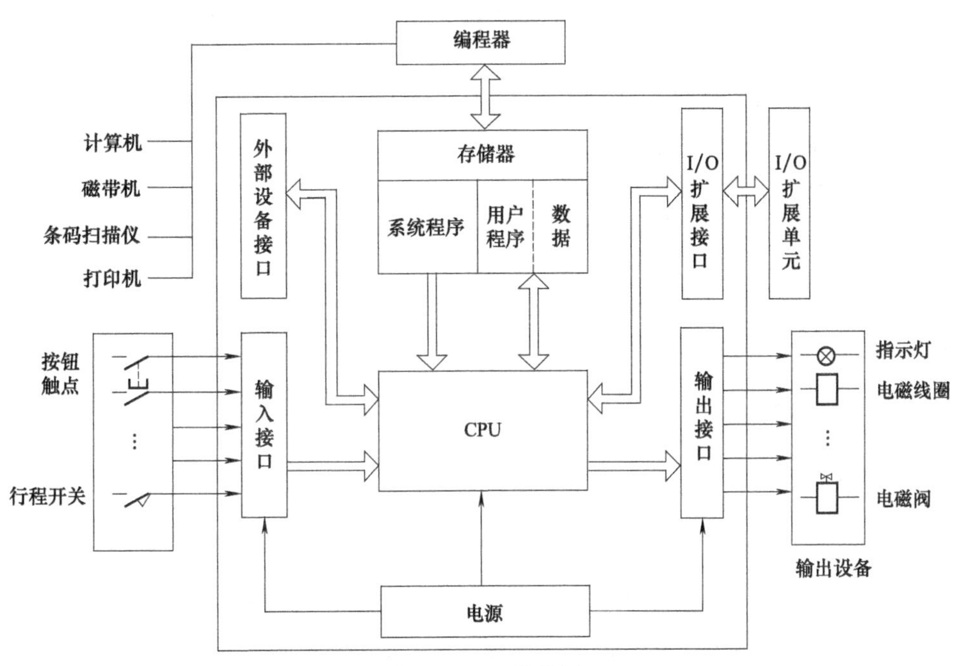

图 6-2 PLC 结构图

用于对外部传感器等供电。

PLC 的外设除了编程器，还有 EPROM 写入器、盒式磁带录音机、打印机、软盘甚至硬盘驱动器以及高分辨率大屏幕彩色图形监控系统。其中有的是与编程器连接的，有的则通过接口直接与 CPU 等相连。

有的 PLC 可以通过通信接口，实现多台 PLC 之间及其与上位计算机的联网，从这个意义上说，计算机也可以看作是 PLC 是一种外设。

6.2.2 可编程控制器各组成部分的作用

(1) 中央处理单元

中央处理单元（CPU）是 PLC 的核心部件。它能按 PLC 中系统程序赋予的功能指挥

PLC有条不紊地进行工作，其主要任务有：控制从编程器键入的用户程序和数据的接收与存储；用扫描的方式通过I/O部件接收现场的状态或数据，并存入输入映像寄存器或数据存储器中；诊断PLC内部电路的工作故障和用户程序中的语法错误等；当PLC进入运行状态后，从存储器逐条读取用户指令，经过命令解释后按指令规定的任务进行数据传送、逻辑或算术运算等；根据运算结果，更新有关标志位的状态和输出映像寄存器的内容，再经输出部件实现输出控制、制表打印或数据通信等功能。

(2) 存储器

PLC的存储器包括系统存储器和用户存储器两部分。

① 系统存储器　系统存储器用来存放由PLC生产厂家编写的系统程序，并固化在只读存储器（ROM）内，用户不能直接更改。它使PLC具有基本的智能，能够完成PLC设计者规定的各项工作。系统程序质量的好坏，很大程度上决定了PLC的性能，其内容主要包括以下三部分：

a. 系统管理程序。它主管控制PLC的运行，使整个PLC按部就班地工作。

b. 用户指令解释程序。通过用户指令解释程序，将PLC的编程语言变为机器语言指令，再由CPU执行这些指令。

c. 标准程序模块与系统调用。它包括许多不同功能的子程序及其调用管理程序，如完成输入、输出及特殊运算等的子程序。PLC的具体工作都是由这部分程序来完成的，这部分程序的多少，决定了PLC性能的强弱。

② 用户存储器　用户存储器包括用户程序存储器（程序区）和用户功能存储器（数据区）两部分。

a. 用户程序存储器。它用来存放用户针对具体控制任务，用规定的PLC编程语言编写的各种用户程序。用户程序存储器中的内容可以由用户任意修改或增删。

b. 用户功能存储器。它用来存放（记忆）用户程序中使用的ON/OFF状态、数值数据等，它构成PLC的各种内部器件，也称“软元件”。

用户存储器容量的大小关系到用户程序容量的大小和内部器件的多少，是反映PLC性能的重要指标之一。

(3) 输入/输出单元

① 输入单元　输入单元是各种输入信号（操作信号及反馈来的检测信号）的输入接口。通常有直流输入、交流输入及交直流输入三种类型。输入单元用来接收和采集两种类型的输入信号，一类是从按钮、选择开关、行程开关、继电器触点、接近开关、光电开关等来的开关量输入信号；另一类是从电位器、测速发电机和各种变压器等来的模拟量输入信号。

② 输出单元　输出单元是把PLC处理结果即输出信号送给控制对象的输出接口。通常有继电器输出、晶体管输出及双向晶闸管输出三种类型。输出单元用来连接被控对象中各种执行元件，如接触器、电磁阀、指示灯、调节阀（模拟量）、调速装置（模拟量）等。

(4) 电源

PLC的电源单元负责将外部提供的交流电转换为PLC内部所需要的直流电源，有的PLC还可以为输入电路提供24V直流电源。PLC中还有备用电池（一般为锂电池），用于掉电情况下保存程序和数据。

(5) 扩展接口

扩展接口是为PLC中心单元（基本单元）与扩展单元或扩展单元之间的连接用的，以扩展 PLC 的规模，使 PLC 配置更加灵活。

(6) 通信接口

为了实现“人-机”或“机-机”之间的对话，PLC 配有多种接口。PLC 通过这些通信接口可以与监视器、打印机、其他的 PLC 或计算机相连。

当 PLC 与打印机相连时，可将过程信息、系统参数等输出打印；当与监视器相连时，可将过程图像显示出来；当与其他 PLC 相连时，可以组成多机系统或连成网络，实现更大规模的控制；当与计算机相连时，可以组成多级控制系统，实现控制与管理相结合的综合系统。

(7) 智能 I/O 接口

为了满足更加复杂的控制功能的需要，PLC 配有多种智能 I/O 接口。例如，满足位置调节需要的位置闭环控制模板，对高速脉冲进行计数和处理的高速计数模板等。这类智能模板都有其自身的处理器系统。

(8) 编程器

编程器的作用是输入、修改、检查及显示用户程序；调试用户程序；监视程序运行情况；查找故障、显示错误信息。

编程器有简易型和智能型两类。简易型的编程器只能在线（联机）编程，且往往需要将梯形图转化为机器语言助记符（指令表）后才能输入。智能型的编程器又称图形编程器，它可以在线（联机）编程，也可以离线（脱机）编程，可以直接输入梯形图通过屏幕对话，也可以利用微机作为编程器，这时微机应配有相应的软件包，若要直接与可编程控制器通信，还要配有相应的通信电缆。

6.3 PLC 的工作原理

6.3.1 PLC 的工作方式

PLC 是一种工业控制计算机，故其工作原理是建立在计算机工作原理基础上的，是通过执行反映控制要求的用户程序来实现的。由于 CPU 是以分时操作方式来处理各项任务的，计算机在每一瞬间只能做一件事，所以程序执行时是按程序顺序依次完成相应各电器的动作的。由于运算速度极高，各电器的动作似乎是同时完成的，但实际输入/输出的响应是滞后的。

PLC 采用循环扫描的工作方式。每一次扫描所用的时间称为扫描周期或工作时间。CPU 从第一条指令开始，按顺序逐条地执行用户程序，直到用户程序结束，然后返回第一条指令，开始新的一轮扫描。PLC 就是这样周而复始地重复上述循环扫描的。

PLC 工作的全过程可用图 6-3 所示的运行框图来表示。整个运行可分为上电处理、扫描过程和出错处理三部分。

6.3.2 可编程控制器的扫描工作过程

当 PLC 处于正常运行时，它将不断重复图 6-3 中的扫描过程，不断循环扫描地工作下去。如果我们对远程 I/O 特殊模块和其他通信服务暂不考虑，则扫描工作过程一

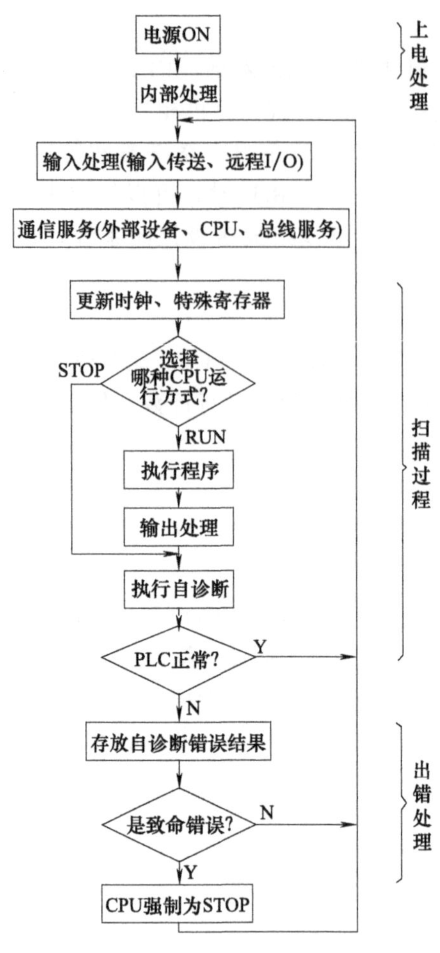

图 6-3　PLC 运行框图

般分为三个阶段进行，即输入采样、程序执行和输出刷新三个阶段。完成上述三个阶段称作为一个扫描周期。PLC 的扫描工作过程如图 6-4 所示（此处 I/O 采用集中输入、集中输出方式）。

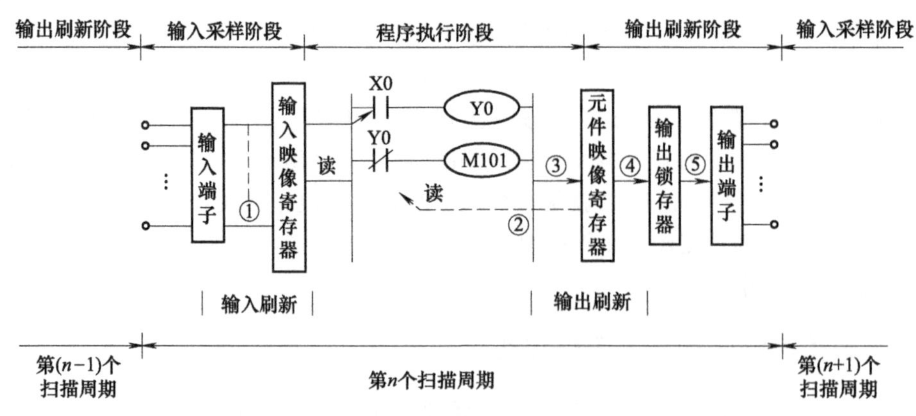

图 6-4　PLC 的扫描工作过程

(1) 输入采样阶段

PLC在输入采样阶段，首先扫描所有输入端子，并将各输入状态存入输入映像寄存器中。此时，输入映像寄存器被刷新。接着转入程序执行阶段，在程序执行阶段和输出刷新阶段，输入映像寄存器与外界隔离，即使输入状态发生变化，输入映像寄存器的内容也不会发生改变，直到下一个扫描周期的输入采样阶段，才能重新读入输入端的新内容。

(2) 程序执行阶段

根据PLC梯形图程序扫描原则，PLC按先左后右，先上后下的步序，逐条执行程序指令，但遇到程序跳转指令，则根据跳转条件是否满足来决定程序的跳转地址。当指令中涉及输入、输出状态时，PLC就从输入映像寄存器中读入上一阶段采入的对应输入端子状态，从元件映像寄存器中读入对应元件（"软继电器"）的当前状态。然后，进行相应的运算，运算结果再存入有关的元件映像寄存器中。即在程序执行过程中，每一个元件（"软继电器"）在元件映像寄存器内的状态会随着程序的进程而变化。

(3) 输出刷新阶段

在所有指令执行完毕后，将输出映像寄存器中所有输出继电器的状态（接通/断开），在输出刷新阶段转存到输出锁存器中，通过隔离电路、驱动功率放大电路、输出端子，向外输出控制信号，形成PLC的实际输出。

6.3.3 可编程控制器的输入输出方式

(1) 集中刷新控制方式

集中刷新控制方式如图6-5（a）所示。在PLC执行程序前，PLC先把所有输入的状态集中读取并保存。程序执行时，所需的输入状态就到存储器中读取，要输出的处理结果也都暂存起来，直到程序执行完毕后，才集中让输出产生动作，然后再进入下一个扫描周期。这种方式的特点是集中读取输入后，在该扫描周期内即使外部输入状态发生了变化，内部保存着的状态值也不会改变。

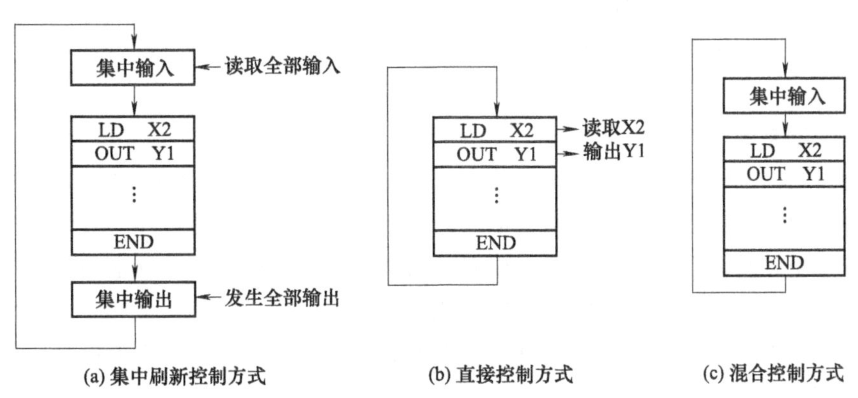

(a) 集中刷新控制方式　(b) 直接控制方式　(c) 混合控制方式

图6-5　输入/输出控制方式

(2) 直接控制方式

直接控制方式如图6-5（b）所示。在PLC执行程序时，随程序的执行需要哪一个输入信号就直接从输入端或输入模块取用这个输入状态。在执行程序的过程中，将该输出的结果立即向输出端或输出模块输出。

(3) 混合控制方式

混合控制方式如图 6-5（c）所示。混合控制方式只对输入进行集中读取，在执行程序时，对输出则采用的是直接输出方式。由于该控制方式对输入采用的是集中刷新，所以在一个扫描周期内输入状态也是不会变化的，同一输入在程序中有几处出现时，也不会像直接控制方式那样出现不同的值。因为该控制方式对输出采用的是直接控制方式，所以又具有了直接控制方式输出响应快的优点。

6.3.4 可编程控制器内部器件的功能

PLC 内部器件的种类和数量随产品而不同，功能越强，其内部器件的种类和数量就越多。内部器件虽然沿用了传统电气控制电路中的继电器、线圈及接点（触点）等名称，但 PLC 内部并不存在这些实际的物理器件，与它对应的只是内存单元的一个基本单元，其中装有 1 位二进制的数，该位为 1 表示线圈得电，该位为 0 表示线圈失电，使用常开接点即直读其值，使用常闭接点则读取其反。

PLC 的基本内部器件有输入继电器、输出继电器、内部继电器、定时器、计数器、数据寄存器和状态元件等。

(1) 输入继电器

输入继电器是 PLC 与外部输入点对应的内存单元。它由外设送来的输入信号驱动，使其为 0 或 1。用编程的方法不能改变输入继电器的状态，即不能对继电器对应的基本单元改写。输入继电器的接点可以无限制地多次使用。无输入信号对应的输入继电器只能空着，不能挪作他用。输入继电器编号用的标识符有 X、I 等。

(2) 输出继电器

输出继电器是 PLC 与外部输出点对应的内存基本单元。它可以由输入继电器接点、内部其他器件的接点以及其自身的接点驱动。通常它用一个常开接点接通外部负载，而输出继电器的其他接点，也像输入继电器的接点一样可以无限制地多次使用。无输出对应的输出继电器，它是空着的，如果需要，它可以当作内部继电器使用。输出继电器编号用的标识符有 Y、O、Q 等。

(3) 内部继电器

内部继电器（又称辅助继电器）与外部没有直接联系。它是 PLC 内部的一种辅助继电器，其功能与电气控制电路中的中间继电器一样。每个内部继电器也对应着内存的一个基本单元。内部继电器可以由输入继电器的接点、输出继电器的接点以及其他内部器件的接点驱动。内部继电器的接点也可以无限制地多次使用。

内部继电器的线圈与接点状态，有的在断电后可以保持，有的则不能保持。使用时必须参照说明书加以区别。

还有一类内部继电器叫特殊继电器。它们的线圈由 PLC 自身自动驱动，用户在编程时，不能像普通内部继电器一样使用其线圈，只能使用其接点。不过，有的机型的特殊继电器，用户也可以驱动使用其线圈，编程时要注意区别。

除上述各种内部继电器外，有些 PLC 配置有另外一些内部继电器，如暂存继电器、辅助记忆继电器、链接继电器等。

内部继电器编号用标识符有 M、HR、TR、L 等。

(4) 定时器

定时器用来完成定时操作，其作用相当于电气控制电路中的时间继电器。定时器有一个启动输入端，当这一端ON时，定时器开始定时工作，其线圈得电，等到达预定时间，它的接点便动作；当启动输入端OFF或断电时，定时器立即复位，线圈失电，常开接点打开，常闭接点闭合。定时器的定时值由设定值给定。每种定时器都有规定的时钟周期，如0.01s、0.1s、1s等，比如用0.01s时钟周期的定时器，想定时1s，则设定值为1/0.01=100。设定值在编程时一般用十进制数，有的在数字前还要加#号或K等标识，有的允许用十六进制数，但数字前要加H等。定时器的当前值，断电时一般都不能保持，但设定值能保持。有的定时器除启动输入端外，还配有专门的复位输入端。

有的机型除上述一般定时器外，还配有积算定时器（或称累积定时器），这种定时器在工作过程中，启动输入端OFF或断电时，当前值能保持，启动输入端再次ON或复电时，它能在原来的基础上接着完成定时工作，直至到达预定时间，其接点才动作。

定时器的编号标识符有T、TIM、TIMH等。不同的编号范围，对应不同的时钟周期。而且它与计数器常用同一个编号范围，同一个编号定时器使用了，计数器就不能再使用。

(5) 计数器

计数器用来实现计数操作。使用计数器要事先给出计数的预置值（设定值），即要计的脉冲数。计数器一般有两个输入端，一个是计数脉冲输入端，一个是复位输入端。在复位输入端为OFF时，计数器才能实现计数，当输入的脉冲数等于预置值时，计数器线圈得电，其接点动作，且一直保持这样的状态，即使接着还有脉冲输入，这样的状态也不会改变。在计数过程中，若发生断电，计数器的当前值能够保持。不论何时，若复位端出现ON，计数器便立即停止计数，当前值恢复成初值。

有些机型配有高速计数器（有的是提供可另购的高速计数模块），以满足对高频脉冲信号的计数要求。

计数器的编号标识符用C、CNT、CNTR等表示。

在有的机型中，计数器的预置值与定时器的设定值，不仅可用程序设定，还可以通过PLC外部的拨码开关，方便直观地随时更改。

(6) 数据寄存器

PLC在进行输入输出处理，模拟量控制，位置控制以及与定时值、计数值有关的控制时，常常要作数据处理和数值运算，所以一般PLC都安排有专门存储数据或参数的区域，构成所谓数据寄存器。每一个数据寄存器都是16位（最高位为符号位），可用两个数据寄存器合并起来存放32位数据（最高位为符号位）。

除普通（通用）数据寄存器外，还有断电保持数据寄存器、特殊数据寄存器和文件寄存器等。

数据寄存器编号的标识符多用D表示。

(7) 状态元件

状态元件是步进顺控程序中的重要元件，与步进顺控指令组合使用。状态元件有初始状态、回零、通用、保持和报警（可用于外部故障诊断输出）等5种类型。

状态元件的常开、常闭触点在PLC中可以自由使用，且使用次数不限。不需步进顺控时，状态元件可以作为辅助继电器在程序中作用。

状态元件编号的标识符多用S表示。

6.4 PLC的编程基础

6.4.1 PLC使用的编程语言

PLC使用的编程语言，随生产厂家及机型的不同而不同。这些编程语言大致分类见表6-1。其中的梯形图及助记符指令（语句表）用得最为广泛。

表6-1 PLC编程语言分类

类 型	语 言	功能特点		
		逻辑	顺序	高级
文本型	布尔代数	0		
	助记符(IL)	0		
	高级语言	0		⓪
图示型	梯形图(LD)	⓪		0
	功能块图(FBD)	⓪		⓪
	流程图		⓪	
	顺序功能图(SFC)		⓪	
表格型	判定表等		⓪	

注：0表示普通功能；⓪表示较强功能。

6.4.2 梯形图的绘制

6-1 梯形图的绘制

梯形图是在原电气控制系统中常用的接触器、继电器电路图的基础上演变而来的，所以它与电气控制原理图相呼应。由于梯形图形象直观，因此极易为熟悉电气控制电路的技术人员接受。

梯形图使用的基本符号，随生产厂家及机型的不同而不同。梯形图使用的基本符号如表6-2所示。

表6-2 梯形图使用的基本符号

名称	符 号
母线	│ │ ┆ ┆ │
连线	— --- │ │
常开触点	─┤├─ ─┤├─
常闭触点	─┤/├─ ─┤/├─ ─┤├─
线圈	─○─ ─⬭─ ─＜ ＞─ ─( )─
其他	─▭─ ─{ }─ ─□─ ─□─

绘制梯形图的基本规则如下：

采用梯形图的编程语言要有一定的格式。每个梯形图网络由多个梯级组成，每个输出元素可构成一个梯级，每个梯级可由多个支路组成，每个支路中可容纳的编程元素个数，随机型不同而不同。

编程时要一个梯级、一个梯级按从上至下的顺序编制。梯形图两侧的竖线类似电气控制图的电源线，称作母线。梯形图的各种符号，要以左母线为起点，右母线为终点（有的允许省略右母线），从左向右逐个横向写入。左侧总是安排输入接点，并且把接点多的串联支路置于上边，把并联接点多的支路靠近最左端，使程序简洁明了，分别如图 6-6（a）、（b）所示。而且接点不能画在垂直分支上，如图 6-7（a）所示的桥式电路应改为图 6-7（b）。输出线圈、内部继电器线圈及运算处理框必须写在一行的最右端，它们的右边不许再有任何接点存在，如图 6-8（a）应改为图 6-8（b）。线圈一般不许重复使用。

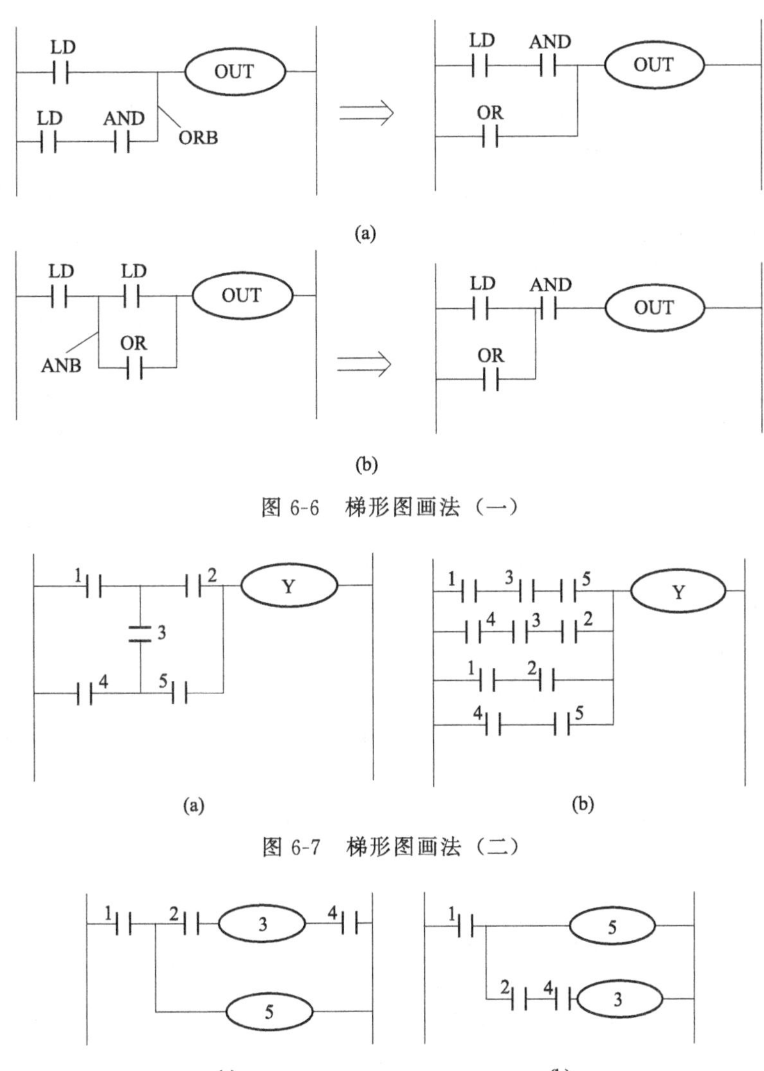

图 6-6　梯形图画法（一）

图 6-7　梯形图画法（二）

图 6-8　梯形图画法（三）

在梯形图中，每个编程元素应按一定的规则加标字母数字串，不同的编程元素常用不同的字母符号和一定的数字串来表示。

梯形图格式中的继电器不是物理继电器，每个继电器和输入接点均为存储器中的一位，相应位为“1”态时，表示继电器线圈通电或常开接点闭合或常闭接点断开。图中流过的电流不是物理电流，而是“概念”电流（又称想象信息流或能流），是用户程序解算中满足输出执行条件的形象表示方式。“概念”电流只能从左向右流动。梯形图中的继电器接点可在编制程序时多次重复使用。

梯形图中用户逻辑解算结果，马上可为后面用户程序的解算所用。梯形图中的输入接点和输出线圈不是物理接点和线圈。用户程序的解算是 PLC 内 I/O 映像区每位的状态，而不是解算时现场开关的实际状态。输出线圈只对应输出映像区的相应位，不能用该编程元素直接驱动现场机构，该位的状态必须通过 I/O 模块上对应的输出单元才能驱动现场执行机构。

6.4.3 梯形图与继电器控制图的区别

梯形图与继电器控制图的电路形式和符号基本相同，相同电路的输入和输出信号也基本相同，但是它们的控制实现方式是不同的。

① 继电器控制系统中的继电器触点在 PLC 中是存储器中的“数”，继电器的触点数量有限，设计时需要合理分配使用继电器的触点，而 PLC 中存储器的“数”可以反复使用，因为控制中只使用“数”的状态“1”或“0”。

② 继电器控制系统中的原理图就是电线连接图，施工费力，更改困难，而 PLC 中的梯形图是在计算机屏幕上画的，更改简单，调试方便。

③ 继电器控制系统中继电器是按照触点的动作顺序和时间延迟，逐个动作。而 PLC 是按照扫描方式工作，首先采集输入信号，然后对所有梯形图进行计算，当计算完成后，将计算结果输出，由于 PLC 的扫描速度快，输入信号的变化到输出信号的改变似乎是在一瞬间完成的。

④ 梯形图左右两侧的线对继电器控制系统来说是系统中继电器的电源线，而 PLC 中这两根线已经失去了意义，只是为了维持梯形图的形状。

⑤ 梯形图按行从上至下编写，每一行从左向右顺序编写，在继电器控制系统中，控制电路的动作顺序与梯形图编写的顺序无关，而 PLC 中对梯形图的执行顺序与梯形图编写的顺序一致，因为 PLC 视梯形图为程序。

⑥ 梯形图的最右侧必须连接输出元素，在继电器控制系统中，原理图的最右侧是各种继电器的线圈，而在 PLC 中，在梯形图最右侧可以是表示线圈的存储器“数”，还可以是计数器、定时器、数据传输、译码器等 PLC 中的输出元素或指令。

⑦ 梯形图中的触点可以串联和并联，输出元素在 PLC 中只允许并联，不允许串联，而在继电器控制系统中，继电器线圈是可以串联使用的（只要所加电压合适）。

⑧ 在 PLC 中梯形图结束标志是 END。

梯形图的表达形式类似于继电器电路图。继电器电路图与梯形图的关系如图 6-9 所示。图 6-9（a）所示为接触器的启动、停止控制电路，图中 SB1 和 SB2 分别为硬件启动和停止按钮，KM 为接触器，图 6-9（b）为与继电器电路图对应的梯形图，图中 X0 和 X1 为 I/O 映像区中的软器件输入继电器，它们的状态决定于端子外接的启动按钮和停止按钮（外接常开触点）在输入采样阶段的状态。图 6-10 是 PLC 的 I/O 外部接线图。由以上两个图可见，两种图形结构类似，并采用类似的图形符号。

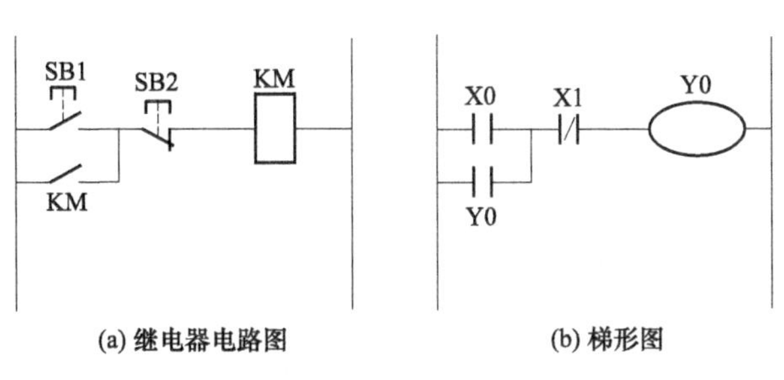

(a) 继电器电路图 (b) 梯形图

图 6-9 继电器电路图与梯形图

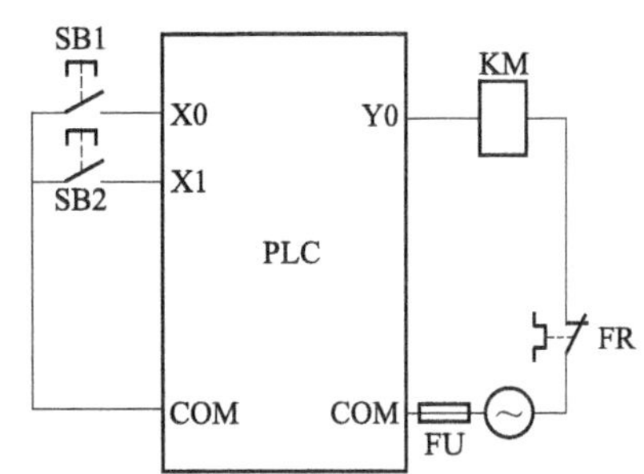

图 6-10 PLC 的 I/O 外部接线图

6.4.4 常用助记符

这种指令类似于计算机汇编语言的代码指令。PLC 的助记符指令都包含两个部分：操作码和操作数。操作码表示哪一种操作或者运算；操作数内包含执行该操作所必需的信息，告诉 CPU 用什么地方的东西来执行此操作。

操作码用助记符 LD、AND、OR 等表示（各机型部分常用助记符见表 6-3），操作数用内部器件及其编号等来表示。每条指令都有它特定的功能。用这种助记符指令，根据控制要求可编出程序，这种程序是一批指令的有序集合，所以有的把它称作指令表或语句表。

表 6-3 各机型部分常用助记符

操作性质	对应助记符
取常开接点状态	LD、LOD、STR…
取常闭接点状态	LDI、LDNOT、LODNOT、STRNOT、LDN…
对常开接点逻辑与	AND、A…
对常闭接点逻辑与	ANl、AN、ANDNOT、ANDN…
对常开接点逻辑或	OR、O
对常闭接点逻辑或	ORI、ON、ORNOT、ORN…
对接点块逻辑与	ANB、ANDLD、ANDSTR、ANDLOD…
对接点块逻辑或	ORB、ORLD、ORSTR、ORLOD…
输出	OUT、=…
定时器	TIM、TMR、ATMR…
计数器	CNT、CT、UDCNT、CNTR…
微分命令	PLS、PLF，DIFU、DIFD、SOT、DF、DFN、PD…
跳转	JMP-JME、CJP-EJP、JMP-JEND…
移位指令	SFT 、SR、SFR、SFRN、SFTR…
置复位	SET、RST、S、R、KEEP…
空操作	NOP…
程序结束	END…
四则运算	ADD、SUB、MUL、DIV…
数据处理	MOV、BCD、BIN…
运算功能符	FUN、FNC…

6.4.5 指令语句表及其格式

指令语句表简称语句表，它是梯形图的一种派生语言，类似于汇编语言，但更简单。它采用助记符形式的各类指令语句来描述梯形图的逻辑运算、算术运算、数据传送与处理或程序执行中的某些特定功能，与梯形图之间有着严格的一一对应关系。语句表编程语言的最大特点是便于用户程序的输入、读出与修改，采用没有大屏幕显示，无梯形图编程功能的携带式简易编程器就能方便地完成用户程序的输入。

语句表的基本格式是：操作码＋操作数。操作码表示某条指令执行何种操作。为了便于识别和记忆，采用助记符形式。操作数表示该指令的操作对象，通常以软器件的地址或数据内容等形式出现。例如图 6-9 中的梯形图可以用几条语句（表 6-4）来描述。

表 6-4 指令语句表

序号	操作码(助记符)	操作数(操作件号)	程序步数	指令功能
0	LD	X0		从母线开始取 X0 的常开触点
1	OR	Y0		并联 Y0 的常开触点(“或”运算)
2	ANI	X1		串联 X1 的常闭触点(“与”运算)
3	OUT	Y0		Y0 线圈输出

6.4.6 梯形图编程前的准备工作

梯形图编程前需要做以下准备工作：

① 熟悉 PLC 的指令。

② 仔细阅读 PLC 说明书，清楚如何分配存储器中的地址和一些特殊地址的功能。

③ 了解硬件接线和与 PLC 连接的输入、输出设备的工作原理。

④ 在 PLC 存储器中，给输入、输出设备分配存储器地址。

⑤ 为 PLC 梯形图中需要的中间量（如计数器、定时器等元素）分配地址。

⑥ 清楚控制原理，确认每一个输出量、中间量和指令的得电条件和失电条件。即确认每一个输出量、中间量和指令在什么时候什么条件下执行。

6.4.7 梯形图的等效变换

6-2 梯形图的等效变换

对于某种机型的 PLC，可以实现的梯形图等级是有明确规定的。遇到本机型 PLC 不许可的梯形图时，必须使其进行等效变换。

(1) 含交叉的梯形图

多数 PLC 是不允许梯形图中有交叉的，例如图 6-11（a）所示的含交叉的梯形图应该改为图 6-11（b）。

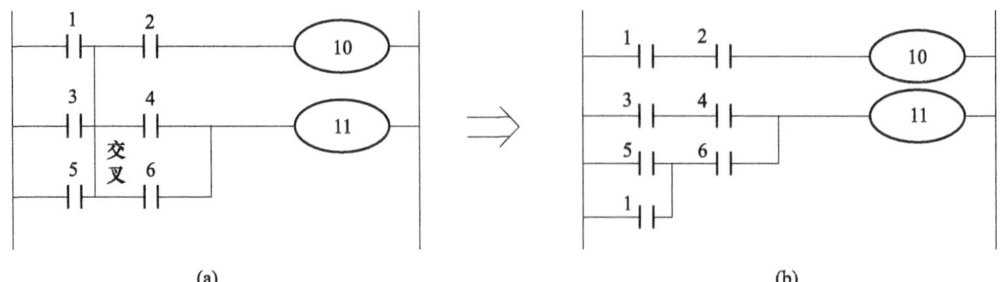

图 6-11 含交叉的梯形图

(2) 含接点多分支输出

有些 PLC 不允许梯形图中有含接点的多分支输出。如图 6-12 (a) 所示的含接点多分支输出的梯形图应改为图 6-12 (b)。

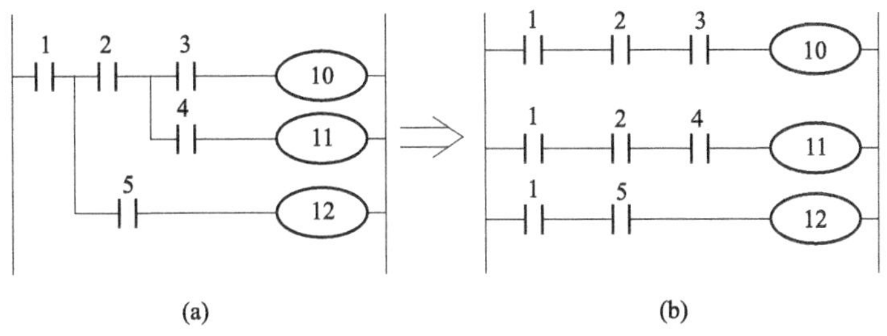

图 6-12 含接点多分支输出

(3) 桥式电路

有些 PLC 的梯形图中不允许有桥式电路。所以图 6-13 (a) 所示的桥式电路应等效变换成图 6-13 (b), 由于图 6-13 (a) 所示的梯形图中接点 3 上不允许有从右向左的信息流，所以图 6-13 (b) 所示的等效梯形图中不应含 5→3→2→10 的支路。

如果这个桥式电路不是梯形图，而是一个电气控制电路图，则接点 3 上允许电流双方向流通，若想把其功能用梯形图实现，但使用的 PLC 的梯形图中不允许有桥式电路，这样的情况下，等效的梯形图则应如图 6-13 (c) 所示。

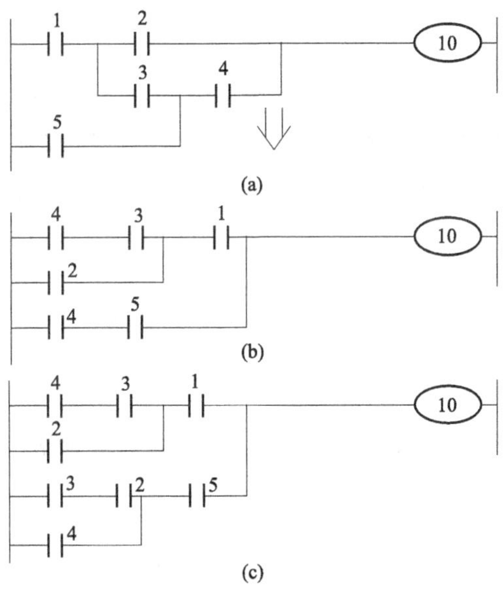

图 6-13 桥式电路

6.5 PLC 的主要性能指标

6.5.1 描述 PLC 性能的几个术语

描述 PLC 性能时，经常用到位、数字、字节及字等术语。

位指二进制的一位，仅有 0、1 两种取值。一个位对应 PLC 一个继电器，某位的状态为 0，对应该继电器线圈断电；状态为 1，则对应该继电器线圈通电。

4 位二进制数构成 1 个数字，这个数字可以是 0000～1001（十进制），也可以是 0000～1111（十六进制）。

2 个数字或 8 位二进制数构成 1 个字节。

2 个字节构成 1 个字。在 PLC 术语中，字称为通道。1 个字含 16 位，或者说 1 个通道含 16 个继电器。

6.5.2 PLC 的主要性能指标

各个厂家的 PLC 产品虽然各有特色，但从整体上来讲，可用下面几项指标来衡量对比性能。

(1) 编程语言种类

可编程控制器采用梯形图、语句表、功能块图等编程语言。不同厂家的可编程控制器编程语言不同，相互不兼容，而且可能拥有其中一种、两种或全部的编程方法。

(2) 存储器容量

厂家提供的存储器容量指标通常是指用户程序存储器容量，它决定 PLC 可以容纳的用户程序的长短。一般以字为单位计算，每 1024 个字节为 1KB。中、小型 PLC 的存储器容量一般在 8KB 以下，大型 PLC 的存储器容量可达到 256KB～2MB。有些 PLC 的用户程序存储器需要另购外插的存储器卡，或者用存储卡补充。

(3) I/O 点数

I/O 点数即 PLC 面板上连接输入、输出信号用的端子的个数，是评价一个系列的 PLC 可适用于某种规模的系统的重要参数。I/O 点数越多，控制的规模就越大。厂家技术手册通常都会给出相应 PLC 的最大数字 I/O 点数及最大模拟量 I/O 通道数，以反映该类型 PLC 的最大输入、输出规模。

(4) 扫描速度

扫描速度是指 PLC 执行程序的速度，是对控制系统实时性能的评价指标。一般用ms/K 为单位来表示，即执行 1KB 步所需的时间。

(5) 内部存储器

内部存储器用于存放中间结果、中间变量、定时计数等数据，其数量的多少及容量的大小直接关系到编程的方便与灵活与否。

(6) 指令系统

指令种类的多少是衡量 PLC 软件系统功能强弱的重要指标。指令越丰富，用户编程越方便，越容易实现复杂功能，说明 PLC 的处理能力和控制能力也越强。

(7) 特殊功能及模块

除基本功能外，特殊功能及模块也是评价 PLC 技术水平的重要指标，如自诊断功能、通信联网功能、远程 I/O 能力等。PLC 所能提供的功能模块有高速计数模块、位置控制模块、闭环控制模块等。近年来，智能模块的种类日益增多，功能也越来越强。

(8) 扩展能力

PLC 的扩展能力反映在下面两个方面：大部分 PLC 用 I/O 扩展单元进行 I/O 点数的扩展；有的 PLC 使用各种功能模块进行功能的扩展。

PLC 的可扩展性包括以下 3 个方面。

① 输入/输出点数的扩展。

② 存储容量的扩展。

③ 控制区域和功能的扩展。

(9) 使用条件

用户在选用 PLC 时，主要考察下列 3 个方面的使用指标。

① 工作环境。如工作环境的温度、湿度和环境空气中对尘埃的要求。

② 电源要求。如输入电压和频率范围、功耗等。

③ 抗干扰性能。如耐压强度、抗电磁干扰强度、抗振动强度等。

第7章 三菱可编程控制器

7.1 FX_{2N}系列 PLC 的主要性能和硬件规格

FX 系列 PLC 是由三菱公司近年来推出的高性能小型可编程控制器。20 世纪 90 年代，三菱公司推出了 FX_{2N}系列产品，它在小型化、高速度、高性能等所有方面都相当于 FX 系列中最高档次的超小型的 PLC。

7.1.1 FX_{2N}系列 PLC 的性能指标

FX_{2N}系列 PLC 的一般技术指标、输入与输出技术指标、电源技术指标和主要性能指标见表 7-1～表 7-5。

表 7-1 FX_{2N}系列 PLC 的一般技术指标

项目	内容	
环境温度	使用时 0～55℃，存储时－20～＋70℃	
环境湿度	35%～89% RH 时(不结露)使用	
抗振	JIS C0911 标准 10～55Hz，0.5mm(最大 2g)，3 轴方向各 2h(但用 DIN 导轨安装时 0.5g)	
抗冲击	JIS C0912 标准 10g 在 3 轴方向各 3 次	
抗噪声干扰	在用噪声仿真器产生电压为 1000V_{P-P}、噪声脉冲宽度为 1μs、周期为 30～100Hz 的噪声干扰时工作正常	
耐压	AC 1500V 1min	所有端子与接地端之间
绝缘电阻	5MΩ 以上(DC 500V 绝缘电阻表)	
接地	第三种接地，不能接地时也可浮空	
使用环境	无腐蚀性气体，无尘埃	

表 7-2　FX_{2N}系列 PLC 的输入技术指标

项目	内　容		项目	内　容	
输入电压	DC 24V		输入 OFF 电流	其余输入点	≤1.5mA
输入电流	X0～X7	7mA	输入阻抗	X0～X7	3.3kΩ
	其余输入点	5mA		其余输入点	4.3kΩ
输入 ON 电流	X0～X7	4.5mA	输入隔离	光电绝缘	
	X10 以内	3.5mA	输入响应时间	0～60ms 可变	
输入 OFF 电流	X0～X7	≤1.5mA			

表 7-3　FX_{2N}系列 PLC 的输出技术指标

项　目		继电器输出	双向晶闸管输出	晶体管输出
外部电源		AC 250V,DC 30V 以下	AC 85～242V	DC 5～30V
最大负载	电阻负载	2A/1 点;8A/4 点 COM;8A/8 点 COM	0.3A/1 点;0.8A/4 点	0.5A/1 点;0.8A/4 点
	感性负载	80V·A	15V·A/AC 100V 30V·A/AC 200V	12W/DC 24V
	灯负载	100W	30W	1.5W/DC 24V
开路漏电流		无	1mA/AC 100V;2mA/AC 200V	0.1mA 以下/DC 30V
响应时间	OFF 到 ON	约 10ms	1ms 以下	0.2ms 以下
	ON 到 OFF	约 10ms	最大 10ms	0.2ms 以下①
电路隔离		机械隔离	光晶闸管隔离	光耦合器隔离
动作显示		继电器通电时 LED 灯亮	光晶闸管驱动时 LED 灯亮	光耦合器隔离 驱动时 LED 灯亮

① 响应时间 0.2ms 是在条件为 24V/200mA 时，实际所需时间为电路切断负载电流到电流为 0 的时间，可用并接续流二极管的方法改善响应时间。大电流时为 0.4mA 以下。

表 7-4　FX_{2N}系列 PLC 的电源技术指标

项　目		FX_{2N}-16M	FX_{2N}-32M FX_{2N}-32E	FX_{2N}-48M FX_{2N}-48E	FX_{2N}-64M	FX_{2N}-80M	FX_{2N}-128M
电源电压		AC(100～240V)$^{+10\%}_{-15\%}$,50/60Hz					
瞬间断电允许时间		对于 10ms 以下的瞬间断电，控制动作不受影响					
电源熔丝		250V,3.15A(3A),ϕ5mm×20mm		250V,5A,ϕ5mm×20mm			
电力消耗/V·A		35	40(32E35)	50(48E45)	60	70	80
传感器电源	无扩展模块	DC 24V,250mA 以下		DC 24V,460mA 以下			
	有扩展模块	需进行核定					

表 7-5　FX_{2N}系列 PLC 的主要性能指标

项　目		内　容
运算控制方式		存储程序反复扫描运算方法，有中断指令
输入/输出控制方式		批处理方式(在执行 END 指令时)，有输入/输出刷新指令
运算处理速度	基本指令	0.08μs /指令
	应用指令	(1.52μs～数百微秒)/指令

续表

项　目		内　容	
程序语言		逻辑梯形图，指令表，步进梯形指令（可用 SFC 表示）	
程序容量存储器形式		内置 8K 步 RAM，最大为 16K 步（可选 RAM、EPROM、EEPROM 存储卡盒）	
指令数	基本、步进指令	基本（顺控）指令 27 条，步进指令 2 条	
	应用指令	132 种 309 条	
输入继电器（扩展合用时）		X000～X267（八进制编号）184 点	合计最大 256 点
输出继电器（扩展合用时）		Y000～Y267（八进制编号）184 点	

7.1.2 FX_{2N}系列 PLC 的基本单元和 I/O 扩展单元（模块）

FX_{2N}系列 PLC 的硬件包括基本单元、扩展单元、模拟量输入/输出模块、各种特殊功能模块和外部设备等。

(1) FX_{2N}系列 PLC 的基本单元

FX_{2N}系列 PLC 的基本单元有 16/32/48/64/80/128 点，六个基本 FX_{2N}单元中的每一个单元都可以通过 I/O 扩展单元扩展为 256 个 I/O 点。各基本单元的情况见表 7-6。

表 7-6　FX_{2N}系列 PLC 的基本单元

型号			输入点数	输出点数	扩展模块可用点数
继电器输出	双向晶闸管输出	晶体管输出			
FX_{2N}-16MR-001	FX_{2N}-16MS	FX_{2N}-16MT	8	8	24～32
FX_{2N}-32MR-001	FX_{2N}-32MS	FX_{2N}-32MT	16	16	24～32
FX_{2N}-48MR-001	FX_{2N}-48MS	FX_{2N}-48MT	24	24	48～64
FX_{2N}-64MR-001	FX_{2N}-64MS	FX_{2N}-64MT	32	32	48～64
FX_{2N}-80MR-001	FX_{2N}-80MS	FX_{2N}-80MT	40	40	48～64
FX_{2N}-128MR-001	—	FX_{2N}-128MT	64	64	48～64

(2) FX_{2N}系列 PLC 的 I/O 扩展单元和扩展模块

FX_{2N}系列 PLC 具有较为灵活的 I/O 扩展功能，可利用扩展单元及扩展模块实现 I/O 的扩展。FX_{2N}系列 PLC 主要的扩展单元和扩展模块分别见表 7-7 和表 7-8 。

表 7-7　FX_{2N}系列 PLC 的扩展单元

型 号	I/O 总数	输　入			输　出	
		数目	电压	类型	数目	类型
FX_{2N}-32ER	32	16	24V 直流	漏型	16	继电器
FX_{2N}-32ET	32	16	24V 直流	漏型	16	晶体管
FX_{2N}-48ER	48	24	24V 直流	漏型	24	继电器
FX_{2N}-48ET	48	24	24V 直流	漏型	24	晶体管
FX_{2N}-48ER-D	48	24	24V 直流	漏型	24	继电器（直流）
FX_{2N}-48ET-D	48	24	24V 直流	漏型	24	继电器（直流）

表 7-8　FX_{2N}系列 PLC 的扩展模块

型号	I/O总数	输入			输出	
		数目	电压	类型	数目	类型
FX_{2N}-16EX	16	16	24V 直流	漏型		—
FX_{2N}-16EYT	16	—	—	—	16	晶体管
FX_{2N}-16EYR	16	—	—	—	16	继电器

7.2　FX_{2N}系列 PLC 的编程元件与使用说明

PLC 用于工业控制，其实质是用程序表达控制过程中事物间的逻辑或控制关系。但是对于程序来说，这种关系必须借助机内器件来实现，这就要求在 PLC 内部设置具有各种各样功能的，能方便地代表控制过程中各种事物的元器件，这就是编程元件。编程元件是指可编程控制器内部等效于继电器功能的不同器件。FX_{2N} 系列 PLC 编程元件有输入继电器（X）、输出继电器（Y）、辅助继电器（M）、状态继电器（S）、定时器（T）、计数器（C）、数据寄存器（D）和指针（P、I）等。

7.2.1　数据表示形式和数据结构

（1）数据表示形式

用户应用程序中和 PLC 的内部有着大量的数据，这些数据的数制具有以下几种表示形式：

① 十进制数　十进制数大家比较熟悉，它主要存在于定时器和计数器的设定值（K）；辅助继电器、定时器、计数器、状态继电器等的编号；定时器和计数器当前值等方面。

② 八进制数　FX 系列 PLC 输入继电器、输出继电器的地址编号采用的是八进制。

③ 十六进制数　定时器和计数器的设定值（H）可以是十六进制数。

④ 二进制数　二进制数主要存在于各类继电器、定时器、计数器的触点及线圈。

⑤ BCD 码　BCD 码是按二进制编码十进制数的。每位十进制数用 4 位二进制数表示，0～9 对应的二进制数依次为 0000～1001。在 PLC 中有时十进制数以 BCD 码的形式出现，它还常用于 BCD 码输出形式的数字开关或七段码显示器控制等方面。

⑥ 常数 K、H　常数是 PLC 内部定时器、计数器、应用指令不可分割的一部分。常数 K 用来表示十进制数；常数 H 用来表示十六进制数。

（2）数据结构

FX 系列 PLC 有三种数据结构：位数据、字数据和字位混合数据。位数据只有“0”“1”或者 ON、OFF 两种状态，可以代表触点的接通、断开或线圈的通电、断电等。字数据由 16 位二进制数组成，双字数据则由 32 位二进制数组成。字位混合数据是上述字数据与位数据混合型的数据结构，如后面介绍的编程元件定时器（T）和计数器（C）都是采用字位混合的数据结构。

7.2.2　FX_{2N}系列 PLC 的软元件

PLC 的软元件（或称编程元件）是指在编程时使用的每个输入、输出端子对应的存储器及其内部的存储单元、寄存器等。FX 系列 PLC 软元件的编号由字母和数字组成，字母表示元件的类型，数字表示元件号（地址）。下面以三菱 FX_{2N}系列 PLC 为例介绍 PLC 内部的软元件及其功能。这些软元件的名称大都带有“继电器”三个字，有的也有自己的“线圈”，但是与电磁型继电器不同，它们都是软继电器或编程元件，而不是物理上实际存在的继电器。它们的“线圈”也不是真正的电磁线圈，而是 PLC 这种特殊的工业计算机内部的存储单元或寄存器。

FX_{2N}系列 PLC 内部软元件（编程元件）见表 7-9。

表 7-9 FX_{2N}系列 PLC 的内部软元件

项目			性能规格
辅助继电器	通用①		M000～M499① 500 点
	保持型		M500～M1023② 524 点，M1024～M3071③ 2048 点，合计 2572 点
	特殊		M8000～M8255 256 点
状态寄存器	初始化用		S0～S9 10 点
	通用		S10～S499① 490 点
	保持型		S500～S899② 400 点
	报警用		S900～S999③ 100 点
定时器	100ms		T0～T199(0.1～3276.7s) 200 点
	10ms		T200～T245(0.01～327.67s) 46 点
	1ms(累计型)		T246～T249③(0.001～32.767s) 4 点
	100ms(累计型)		T250～T255③(0.1～3276.7s) 6 点
	模拟定时器(内置)		1 点③
计数器	加计数	通用	C0～C99①(0～32767)(16 位) 100 点
		保持型	C100～C199②(0～32767)(16 位) 100 点
	加/减计数用	通用	C200～C219①(32 位) 20 点
		保持型	C220～C234②(32 位) 15 点
	高速用		C235～C255 中有：1 相 60kHz 2 点，10kHz 4 点，或 2 相 30kHz 1 点，5kHz 1 点
数据寄存器	通用数据寄存器	通用	D0～D199①(16 位) 200 点
		保持型	D200～D511②(16 位) 312 点，D512～D7999③(16 位) 7488 点
	特殊用		D8000～D8255 (16 位) 256 点
	变址用		V0～V7，Z0～Z7 (16 位) 16 点
	文件寄存器		通用寄存器的 D1000③ 以后可每 500 点为单位设定文件寄存器(最大 7000 点)
指针	跳转、调用		P0～P127 128 点
	输入中断、定时中断		100□～150□，16□□～18□□ 9 点
	高速计数器中断		I010～I060 6 点
	嵌套(主控)		N0～N7 8 点
常数	十进制 K		16 位：－32768～＋32767，32 位：－2147483648～＋2147483647
	十六进制 H		16 位：0～FFFF(H)，32 位：0～FFFFFFFF(H)

① 非后备锂电池保持区，通过参数设置，可改为后备锂电池保持区。

② 后备锂电池保持区，通过参数设置，可改为非后备锂电池保持区。

③ 后备锂电池固定保持区是固定的，该区域特性不可改变。

7.2.3 FX_{2N}系列 PLC 编程元件使用说明

(1) 输入/输出（I/O）继电器

① 输入继电器用 X 表示，其特点是：它的状态由外部控制现场的信号驱动（由外部输入器件接入的信号驱动），不受 PLC 程序的控制，输入继电器触点只能用于内部编程，无法驱动外部负载，编程时使用次数不限。

② 输出继电器用 Y 表示，它是 PLC 向外部负载传递控制信号的器件，其特点是：受 PLC 程序的控制，输出继电器的状态（线圈）只能由程序驱动，外部信号不能直接改变其状态；每一个输出继电器的常开、常闭触点在编程时都可以无限次数地使用；一个输出继电器对应于输出模块上外接一个物理继电器或其他执行元件。

FX 系列 PLC 输入继电器和输出继电器均采用八进制的地址编号。FX_{2N}系列 PLC 中输入继电器、输出继电器的编号见表 7-10。

表 7-10　FX_{2N}系列 PLC 的输入继电器、输出继电器的编号

类型	FX_{2N}-16M	FX_{2N}-32M	FX_{2N}-48M	FX_{2N}-64M	FX_{2N}-80M	FX_{2N}-128M	带扩展	
输入继电器 X	X000～X007 8 点	X000～X017 16 点	X000～X027 24 点	X000～X037 32 点	X000～X047 40 点	X000～X077 64 点	X000～X267(X177) 184 点(128 点)	输入/输出合计256点
输出继电器 Y	Y000～Y007 8 点	Y000～Y017 16 点	Y000～Y027 24 点	Y000～Y037 32 点	Y000～Y047 40 点	Y000～Y077 64 点	Y000～Y267(Y177) 184 点(128 点)	

输入继电器 X 和输出继电器 Y 的信号在 PLC 中的传递过程如图 7-1 所示。

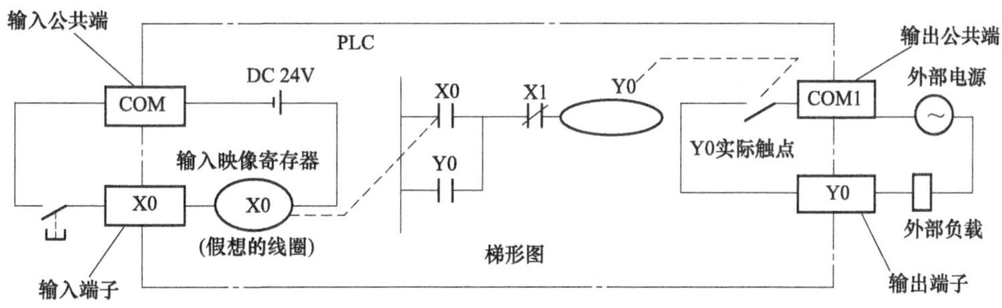

图 7-1　输入继电器和输出继电器的信号传递

(2) 辅助继电器 M

PLC 内部有许多辅助继电器 M，其作用相当于继电器控制系统中的中间继电器。它有若干对常开触点和常闭触点。辅助继电器通过 PLC 中其他继电器触点的闭合进行驱动，用于逻辑运算中的辅助运算、状态暂存、移位、赋予特殊功能等，仅供中间转换环节使用。辅助继电器不能直接驱动外部负载，要驱动外部负载必须经过输出继电器。辅助继电器包括通用辅助继电器、保持辅助继电器、掉电保持专用辅助继电器、特殊辅助继电器四种。

① 通用辅助继电器　通用辅助继电器的编号为 M000～M499，共 500 点。通用辅助继电器没有断电保护功能。在逻辑运算中用于辅助运算、移位等。

② 保持辅助继电器　保持辅助继电器的编号为 M500～M1023，共 524 点。保持辅助继电器由后备锂电池供电，所以在电源中断时能够保持它们原来的状态不变。它可用于要求保持断电前状态的控制系统，掉电保持继电器可以用参数设置方法改为掉电保持。

③ 掉电保持专用辅助继电器　掉电保持专用辅助继电器是指具有专门功能的一些辅助继电器。掉电保持专用辅助继电器有 M1024～M3071，共 2048 点。

④ 特殊辅助继电器　其编号为 M8000～M8255。这些特殊辅助继电器具有特定的功能，根据性质的不同，可将它分为线圈由 PLC 系统程序自动驱动（用户编程时只能用其接点）和线圈由用户程序驱动的辅助继电器两种。

a. M8000　运行监控继电器。当 PLC 运行（RUN）时，M8000 自动处于接通状态，即为“1”，当 PLC 停止运行时，M8000 处于断开状态，即为“0”。因此可以利用 M8000 的触点经输出继电器 Y 在外部显示程序是否运行，起到运行监视的作用。M8000 为常开触点。M8001 同样是运行监视继电器，但 M8001 为常闭触点。

b. M8002　初始化脉冲继电器。当 PLC 一开始运行时，M8002 就接通，在第一个扫描周期自动发出宽度为一个扫描周期的单窄脉冲信号，用于初始化处理。M8003 为常闭触点的初始化脉冲继电器。

c. M8012　产生 100ms 时钟脉冲信号（M8011 为 10ms、M8013 为 1s 时钟脉冲信号）。

d. M8030　锂电池电压低于一定值动作，使面板指示灯亮，提示更换电池。

e. M8033　PLC 停止运行时使输出保持。

f. M8034　使输出全部禁止继电器。在执行程序时，一旦 M8034 接通，则所有输出继电器的输出自动断开，使 PLC 没有输出，但这并不影响 PLC 内部程序的执行。M8034 常用于控制系统发生故障时切断输出而保留 PLC 内部程序的正常运行，使用 M8034 有助于系统故障的检查和排除。

(3) 状态器 S

状态器是构成状态转移图的重要元件，用于步进顺序控制。常用的状态器有下面 5 种类型：

① 初始状态继电器　S0～S9，共 10 点；

② 回零状态继电器　S10～S19，共 10 点；

③ 通用状态继电器　S20～S499，共 480 点；

④ 保持状态继电器　S500～S899，共 400 点；

⑤ 故障诊断和报警状态继电器　S900～S999，共 100 点。

状态器的触点使用次数不限。当不用于步进顺序指令时，状态器 S 可以作为辅助继电器一样在程序中使用。

(4) 常数 K/H

常数也作为一种软器件处理，它占用一定的存储空间。十进制常数用 K 表示，如常数 37 表示为 K37。十六进制数则用 H 表示，如常数 37 表示为 H25。

(5) 定时器 T

定时器相当于继电器控制中的时间继电器，它能提供若干个常开、常闭延时触点，供用户编程使用。定时器的动作时间通过编程设定。定时器有一个设定值寄存器（一个字长）、一个当前值寄存器（一个字长）和定时器“线圈”对应的动作输出触点（占二进制的一位）。一个定时器的这 3 个量用同一地址表示，但使用的场合不一样，其所指也不同。例如符号 T0 可以表示 0 号定时器的常开、常闭触点及线圈等。

定时器累积 PLC 内部的时钟脉冲计时，当所计时间达到设定值时，定时器的输出触点

(常开、常闭)动作。定时器的输出触点可供编程使用，使用次数不限。定时器可以直接在用户程序中设定时间常数，也可以利用数据寄存器D中的数据作为时间常数。

① 通用定时器(非积算定时器) 100ms的定时器T0～T199(共200点)，设定值1～32767，计时范围为0.1～3276.7s；10ms定时器有T200～T245(共46点)，设定1～32767，计时范围为0.01～327.67s。

② 积算定时器 1ms积算定时器T246～T249(共4点)，设定值1～32767，计时范围为0.001～32.767s；100ms积算定时器T250～T255(共6点)，设定值1～32767，计时范围为0.1～3276.7s。

(6) 计数器C

计数器主要用来记录脉冲的个数或根据脉冲个数设定某一时间，计数值通过编程来设定。计数器根据PLC的字长度分为16位和32位计数器，按计数信号频率的不同分为通用计数器和高速计数器。由于计数器具有加减计数功能，所以又分为递加(递增)和递减计数器。

16位加计数器(又称为增计数器)是在执行扫描操作时对内部器件(X、Y、S、M、C等)的信号进行加计数的计数器，为保证对信号计数的准确性，要求其接通时间和断开时间应比PLC扫描的周期稍长。

① 16位单向加计数器 其设定范围为K1～K32767，地址为C0～C199(200点)，其中C0～C99(100点)是通用型的，C100～C199(100点)是掉电保护型的。

② 32位双向加/减计数器 其设定值范围为K－2147483648～K＋2147483647，其中C200～C219(20点)是通用型，C220～C234(15点)为断电保护型。计数器的加减功能由内部特殊辅助继电器M8200～M8234设定，特殊辅助继电器闭合(置1)时为递减计数，断开时为递加计数。

③ 高速计数器 高速计数器的地址为C235～C255(21点)，这21个计数器均为32位加/减计数器。高速计数器的类型如下：

a. 1相无启动/复位端高速计数器C235～C240；

b. 1相带启动/复位端高速计数器C241～C245；

c. 2相2输入(双向)高速计数器C246～C250；

d. 2相输入(A-B相型)高速计数器C251～C255。

高速计数器的编号(地址)不能任意选择，因为高速计数器的类型以及相应的输入端都已定义，读者可参看使用手册。

(7) 数据寄存器D

在进行输入/输出处理、模拟量控制、位置控制时，需要许多数据寄存器存储数据和参数。数据寄存器为16位，最高位为符号位，可用两个数据寄存器串联存放32位数据，最高位仍为符号位。

FX_{2N}系列PLC数据寄存器可分为下面几类。

① 通用数据寄存器D0～D199(共200点) 这类数据寄存器不具有断电保持功能，当PLC由运行(RUN)转换为停止(STOP)时，数据全部清零；但其可以通过特殊辅助继电器M8033来实现断电保持，当M8033置“1”时，PLC由运行转换为停止时，该数据寄存器的数据可以保持。

② 保持型数据寄存器D200～D7999(共7800点)

a. 失电保持数据寄存器 D200～D511（共 312 点）它与通用数据寄存器一样，除非改写，否则原有数据内容不会改变。但与通用数据寄存器不同的是，无论电源是否掉电，PLC 运行与否，其内容不会变化，除非向其中写入新的数据。

b. 停电保持专用型的数据寄存器 D512～D7999（共 7488 点）其特点是不能通过参数设定改变其停电保持数据的特性。如果要改变停电保持的特性，可以在程序的起始步采用初始化脉冲（M8002）和复位（RST）或区间复位（ZRST）指令将其内容清除。

此外，根据相关参数设定，D1000～D7999（共 7000 点）可用来作为文件寄存器，专门用于存放大量数据。

③ 特殊数据寄存器 D8000～D8255（共 256 点） 这类数据寄存器供监视 PLC 的器件运行状态用，未定义的特殊数据寄存器，用户不能使用。

(8) 变址寄存器 V/Z

变址寄存器通常用以修改器件的地址编号。V 和 Z 都是 16 位的寄存器，可进行数据的读/写操作，当进行 32 位操作时，将 V、Z 合并使用，指定 Z 为低位。

(9) 指针 P/I

在 FX_{2N}系列 PLC 中，指针分为分支用指针和中断用指针两类。

① 分支用指针（P） 分支用指针编号为 P0～P127（共 128 点），用来指示子程序调用指令（CALL）的调用子程序地址或条件跳转指令（CJ）的跳转目标。

② 中断用指针（I） 中断用指针编号为 I0□□～I8□□，用来指示某个中断程序的入口位置，可分为 3 种类型。

a. 输入中断用指针，其编号为 I00□～I50□，用来指示由特定输入端的输入信号而产生中断的中断服务程序的入口位置，不受 PLC 扫描周期的影响，可以及时处理外部信息。

输入中断用指针的编号格式如下：

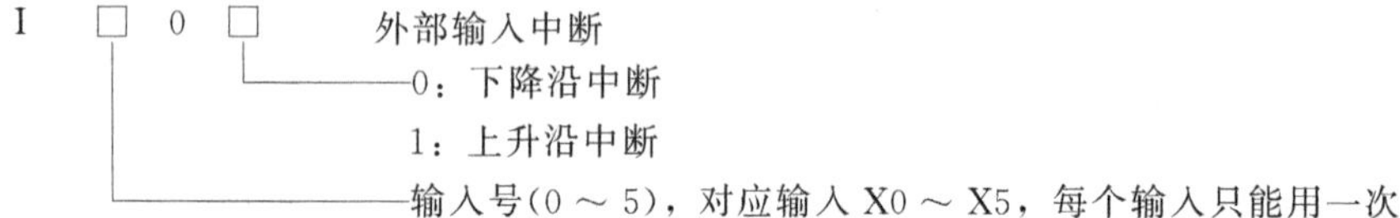

例如：I201 表示当输入 X2 从 OFF→ON 变化时，执行以 I201 为标号后面的中断程序，并根据 IRET 指令返回。

b. 定时器中断用指针，其编号为 I6□□～I8□□，共 3 点，用来指示周期定时中断的中断服务程序的入口位置。这类中断的作用是 PLC 以指定的周期定时执行中断服务程序，定时循环处理某些任务，其中，□□表示定时范围，可在 10～99ms 范围内选取。

定时器中断用指针的编号格式如下：

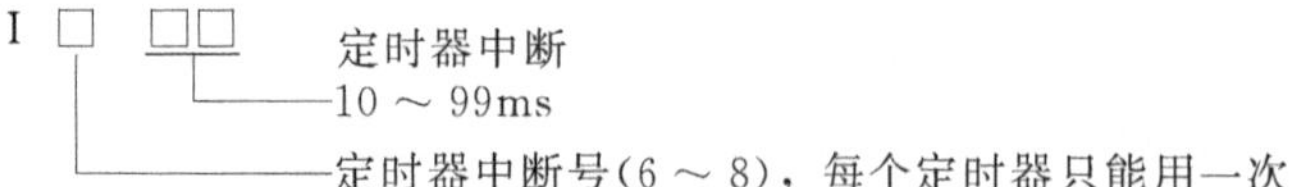

c. 高速计数器中断用指针，其编号为 I010～I060，共 6 点。它们用在 PLC 内置的高速计数器中。根据高速计数器的计数当前值与计数设定值的关系，确定是否执行中断服务程序。它常用于利用高速计数器优先处理计算结果的场合。

7.3 FX$_{2N}$系列 PLC 的基本指令

下面以梯形图及语句表对照来说明主要指令的使用。由于不同 PLC 内部器件的编号、梯形图的符号以及助记符有所不同，为了不拘泥于某种 PLC，因此重点介绍编程思路。

7-1　三菱触点取指令

7.3.1 逻辑取指令和输出指令（LD、LDI、OUT）

逻辑取指令和输出指令的助记符、名称、功能、操作元件及其占用程序步数见表 7-11。

表 7-11　逻辑取指令和输出指令

指令助记符	名称	指令功能	操作元件	程序步数
LD	取	从公共母线开始取用常开触点	X、Y、M、S、T、C	1
LDI	取反	从公共母线开始取用常闭触点	X、Y、M、S、T、C	1
OUT	输出	线圈驱动(输出)	Y、M、S、T、C (Y、C 后紧跟常数)	Y、M：1 S、特殊 M：2 T：3 C：3～5

① LD，取指令，用于编程元件的动合触点（常开触点）与母线的起始连接。

② LDI，取反指令，用于编程元件的动断触点（常闭触点）与母线的起始连接。

③ LD 和 LDI 的操作元件是输入继电器 X、输出继电器 Y、辅助继电器 M、状态元件 S、定时器 T、计数器 C 的接点，用于将接点连接到母线上，也可用于下面将要介绍 ANB、ORB 等分支电路的起点。

④ OUT，输出指令，用于驱动编程元件的线圈，其操作元件是 Y、M、S、T、C，但不能是 X。OUT 用于定时器 T、计数器 C 时需跟常数 K。图 7-2 为 LD、LDI、OUT 指令梯形图，其对应的指令表见表 7-12。其中 T0 是定时器元素号，语句 4、5 表示延时 55s。

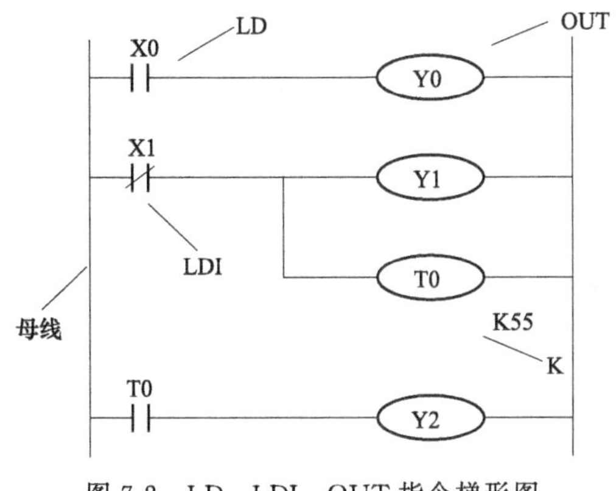

图 7-2　LD、LDI、OUT 指令梯形图

表 7-12　LD、LDI 和 OUT 指令表

语句号	指令	元素
0	LD	X0
1	OUT	Y0
2	LDI	X1
3	OUT	Y1
4	OUT	T0
5		K55
6	LD	T0
7	OUT	Y2
8	END	—

7.3.2 单个触点串联指令（AND、ANI）

7-2　三菱触点串联指令

单个触点串联指令的助记符、名称、功能、操作元件及其占用程序步数见表 7-13。

表 7-13　单个触点串联指令

指令助记符	名称	指令功能	操作元件	程序步数
AND	与	串联一个常开触点	X、Y、M、S、T、C	1
ANI	与非	串联一个常闭触点	X、Y、M、S、T、C	1

① AND，与指令，用于一个常开触点（动合触点）同另一个触点的串联连接。

② ANI，与非指令，用于一个常闭触点（动断触点）同另一个触点的串联连接。

③ AND 和 ANI 指令能够操作的元件是 X、Y、M、S、T、C。

④ AND 和 ANI 用于 LD、LDI 后一个常开或常闭触点的串联，串联的数量不受限制。也就是说，AND 和 ANI 指令是用来描述单个触点与别的触点或触点组组成的电路的串联连接关系的。单个触点与左边的电路串联时，使用 AND 和 ANI 指令。AND 和 ANI 指令能够连续使用，即几个触点串联在一起，且串联触点的个数没有限制。

⑤ 当串联的是两个或两个以上的并联触点时，要用到下面将要介绍的块与（ANB）指令。

图 7-3 为 AND、ANI 指令梯形图，其对应的指令表见表 7-14。

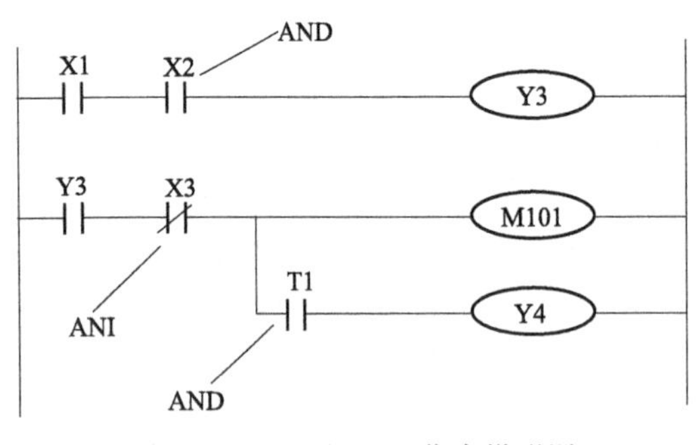

图 7-3　AND 和 ANI 指令梯形图

表 7-14　AND 和 ANI 指令表

语句号	指令	元素
0	LD	X1
1	AND	X2
2	OUT	Y3
3	LD	Y3
4	ANI	X3
5	OUT	M101
6	AND	T1
7	OUT	Y4
8	END	

在图 7-3 中，OUT M101 指令之后通过 T1 的触点对 Y4 使用 OUT 指令（驱动 Y4），称为连续输出（又称为纵接输出）。只要按正确的次序设计电路，就可以重复使用连续输出。对 T1 的触点应使用串联指令，T1 的触点和 Y4 的线圈组成的串联电路与 M101 的线圈是并联关系，但是 T1 的常开触点与左边的电路是串联关系。

7-3　三菱触点并联指令

7.3.3　单个触点并联指令（OR、ORI）

单个触点并联指令的助记符、名称、功能、操作元件及其占用程序步数见表 7-15。

表 7-15　单个触点并联指令

指令助记符	名称	指令功能	操作元件	程序步数
OR	或	并联一个常开触点	X、Y、M、S、T、C	1
ORI	或非	并联一个常闭触点	X、Y、M、S、T、C	1

① OR，或指令，用于一个常开触点（动合触点）同另一个触点的并联连接。

② ORI，或非指令，用于一个常闭触点（动断触点）同另一个触点的并联连接。

③ OR 和 ORI 指令能够操作的元件是 X、Y、M、S、T、C。

④ OR 和 ORI 用于 LD、LDI 后一个常开或常闭触点的并联，并联的数量不受限制。也就是说，OR 和 ORI 指令是用来描述单个触点与别的触点或触点组组成的电路的并联连接关系的。由于单个触点与前面电路并联，故并联触点的左侧接到该指令所在电路块的起始点 LD 处，右端与前一条指令的对应的触点的右端相连。OR 和 ORI 指令能够连续使用，即几个触点并联在一起，且并联触点的个数没有限制。

⑤ 当并联的是两个或两个以上的串联触点时，要用到下面将要介绍的块或（ORB）指令。

图 7-4 为 OR、ORI 指令梯形图，其对应的指令表见表 7-16。

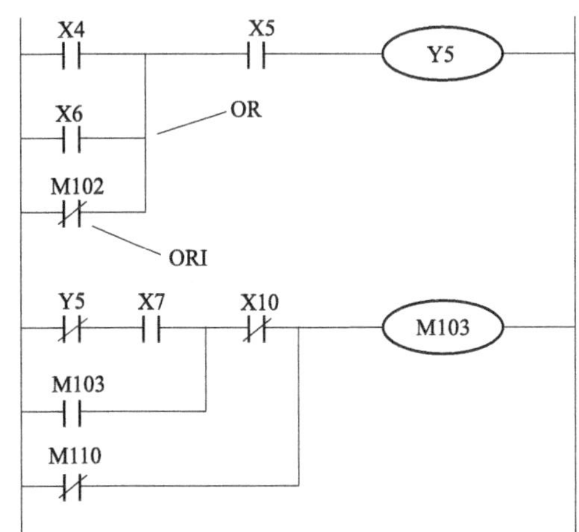

图 7-4　OR 和 ORI 指令梯形图

表 7-16　OR 和 ORI 指令表

语句号	指令	元素	语句号	指令	元素
0	LD	X4	6	AND	X7
1	OR	X6	7	OR	M103
2	ORI	M102	8	ANI	X10
3	AND	X5	9	ORI	M110
4	OUT	Y5	10	OUT	M103
5	LDI	Y5	11	END	—

7-4　三菱串联电路块并联指令

7-5　三菱并联电路块串联指令

7.3.4　串联电路块并联指令和并联电路块串联指令（ORB、ANB）

串联电路块并联指令和并联电路块串联指令的助记符、名称、功能、操作元件及其占用程序步数见表 7-17。

表 7-17　串联电路块并联指令和并联电路块串联指令

指令助记符	名称	指令功能	操作元件	程序步数
ORB	块或	串联电路块的并联连接	无	1
ANB	块与	并联电路块的串联连接	无	1

（1）串联电路块并联指令 ORB

① 两个或两个以上触点串联的电路称为串联电路块，电路块的开始处用 LD 或 LDI 指令。

② 当一个串联电路块和上面的触点或电路块并联时，在串联电路块的结束处用块或（ORB）指令。即将串联电路块并联时，用LD、LDI指令表示分支开始，用ORB指令表示分支结束。

③ ORB指令是不带操作元件的指令。即ORB指令不带元件号，只对电路块进行操作。

④ 在使用ORB指令时，有两种使用方法：一种是在要并联的两个电路块后面加ORB指令，即分散使用ORB指令，其并联电路块的个数没有限制；另一种是集中使用ORB指令，集中使用ORB指令的次数不允许超过8次。所以不推荐集中使用ORB指令的这种编程方法。

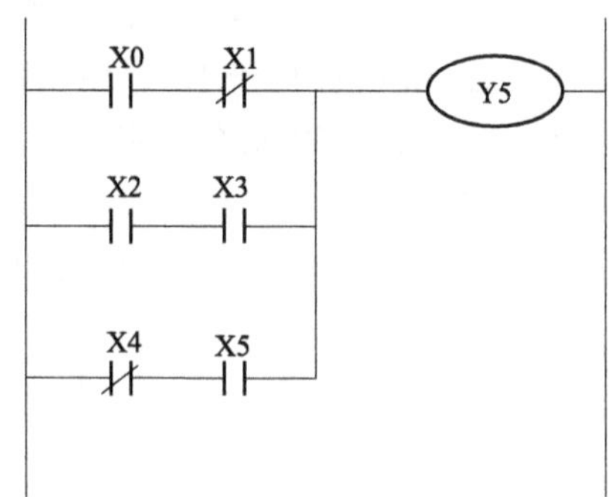

图7-5 ORB指令梯形图

图7-5为ORB指令梯形图，其对应的指令表见表7-18和表7-19。

表7-18 ORB指令表（推荐程序）

语句号	指令	元素
0	LD	X0
1	ANI	X1
2	LD	X2
3	AND	X3
4	ORB	
5	LDI	X4
6	AND	X5
7	ORB	
8	OUT	Y5

表7-19 ORB指令表（不推荐程序）

语句号	指令	元素
0	LD	X0
1	ANI	X1
2	LD	X2
3	AND	X3
4	LDI	X4
5	AND	X5
6	ORB	
7	ORB	
8	OUT	Y5

（2）并联电路块串联指令ANB

① 两个或两个以上触点并联的电路称为并联电路块，电路块的开始处用LD或LDI指令。

② 当一个并联电路块和上面的触点或电路块串联时，在并联电路块的结束处用块与

(ANB) 指令。即将并联电路块与前面电路串联连接时，梯形图分支的起点用 LD 或 LDI 指令，在并联电路块结束后，使用 ANB 指令。

③ ANB 指令是不带操作元件的指令。即 ANB 指令不带元件号，只对电路块进行操作。

④ ANB 指令和 ORB 指令同样有两种使用方法，不推荐集中使用的方法。

图 7-6 为 ANB 指令梯形图，其对应的指令表见表 7-20。

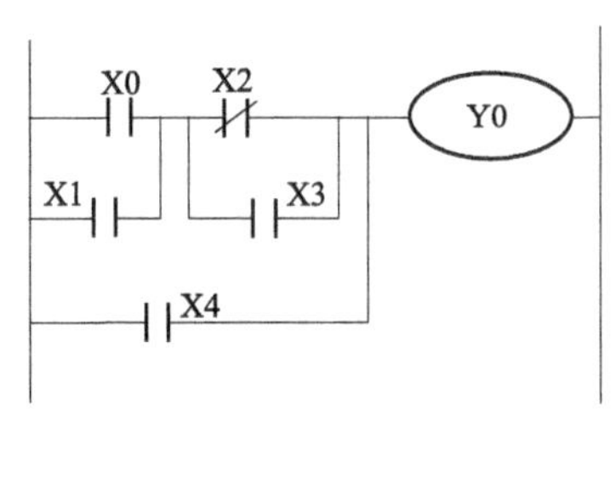

图 7-6 ANB 指令梯形图

表 7-20 ANB 指令表

语句号	指令	元素
0	LD	X0
1	OR	X1
2	LDI	X2
3	OR	X3
4	ANB	
5	OR	X4
6	OUT	Y0
7	END	—

(3) ORB 和 ANB 指令的应用

ORB、ANB 指令梯形图如图 7-7 所示，其对应的指令表见表 7-21。表中可见 A、B 两个串联电路块用 ORB 语句使其并联；C、D 两个串联电路块也用 ORB 语句使其并联。而 E、F 两个并联电路块用 ANB 语句使其串联。

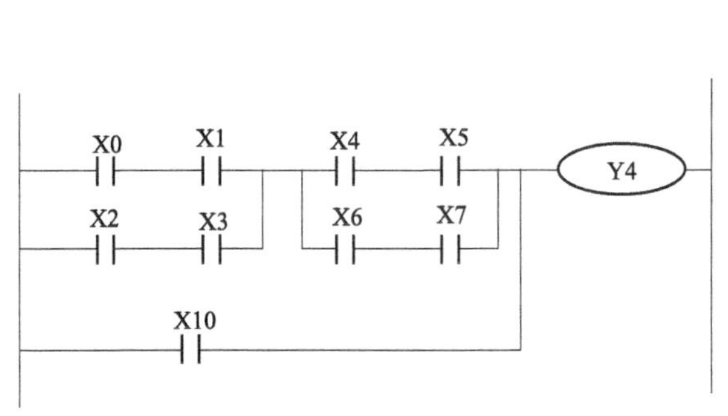

图 7-7 ORB 和 ANB 指令梯形图

表 7-21 ORB 和 ANB 指令表

语句号	指令	元素	
0	LD	X0	}A
1	AND	X1	
2	LD	X2	E
3	AND	X3	}B
4	ORB	—	
5	LD	X4	}C
6	AND	X5	
7	LD	X6	F
8	AND	X7	}D
9	ORB	—	
10	ANB	—	
11	OR	X10	
12	OUT	Y4	
13	END	—	

7.3.5 多重输出电路指令（MPS、MRD、MPP）

多重输出电路指令（又称栈操作指令或栈指令）用于多重电路输出。多重输出电路指令的助记符、名称、功能、操作元件及其占用程序步数见表 7-22。

表 7-22 多重输出电路指令

指令助记符	名称	指令功能	操作元件	程序步数
MPS	进栈	将该指令处以前的逻辑运算结果储存起来(进栈)	无	1
MRD	读栈	读出由 MPS 指令存储的逻辑运算结果(读栈)	无	1
MPP	出栈	读出并清除由 MPS 指令存储的逻辑运算结果(出栈)	无	1

MPS、MRD、MPP 实际上是用来解决如何对具有分支的梯形图进行编程的一组指令，用于多重输出电路。在可编程控制器中有 11 个存储器，它们用来存储运算的中间运算结果，称为栈存储器，如图 7-8 所示。堆栈操作采用“先进后出”的数据存放原则。

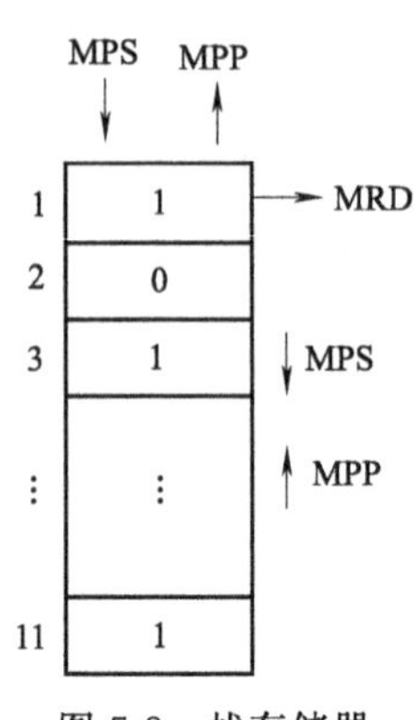

图 7-8 栈存储器

① MPS 指令用于存储电路中有分支处的逻辑运算结果，其功能是将左母线到分支点之间的逻辑运算结果存储起来，以备下面处理有线圈的支路时可以调用该运算结果。使用一次 MPS 指令，将此刻的运算结果压入栈存储器的第一层。再使用一次 MPS 指令，则将原先存入的数据依次压到栈存储器的下一层，并将此刻的运算结果压入栈存储器的第一层，即堆栈中原来的数据依次向下推移。

② MRD 指令用在 MPS 指令支路以下、MPP 指令以上的所有支路。其功能是读取存储在堆栈最上层的电路中分支点处的逻辑运算结果，将下一个触点强制性地连接在该点。读数后堆栈内的数据不会上移或下移。实际上是将左母线到分支点之间的梯形图同当前使用的 MRD 指令的支路连接起来的一种编程方式。即使用 MRD 指令读出最上层所存的最新数据，栈存储器内的数据不发生移动。

③ MPP 指令用在梯形图分支点处最下面的支路，也就是最后一次使用由 MPS 指令存储的逻辑运算结果，其功能是先读出由 MPS 指令存储的逻辑运算结果，同当前支路进行逻辑运算，最后将 MPS 指令存储的内容清除，结束分支点处所有支路的编程。即使用 MPP 指令时，将最上层的数据读出，同时该数据从栈存储器中消失，其他数据依次向上移动。

④ 当分支点以后有很多支路时，在用过 MPS 指令后，反复使用 MRD 指令，当使用完毕，最后一条支路必须用 MPP 指令结束该分支点处所有支路的编程。

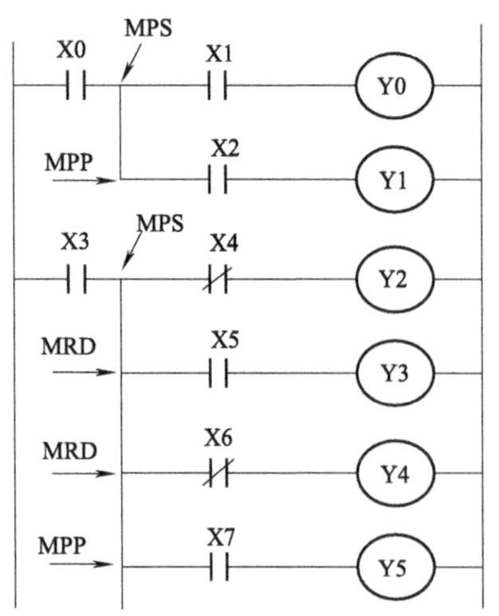

图 7-9 MPS、MRD、MPP 指令梯形图（一层栈）

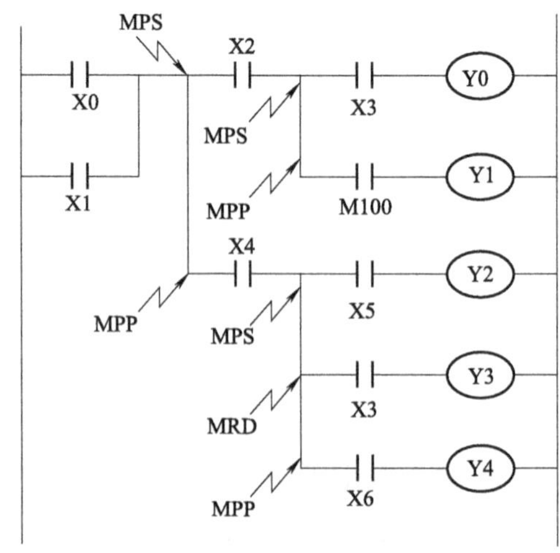

图 7-10 MPS、MRD、MPP 指令梯形图（多层栈）

⑤ MPS 指令可反复使用，但必须少于 11 次，并且 MPS 和 MPP 指令必须配对使用。

图 7-9 和图 7-10 是 MPS、MRD、MPP 指令梯形图，其对应的指令表分别见表 7-23 和表 7-24。其中图 7-9 为使用一层栈的例子，图 7-10 为使用多层栈的例子。

表 7-23　MPS、MRD、MPP 指令表（一层栈）

语句号	指令	元素
0	LD	X0
1	MPS	（状态入栈）
2	AND	X1
3	OUT	Y0
4	MPP	（状态出栈）
5	AND	X2
6	OUT	Y1
7	LD	X3
8	MPS	
9	AND	X4
10	OUT	Y2
11	MRD	
12	AND	X5
13	OUT	Y3
14	MRD	
15	ANI	X6
16	OUT	Y4
17	MPP	
18	AND	X7
19	OUT	Y5
20	END	—

表 7-24　MPS、MRD、MPP 指令表（多层栈）

语句号	指令	元素
0	LD	X0
1	OR	X1
2	MPS	
3	AND	X2
4	MPS	
5	AND	X3
6	OUT	Y0
7	MPP	
8	AND	M100
9	OUT	X1
10	MPP	
11	AND	X4
12	MPS	
13	AND	X5
14	OUT	Y2
15	MRD	
16	AND	X3
17	OUT	Y3
18	MPP	
19	AND	X6
20	OUT	Y4
21	END	—

7.3.6 主控与主控复位指令（MC、MCR）

主控与主控复位指令的助记符、名称、功能、操作元件及其占用程序步数见表 7-25。

表 7-25　主控与主控复位指令

指令助记符	名称	指令功能	操作元件	程序步数
MC	主控	主控电路块起点(公共串联触点的连接)	Y、M(M 除特殊辅助继电器)	3
MCR	主控复位	主控电路块终点(公共串联触点的复位)		2

① MC，主控指令，或称公共触点串联连接指令。由于公共串联触点的连接，表示主控区的开始。MC 指令能操作的元件为 Y 和 M（不包括特殊辅助继电器）。

② MCR，主控复位指令，即 MC 的复位指令，用来表示主控区的结束。MC 指令与 MCR 指令必须成对使用。

③ 在编程时，经常会遇到许多线圈同时受一个或一组触点控制的情况，如果在每个线

圈的控制电路中都串入同样的触点，将占用很多存储单元，而主控指令可以解决这一问题。使用主控指令的触点称为主控触点，它在梯形图中与一般的触点垂直。主控触点是一组电路的总开关。主控 MC 指令有效，相当于总开关接通。

④ 与主控触点相连的触点必须用 LD 或 LDI 指令，换句话说，执行 MC 指令后，母线移到主控触点的后面去了。MCR 使母线（LD 点）回到原来的位置。

⑤ 通过更改软元件 Y、M 的地址号，可以多次使用主控指令。

⑥ 在 MC～MCR 指令区内再使用 MC 指令，就成为主控指令的嵌套，相当于总开关后接分路开关。即 MC 指令可以嵌套使用。嵌套级 N 的地址号按顺序增加，即 N0→N1→N2→…→N7。N0 为最高层，N7 为最底层。没有嵌套结构时，通常用 N0 编程，N0 的使用次数没有限制。在有嵌套时，MCR 指令将同时复位低的嵌套层，例如 MCR N2 将复位 2～7 层。但若使用 MCR N0，则嵌套级立刻回到 0。

图 7-11 所示为 MC 与 MCR 指令的梯形图，与其对应的指令表见表 7-26。

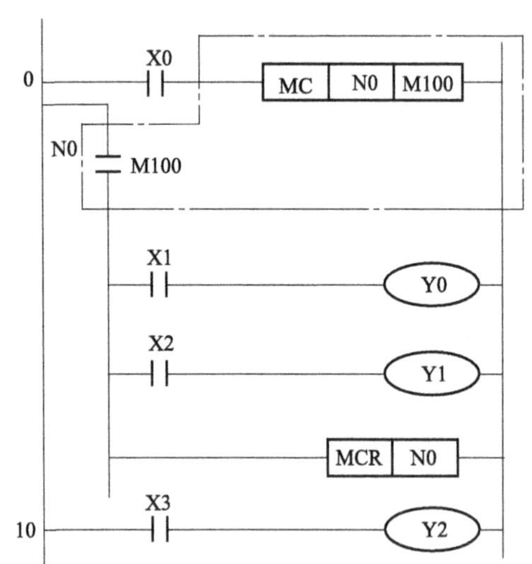

图 7-11　MC 与 MCR 指令梯形图

表 7-26　MC 与 MCR 指令表

语句号	指令	元素
0	LD	X0
1	MC	N0 M100（MC 为 3 步指令）
4	LD	X1
5	OUT	Y0
6	LD	X2
7	OUT	Y1
8	MCR	N0（MCR 为 2 步指令）
10	LD	X3
11	OUT	Y2
12	END	—

图 7-11 中，M100 为主控触点，X0 为控制条件。X0 的常开触点闭合时，触点 M100 闭合，执行从 MC 到 MCR 之间的指令，即执行主控触点以后的程序。直至 MCR N0 指令，MC 复位。当 X0 的常开触点恢复常开时，则不执行 MC 与 MCR 之间的程序，这部分程序中的非积算定时器和用 OUT 指令驱动的元件复位，积算定时器、计数器及用复位/置位（SET/RST）指令驱动的元件保持当前的状态。

7.3.7 逻辑运算结果取反指令（INV）

逻辑运算结果取反指令的助记符、名称、功能、操作元件及其占用程序步数见表 7-27。

表 7-27　逻辑运算结果取反指令

指令助记符	名称	指令功能	操作元件	程序步数
INV	取反	逻辑运算结果取反	无	1

① INV 指令是把指令所在位置当前逻辑运算结果取反，取反后的结果仍可继续运算。INV 指令无操作元件。

② 在梯形图中，用一条 45°的短斜线表示 INV 指令。它将执行该指令之前的逻辑运算结果取反，即运算结果如为逻辑“0”，则将它变为“1”；如果运算结果为逻辑“1”，则将其变为逻辑“0”。

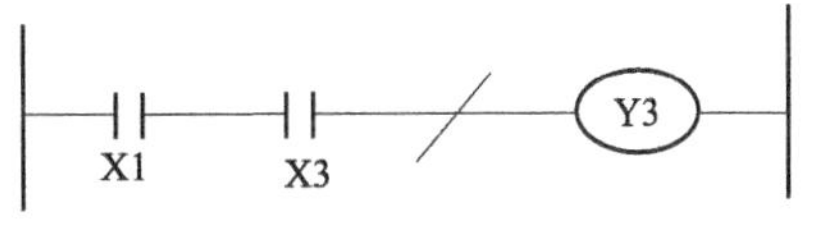

图 7-12　INV 指令梯形图

图 7-12 所示为 INV 指令的梯形图，与其对应的指令表见表 7-28。

表 7-28　INV 指令表

语句号	指令	元素
0	LD	X1
1	AND	X3
2	INV	
3	OUT	Y3
4	END	—

在图 7-12 中，如果 X1 和 X3 同时 ON，则 INV 指令之前的逻辑运算结果为 ON，INV 指令对 ON 取反，则 Y3 为 OFF；如果 X1 和 X3 不同时为 ON，INV 指令之前的逻辑运算结果则为 OFF，INV 指令对 OFF 取反，则 Y3 为 ON。

INV 指令也可以用于 LDP、LDF 等脉冲触点指令。

7.3.8　置位和复位指令（SET、RST）

置位和复位指令（又称自保持与解除指令）的助记符、名称、功能、操作元件及其占用程序步数见表 7-29。

表 7-29　置位和复位指令

指令助记符	名称	指令功能	操作元件	程序步数
SET	置位	令元件动作自保持 ON	Y、M、S	Y、M:1 S、特 M:2
RST	复位	清除动作保持，寄存器清零	Y、M、S、T、C、D、V、Z	D、V、Z、特 D:3

① SET：置位指令，其功能是使操作保持 ON，用于对线圈动作的保持。

② RST：复位指令，其功能是使操作保持 OFF，用于解除线圈动作的保持。

③ SET 指令的操作元件可以为 Y、M、S，相当于使得操作元件状态置“1”；RST 指令的操作元件可以为 Y、M、S、T、C、D、V 或 Z，对 Y、M、S 操作时，相当于将其状态复位，即置“0”；对 T、C、D、V 或 Z 操作时，相当于将其数据清零。

④ 对于同一操作元件，SET、RST 指令可多次使用，顺序也可以随意，但只有最后执行的一条指令有效，即最后一次执行的指令将决定其当前的状态。

利用置位指令 SET 与置位的复位指令 RST 可以维持辅助继电器的吸合状态，如图 7-13 所示，其对应的指令表见表 7-30。当 X0 接通，即使再断开，Y0 也保持接通。当 X1 接通后，即使再断开，Y0 也保持断开。

7.3.9　脉冲输出指令（PLS、PLF）

脉冲输出指令的助记符、名称、功能、操作元件及其占用程序步数见表 7-31。

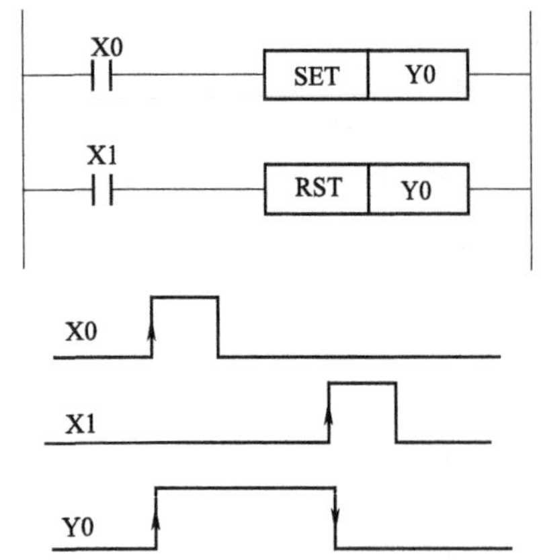

图 7-13 SET、RST 指令的使用说明

表 7-30 SET 和 RST 指令表

语句号	指令	元素
0	LD	X0
1	SET	Y0
：其他程序可中间插入		
n	LD	X1
$n+1$	RST	Y0

表 7-31 脉冲输出指令

指令助记符	名称	指令功能	操作元件	程序步数
PLS	上升沿脉冲	上升沿微分输出	Y、M	2
PLF	下降沿脉冲	下降沿微分输出	Y、M	2

① PLS：上升沿微分输出指令。当检测到控制触点闭合的一瞬间，输出继电器或辅助继电器的触点仅接通一个扫描周期。专用于操作元件的短时间脉冲输出。

② PLF：下降沿微分输出指令。当检测到控制触点断开的一瞬间，输出继电器或辅助继电器的触点仅接通一个扫描周期。控制线路由闭合到断开。

③ PLS 和 PLF 指令能够操作的元件为 Y 和 M，但不包括特殊辅助继电器。

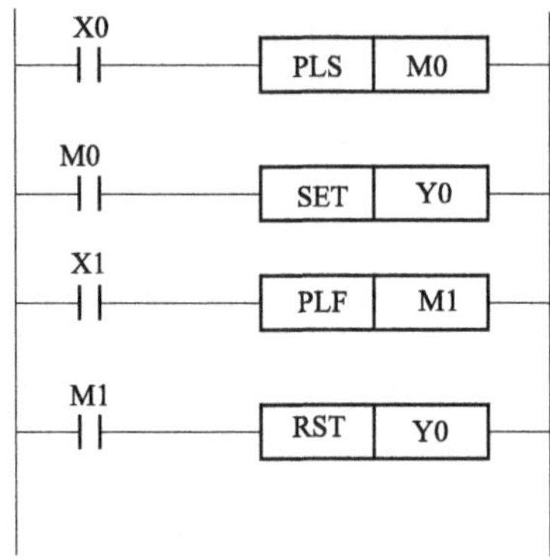

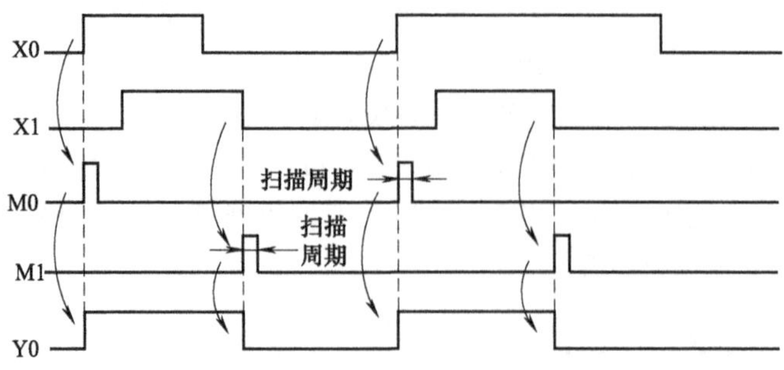

图 7-14 PLS、PLF 指令的使用说明

④ PLS 和 PLF 指令只有在检测到触点的状态发生变化时才有效，如果触点一直闭合或者断开，PLS 和 PLF 指令是无效的，即指令只对触发信号的上升沿和下降沿有效。

⑤ PLS 和 PLF 指令无使用次数的限制。

图 7-14 是 PLS 和 PLF 指令的使用说明，其对应的指令表见表 7-32。操作元件 Y、M 只在驱动输入接通（PLS）或断开（PLF）后的第一个扫描周期内动作。

表 7-32　PLS 和 PLF 指令表

语句号	指令	元素
0	LD	X0
1	PLS	M0(2 步指令)
3	LD	M0
4	SET	Y0
5	LD	X1
6	PLF	M1(2 步指令)
8	LD	M1
9	RST	Y0
10	END	—

7.3.10　空操作指令和程序结束指令（NOP 和 END）

空操作指令和程序结束指令的助记符、名称、功能、操作元件及其占用程序步数见表 7-33。

表 7-33　空操作指令和程序结束指令

指令助记符	名称	指令功能	操作元件	程序步数
NOP	空操作	无动作	无	1
END	结束	输入、输出处理，返回到程序开始	无	1

(1) 空操作指令（NOP）

① NOP：空操作指令，是一个无动作、无目标操作元件、占一个程序步的指令。它使该步序做空操作。

② 执行 NOP 指令时，并不进行任何操作，有时可用 NOP 指令短接某些触点或用 NOP 指令将不要的指令覆盖。

③ 在修改程序时，可以用 NOP 指令删除触点或电路，也可以用 NOP 代替原来的指令，这样可以使步序号不变动，如图 7-15 所示。

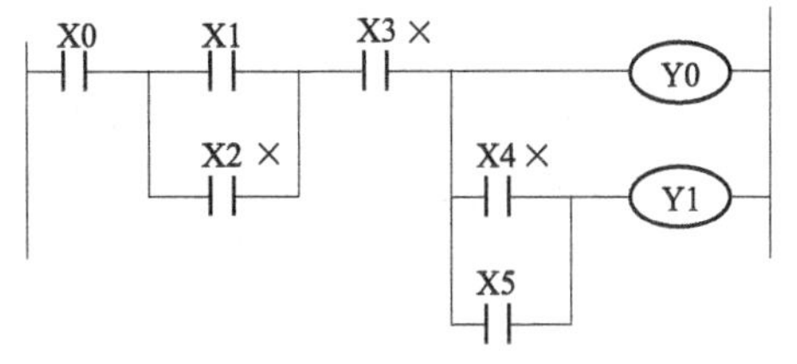

图 7-15　NOP 指令用法

图 7-15 是 NOP 指令的用法，图 7-15 中未加 NOP 指令时的指令表见表 7-34，图 7-15 中加 NOP 指令之后的指令表见表 7-35。用 NOP 指令删除串联和并联触点时，只需用 NOP 取代原来的指令即可，如图 7-15 中的 X2 和 X3。图中的 X1 和 X2 是触点组，将 X2 删除后，X1 变成了单触点，但是可以把单触点 X1 看成触点组，这样步序中的 ANB 指令就可以不变了。

④ 如果用 NOP 删除起始触点（即用 LD、LDI、LDP、LDF 指令的触点），它的下一个触点就应改为起始触点，如图 7-15 中的 X4，X4 删除后，X5 要改用 LD 指令，见表 7-35。

表 7-34　未加入 NOP 指令时与图 7-15 对应的指令表

语句号	指令	元素
0	LD	X0
1	LD	X1
2	OR	X2
3	ANB	
4	AND	X3
5	OUT	Y0
6	LD	X4
7	OR	X5
8	ANB	
9	OUT	Y1
10	END	—

表 7-35　加入 NOP 指令后与图 7-15 对应的指令表

语句号	指令	元素
0	LD	X0
1	LD	X1
2	NOP	
3	ANB	
4	NOP	
5	OUT	Y0
6	NOP	
7	LD	X5
8	ANB	
9	OUT	Y1
10	END	—

⑤ 在普通指令之间加入 NOP 指令，PLC 将其忽略而继续工作；如果在程序中先插入一些 NOP 指令，则修改或追加程序时，可以减少程序号的改变。

⑥ 在正式使用的程序中，应最好将 NOP 删除。

(2) 程序结束指令（END）

PLC 反复进行输入处理、程序执行、输出处理。END 指令使 PLC 直接执行输出处理，程序返回第 0 步。另外，在调试用户程序时，也可以将 END 指令插在每一个程序的末尾，分段调试用户程序，每调试完一段，将其末尾的 END 指令删除，直至全部用户程序调试完毕。

7.4 定时器和计数器

定时器、计数器指令的助记符、名称、功能、操作元件及其占用程序步数见表 7-36。

表 7-36　定时器、计数器指令

指令助记符	名称	指令功能	操作元件	程序步数
OUT	输出	驱动定时器、计数器线圈	T、C	32位计数器:5 其他:3
RST	复位	复位输出触点,当前数据清零	T、C	2

7.4.1 定时器

定时器中内置一个设定值寄存器、一个当前值寄存器和输出触点映像寄存器。定时器地址编号采用 T 与十进制数组成，如 T100；设定值由 K 与十进制数组成，如 K10。

定时器按工作方式可分为普通定时器和累计定时器两类。它们通过对 1ms、10ms、100ms 的不同周期时钟脉冲的计数实现定时。当计数脉冲个数达到设定值时，定时器时间到，定时器触点动作，它可以提供无限对延时动合（常开）触点、动断（常闭）触点。

(1) 普通定时器

普通定时器（又称非积算定时器）的作用相当于时间继电器，可以用程序方式获得延时功能。普通定时器线圈得电后，定时器开始对时钟脉冲计数，当计数值达到设定值时，定时器触点动作。在任何情况下，当其失电后，定时器线圈不具有保持功能，定时器立即复位（当前计数值为 0，触点复位）。

普通定时器编号为 T0～T245，其中编号为 T0～T199 的定时器，其时钟脉冲为 100ms，编号为 T200～T245 的定时器，其时钟脉冲为 10ms。

普通定时器的应用示例如图 7-16 所示。与图 7-16（b）对应的指令表见表 7-37。

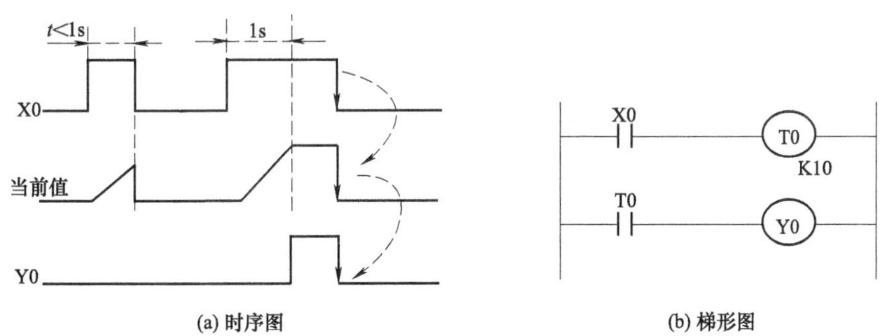

图 7-16　普通定时器的应用示例

表 7-37　与图 7-16（b）对应的指令表

语句号	指令	元素
0	LD	X0
1	OUT	T0
2		K10
3	LD	T0
4	OUT	Y0
5	END	—

在图 7-16 中，X0 为定时器 T0 的执行条件，当 X0 接通时，定时器 T0 线圈得电，定时器开始延时。T0 的当前值计数器对 100ms 的时钟脉冲进行累积计数，即每隔 100ms，计数器当前值加 1，并与定时器的设定值 K10 进行比较，当两个值相等时，输出触点 T0 动作，Y0 得电；当 X0 断开后，定时器线圈并不具有断电保持功能，定时器线圈立即失电，当前值变为 0，同时定时器的触点立即复位（常开触点断开，常闭触点闭合）。

(2) 累计定时器

累计定时器（又称积算定时器）线圈得电后，定时器开始从当前值对时钟脉冲计数，当计数值达到设定值时，定时器触点动作。在计数过程中，若定时器线圈失电，定时器当前计数值保持不变，定时器线圈再次得电时，定时器从当前计数值继续连续计数，当计数值等于设定值时，定时器触点动作。

累计定时器编号为 T246～T255。其中，编号为 T246～T249 的定时器，其时钟脉冲为 1ms；编号为 T250～T255 的定时器，其时钟脉冲为 100ms。

累计定时器的应用示例如图 7-17 所示。与图 7-17（b）对应的指令表见表 7-38。

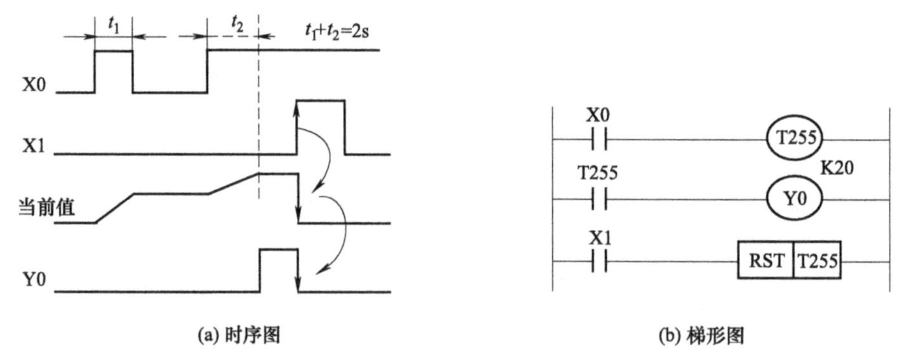

(a) 时序图　　(b) 梯形图

图 7-17　累计定时器的应用示例

表 7-38　与图 7-17（b）对应的指令表

语句号	指令	元素
0	LD	X0
1	OUT	T255
2		K20
3	LD	T255
4	OUT	Y0
5	LD	X1
	RST	T255
	END	—

在图 7-17 中，输入信号 X0 为定时器 T255 的驱动信号，当 X0 接通时，定时器 T255 线圈得电，定时器开始延时。当 T255 的计数值等于设定值 K20 时，T255 的触点动作。在计数过程中，若 X0 突然断开，虽然定时器线圈失电，但计数器当前值仍能保持，当 X0 再次接通时，计数器继续计数，直至与设定值相等时，定时器触点动作。程序在运行过程中，只要 X1 接通，就对 T255 执行复位操作，T255 线圈失电，定时器复位，即复位指令将 T255 值清零。

(3) 定时器的应用

利用定时器可以实现顺序动作，其顺序动作电路如图 7-18 所示。

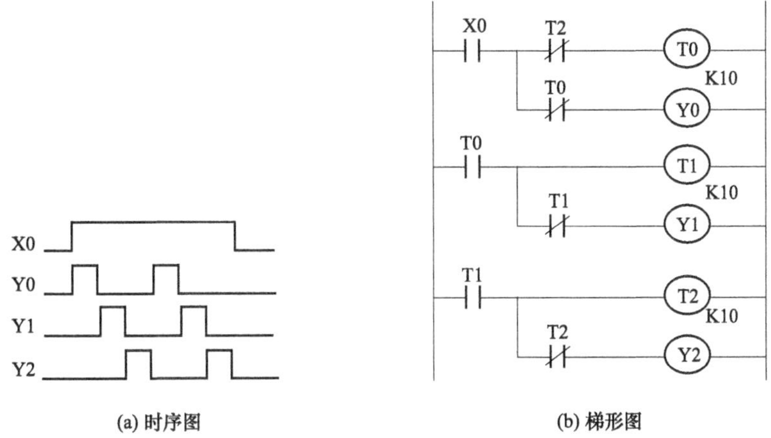

(a) 时序图　　(b) 梯形图

图 7-18　顺序动作电路

在图 7-18 中，当 X0 接通时，Y0 输出（即 Y0 产生脉冲），与此同时，定时器 T0 线圈得电，定时器 T0 开始延时，经过 1s 后，定时器 T0 的常闭触点断开，Y0 停止输出，而与此同时定时器 T0 的常开触点闭合。定时器 T0 的常开触点闭合时，Y1 输出（即 Y1 产生脉冲），与此同时，定时器 T1 线圈得电，定时器 T1 开始延时，经过 1s 后，定时器 T1 的常闭触点断开，Y1 停止输出，而与此同时定时器 T1 的常开触点闭合。定时器 T1 的常开触点闭合时，Y2 输出（即 Y2 产生脉冲），与此同时，定时器 T2 线圈得电，定时器 T2 开始延时，经过 1s 后，定时器 T2 的常闭触点断开，Y2 停止输出，完成一次扫描。如果此时 X0 还接通，则重新开始顺序脉冲，如此往复循环，直至 X0 输入断开。

7.4.2 计数器

计数器是 PLC 实现逻辑运算和算术运算及其他各种特殊运算必不可少的重要器件。根据不同用途、工作方式、工作特点，计数器可分为递加计数器（又称递增计数器）、加/减计数器和高速计数器。

计数器在执行扫描操作时，用于对编程元件（X、Y、M、S、T 等）的动作次数进行计数，其动作时间应大于 PLC 的扫描周期。计数器中内置一个设定值寄存器、一个当前值寄存器和输出触点映像寄存器。计数器地址编号采用 C 与十进制数组成，如 C100。设定值由 K 与十进制数组成，如 K10。

计数器地址编号为 C0～C255。

(1) 16 位递加计数器

16 位递加计数器地址编号为 C0～C199。其中，C0～C99 为通用型（PLC 断电后，计数器当前值复位为 0，待通电后从 0 开始计数）；C100～C199 为掉电保护型（PLC 断电后，计数器能保持计数当前值及触点状态，待通电后继续计数）。

图 7-19 为通用型 16 位递加计数器的简单应用示例。

在图 7-19 中，X0 为计数器的计数输入信号，计数器 C0 对外部输入信号 X0 进行计数。每当 X0 动作（由断开到接通）一次，计数器 C0 的当前值就加 1，当计数器的当前值变为 5

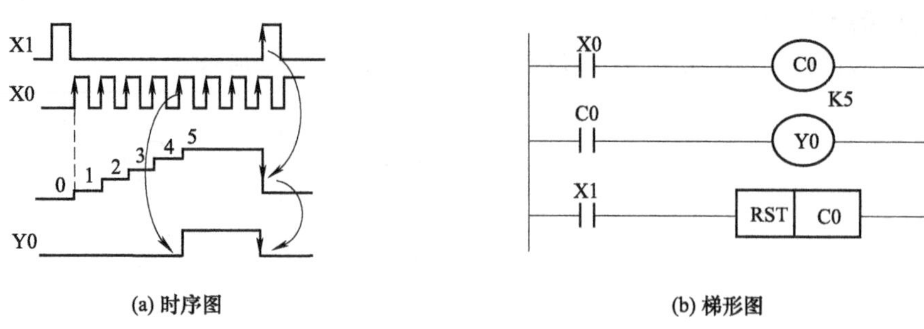

(a) 时序图　　(b) 梯形图

图 7-19　16 位递加计数器的简单应用示例

(设定值）时，计数器 C0 的常开触点闭合，Y0 得电输出为 ON。Y0 得电输出为 ON 之后，即使 X0 再次接通动作，计数器 C0 也不动作，即计数器 C0 的当前值保持不变。当 X1 接通时，执行 RST 指令，计数器 C0 复位，计数器 C0 的当前值变为 0，计数器 C0 的触点也立即复位，Y0 停止输出。

(2) 32 位加/减计数器

32 位加/减计数器地址编号为 C200～C255。该类计数器均为掉电保护型（其中 C235～C255 为高速计数器）。32 位加/减计数器也可作为 32 位数据寄存器使用。该类计数器在设定计数值时，可以通过常数 *K* 直接设定，也可以通过两个地址号相邻的数据寄存器 D 进行间接设定。C200～C255 只有一个计数输入端，加/减计数功能分别由相应的特殊辅助继电器 M8200～M8255 决定，辅助继电器为“1”时，为减计数器；辅助继电器为“0”时，为加计数器。

图 7-20 为 32 位加/减计数器的应用示例。

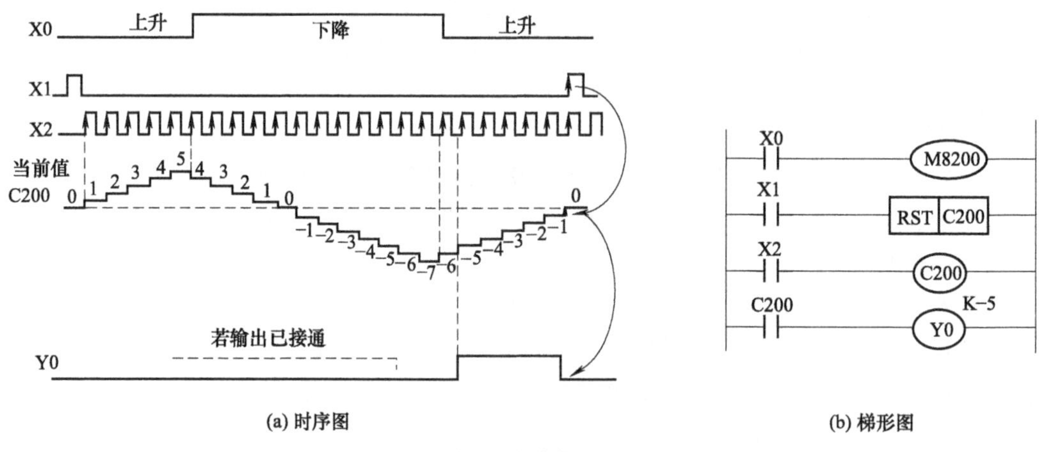

(a) 时序图　　(b) 梯形图

图 7-20　32 位加/减计数器的应用示例

加/减计数器有 3 个信号控制端：计数脉冲输入信号、计数复位信号和计数方向控制信号。在图 7-20 中，当 X0 断开时，计数器 C200 为加计数器，对输入信号 X2 进行加计数，即 X2 每接通一次，计数器 C200 的当前值加 1。当 X0 接通时，计数器 C200 为减计数器，对输入信号 X2 进行减计数，即 X2 每接通一次，计数器 C200 的当前值减 1。

当加/减计数器的当前值大于或等于设定值时，计数器线圈得电，其常开触点闭合、常闭触点断开；而当加/减计数器的当前值小于设定值时，计数器线圈失电，其触点复位（即常开触点断开、常闭触点闭合）。例如在图 7-20 中，加/减计数器 C200 的设定值为“－5”。

当 C200 的当前值由“－6”→“－5”时（即由－6 增加到－5 时），加/减计数器 C200 的触点接通，Y0 得电；而当 C200 的当前值由“－5”→“－6”时（即由－5 减少到－6 时），加/减计数器 C200 的触点复位（即断开），Y0 断电。当 X1 接通时，无论计数器 C200 的当前值为多少，都将执行 RST 指令，使计数器 C200 的当前值复位为 0，与此同时，计数器 C200 的触点也复位（常开触点断开），Y0 失电。

(3) 高速计数器

高速计数器编号为 C235～C255。可以作为高速计数器输入端口的只有 X0～X7，每一端口只能作为一个高速计数器的输入。由于 X6 和 X7 只能用作启动信号，而不能用作计数信号。因此，最多只能有 6 个高速计数器同时工作。

高速计数器不能任意选择使用，选择时要注意计数器的类型及高速计数器的输入端子。

高速计数器的计数频率较高，其最高频率受到两个方面的影响：一是输入端的响应速度，其中，端口 X0、X2、X3 最高频率为 10kHz，端口 X1、X4、X5 最高频率为 7kHz；二是高速计数器的处理速度。

(4) 计数器的应用

计数器是 PLC 控制系统中常用的编程元件，使用定时器和计数器组合控制，可以实现长延时。图 7-21 所示为定时器和计数器组合的长延时控制电路的梯形图。

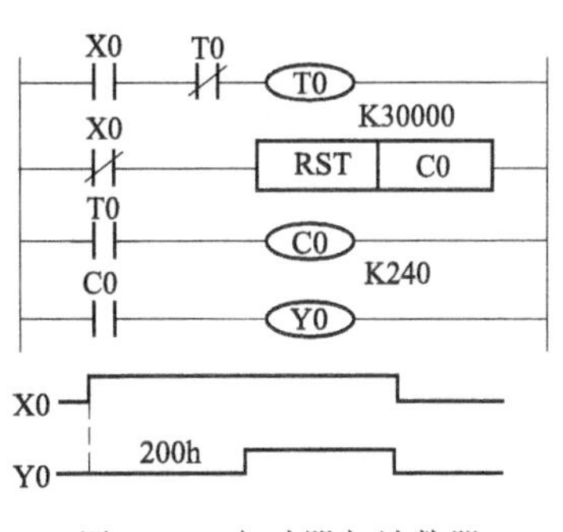

图 7-21 定时器与计数器组合的梯形图

在图 7-21 中，当 X0 为 OFF 时，定时器 T0 和计数器 C0 都处于复位状态。当 X0 为 ON 时，定时器 T0 开始定时，当到达设定值 3000s 以后，定时器 T0 的触点开始动作，其常开触点闭合，计数器 C0 当前值加 1，与此同时，定时器 T0 的常闭触点断开，使 T0 实现自复位，复位后 T0 的当前值变为 0，而 T0 的常闭触点又重新接通，使它自己的线圈重新通电，T0 又开始定时，如此往复循环工作。T0 循环一次，计数器 C0 的当前值就加 1，直至 X0 变为 OFF。从分析中可以看出，图 7-21 中最上面一行电路相当于一个脉冲信号发生器。脉冲周期为定时器 T0 的设定值。

当计数器 C0 的当前值达到其设定值 240 时，其触点开始动作，常开触点闭合，Y0 开始输出。Y0 得电输出的延时时间为定时器的设定值与计数器的设定值的乘积（此例为 200h）。可以通过调整定时器、计数器的设定值来调整延时时间。

此梯形图的连接特点是采用定时器的常闭触点串在定时器线圈回路中产生窄脉冲信号，并作为计数脉冲。

7.5 步进指令与应用

7.5.1 步进指令的用途

步进指令仅适用于顺序控制系统。使用步进指令时，首先根据控制系统的具体条件，画出对应的状态转移图。状态图是一种用于顺序控制系统的图形说明语言，它由步、转移条件和有向线段组成。

(1) 步

状态图中的“步”是控制过程中的一个特定状态。步分为初始步和工作步，在每一步中要完成一个或多个特定的动作。初始步表示一个控制系统的初始状态，因此一个控制系统必须有一个初始步，初始步可以没有具体要完成的动作。

(2) 转移条件

步与步之间用“有向线段”连接，在有向线段上用一个或多个小短横线表示一个或多个转移条件，在条件满足时，实现由前一步转移到下一步的控制，控制系统按照顺序执行，步与步之间必须有转移条件。

FX_{2N}系列 PLC 的硬件、软件配置适应这种编程方式，除具有两条步进顺控指令外，还配置有大量状态元件，状态继电器（简称状态器）S 是构成状态转移图的基本元件。状态继电器有 900 个（S0～S899），其中 S0～S9 共 10 个为初始状态继电器，用于控制起始状态。

7.5.2 状态转移图及其格式

状态转移图又称状态流程图（或状态图）。图 7-22 所示为状态转移图的基本格式，用一个框表示一种状态，框右侧表示该状态的控制内容，各状态之间的小横短线表示状态转移条件。

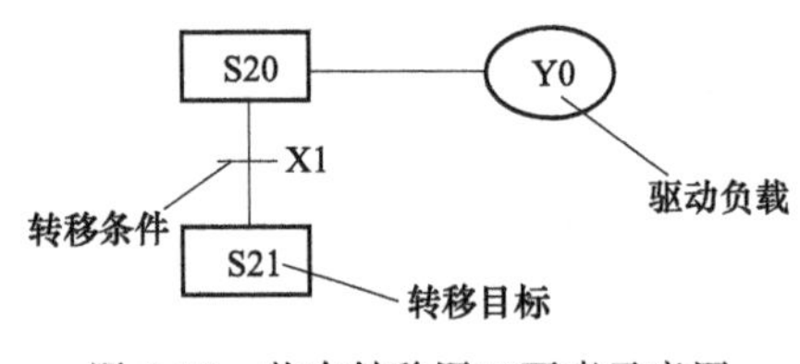

图 7-22 状态转移图三要素示意图

在状态转移图中，每个状态都具备以下三个条件：

① 驱动负载。驱动负载为该状态所要执行的任务。表达输出可用 OUT 指令，也可用 SET 指令，两者的区别在于，使用 SET 指令驱动的输出可以保持下去，直至使用 RST 指令使其复位。而 OUT 指令在本状态关闭后自动关闭，如图 7-22 中的 Y0 就是状态 S20 的驱动负载。

② 转移条件。转移条件就是指在什么条件下状态间实现转移，转移条件可以为单一的，也可以是多个元件的串并联，如图 7-22 中的 X1 就是状态 S20 实现转移的条件。

③ 转移目标。转移目标就是指转移到什么状态，如图 7-22 中的 S21 为状态 S20 的转移目标。

7.5.3 步进指令的使用

(1) 步进指令的功能

FX_{2N}系列 PLC 有两条步进顺序控制指令（简称步进指令），步进指令的助记符、名称、功能、操作元件及其占用程序步数见表 7-39。

表 7-39 步进指令

指令助记符	名称	指令功能	操作元件	程序步数
STL	步进开始指令	步进接点驱动(步进梯形图电路驱动)	S	1
RET	步进结束指令	步进程序结束返回(步进梯形图电路结束返回)	无	1

① STL：步进开始指令，其操作元件是状态器 S，占用 1 步。在梯形图中使用 STL 指

令时，状态器S触点的一端与左母线相连，另一端与该状态的控制线路相连。当使用STL指令后，左母线自动移至该状态器S触点右侧，其后用LD、LDI或OUT、SET等指令，直至发生状态转移后，母线恢复至原位。

② RET：步进结束指令，该指令无操作元件，指令占用1步。在一系列STL指令后，必须使用RET指令，以表示步进指令功能结束，母线恢复至原位。

(2) 步进指令的使用说明

图7-23所示为步进指令STL的使用说明。图7-23（a）是状态转移图，图7-23（b）是相应的梯形图，与梯形图对应的指令表见表7-40。状态转移图与梯形图有严格的对应关系。每个状态器有三个功能：驱动有关负载、指定转移目标和自定转移条件。

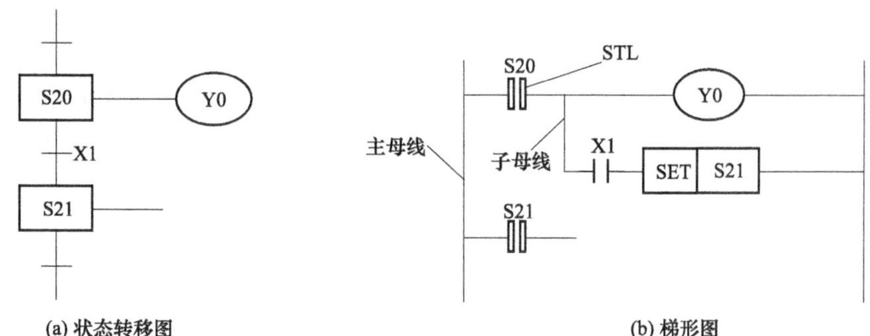

图7-23　STL指令的使用说明

表7-40　与图7-23（b）对应的指令表

语句号	指令	元素
0	STL	S20
1	OUT	Y0
2	LD	X1
3	SET	S21
4	STL	S21

STL指令的意义为激活某个状态，首先它类似于主控触点，该触点后的所有操作均受该触点控制。其次，只有被激活的程序段才被扫描执行，而且在单流程状态转移图中，一次扫描只有一个状态被激活，而且被激活的状态自动关闭激活它的前个状态，因此不必考虑状态之间的互锁。

从图7-23中可以总结出，步进指令的特点及使用要求如下：

① STL指令在梯形图上体现为从主母线引出的状态接点，具有建立子母线的功能。

② STL指令为与左侧主母线连接的状态元件S的常开触点指令，在STL指令之后的子母线上可以直接驱动线圈，也可以通过触点驱动线圈。

③ 子母线连接的触点开始必须使用LD指令或LDI指令。

④ 通过STL触点驱动状态元件S，则前一状态自动复位。

⑤ 下一条STL指令的出现意味着当前STL程序区的结束和新的STL程序区的开始。

⑥ RET指令意味着整个STL程序区的结束，返回左侧主母线。

⑦ 各STL触点驱动的电路一般放在一起。

⑧ 允许同一元件的线圈在不同的STL触点后多次使用，但定时器线圈不能在相邻的状态中出现。

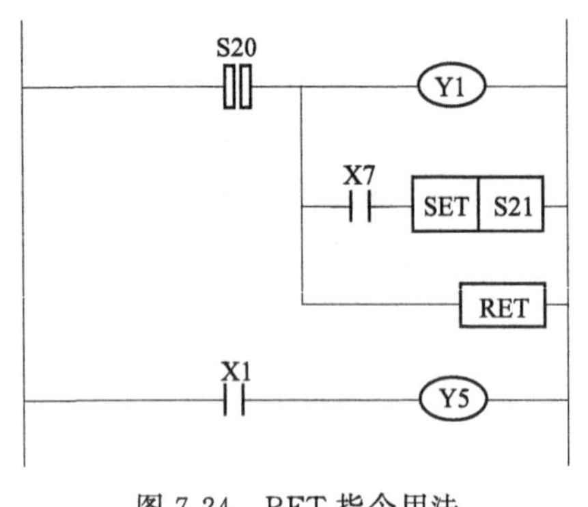

图 7-24　RET 指令用法

⑨ STL指令的新母线上可以有多个线圈同时输出，但经LD指令或LDI指令编程后，输出指令不得与新母线相连。

⑩ STL指令可以驱动Y、M、S、T，若要保持元件的输出结果，应使用SET/RST指令，同一状态寄存器只能使用一次。

⑪ STL指令和RET指令是一对步进（开始和结束）指令，在一系列步进指令STL后，必须加上RET指令，表明步进梯形指令功能的结束，LD返回到原来的母线上（即子母线返回到主母线上），如图7-24所示。

7.6 功能指令

7.6.1 数据比较指令

比较指令包括CMP（比较）和ZCP（区间比较），比较的结果用目标软元件的状态来表示。待比较的源操作数［S1·］、［S2·］和［S3·］（CMP只有两个源操作数）可取任意的数据格式。目标操作数［D·］可取Y、M和S，占用连续的3个元件，即比较结果由3个地址连续的目标位元件（如M0、M1、M2）的状态来表示。

(1) 比较指令

CMP是两数比较指令（简称比较指令），比较指令CMP的功能编号为FNC10。其功能为将源操作数［S1·］和［S2·］的数据进行比较，比较的结果送到目标操作数［D·］中。

比较指令CMP的格式为：CMP［S1·］［S2·］［D·］。其中源操作数［S1·］、［S2·］可以是任意格式；目标操作数［D·］可以是Y、M、S。

图7-25所示为CMP指令的使用，图中目标元件由M0、M1、M2三个位元件组成。

在图7-25中，比较指令将十进制常数100与计数器C20的当前值比较，比较结果送到M0～M2中。在X0为OFF时，不执行CMP指令，即不进行比较，M0～M2的状态保持不变。当X0为ON（接通）时，比较指令将十进制常数100与计数器C20的当前值进行比较，比较的结果送到M0～M2中。指令执行有3种结果：若［S1·］>［S2·］，则M0置1；若［S1·］=［S2·］，则M1置1；若［S1·］<［S2·］，则M2置1。如果要清除比较结果，需采用RST或ZRST复位指令，如图7-26所示。

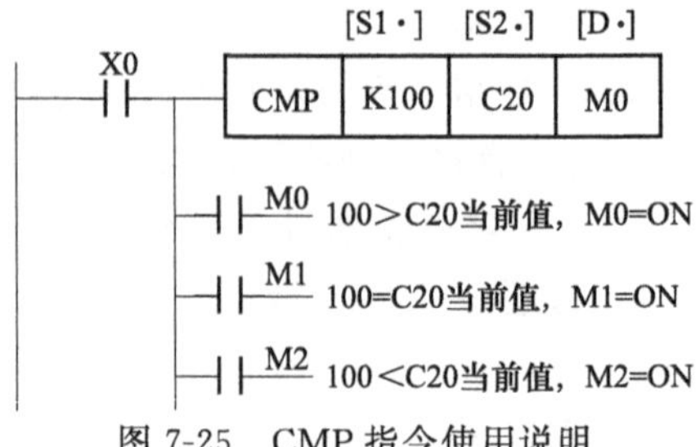

图 7-25　CMP 指令使用说明

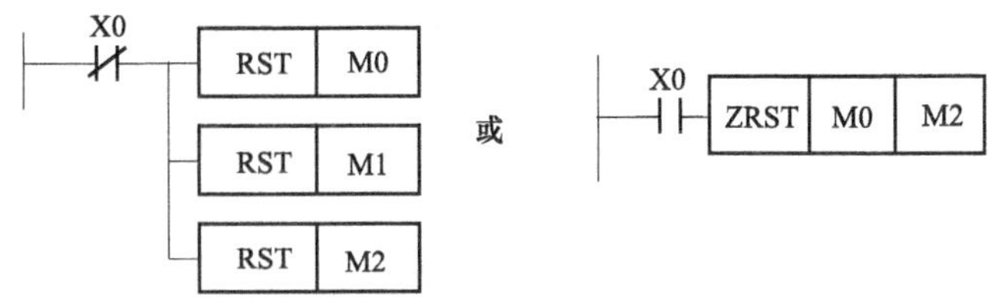

图 7-26 比较结果复位

比较指令的使用注意事项如下：

① 数据比较是进行代数值大小比较，即带符号比较（例如：－5＜2）。

② 指定的元件种类或元件号超出允许范围时，用比较指令就会出错。

(2) 区间比较指令

区间比较指令 ZCP 的功能指令编号为 FNC11。区间比较指令 ZCP 是将源操作数［S・］与两个源操作数［S1・］和［S2・］中的数值进行比较（即带符号比较），然后将比较结果送到以目标操作数［D・］为首地址的 3 个连续的软元件中。

区间比较指令 ZCP 的格式为：ZCP［S1・］［S2・］［S・］［D・］。其中源操作数［S・］可以是任意格式；目标操作数［D・］可以是 Y、M、S。

区间比较指令使用说明如图 7-27 所示。在图中，当 X0 为 OFF 时，不执行 ZCP 指令，即不进行区间比较，M3～M5 的状态不变。当 X0 为 ON 时，执行 ZCP 指令，当 C30 的当前值＜K100 时，M3 为 ON；当 K100≤C30 的当前值≤K150 时，M4 为 ON；当 C30 的当前值＞K150 时，M5 为 ON。

区间比较指令的使用注意事项如下：

① 按代数形式进行比较。

② 源操作数［S1・］数据比［S2・］中的数据要小，如果［S1・］比［S2・］大，则［S2・］被看作与［S1・］一样大。

③ 在不执行指令，需要清除比较结果时，要用 RST 或 ZRST 复位指令。

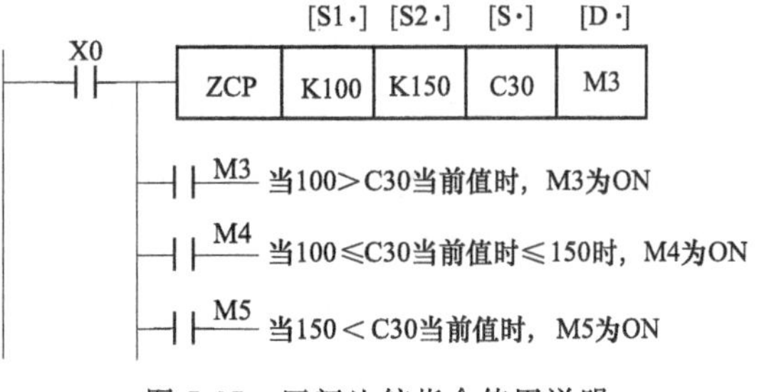

图 7-27 区间比较指令使用说明

7.6.2 传送指令

传送指令包括 MOV（传送）、SMOV（移位传送）、CML（取反传送）、BMOV（数据块传送）、FMOV（多点传送）以及 XCH（数据交换）指令。

(1) 传送指令

传送指令 MOV 的功能指令编号为 FNC12。传送指令 MOV 的功能是将源操作数［S・］的数据传送到指定的目标操作数［D・］内。即［S・］→［D・］。

传送指令格式为：MOV［S・］［D・］，其中源操作数可以取所有数据格式，而目标操作数可取 KnY、KnM、KnS、T、C、D、V、Z。

MOV 指令的用法如图 7-28 所示。当 X0 为 ON（接通）时，将源操作数［S・］中的常数 100 传送到目标操作元件 D10 中。当 X0 为 OFF 时，指令不执行，数据保持不变。

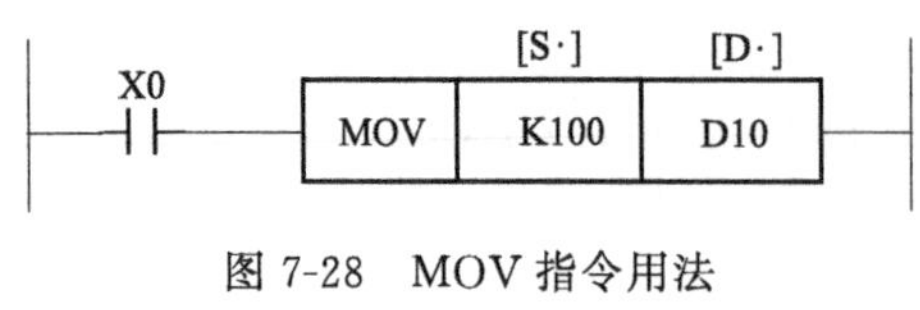

图 7-28 MOV 指令用法

(2) 移位传送指令

移位传送指令 SMOV 的功能指令编号为 FNC13。移位传送指令 SMOV 的功能是首先将源操作数［S·］中的二进制 16 位数转换为 4 位 BCD 码，再进行移位传送，传送后的目标操作数的 BCD 码自动转换成二进制数。

移位传送指令格式为：SMOV［S·］［D·］，其中源操作数可以取所有数据格式，而目标操作数可取 KnY、KnM、KnS、T、C、D、V、Z。

移位传送指令的应用示例如图 7-29 所示。

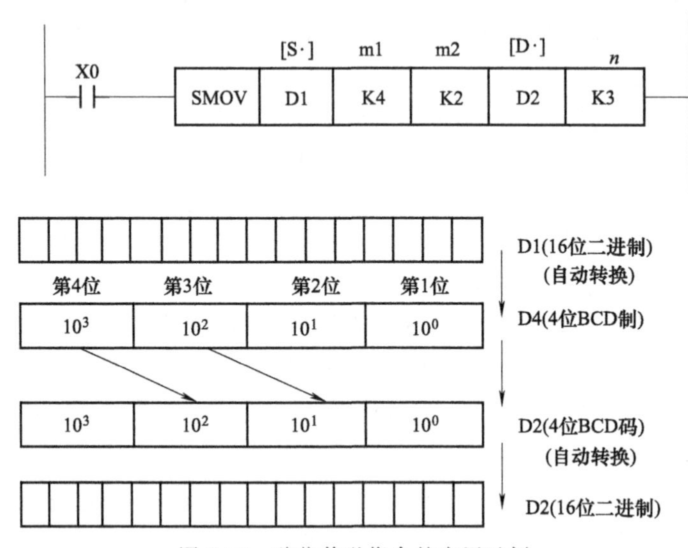

图 7-29 移位传送指令的应用示例

在图 7-29 中，当 X0 为 ON（接通）时，源操作数 D1（二进制）被转换成 BCD 码进行移位传送，源数据 BCD 码右起第 4 位（m1＝4）开始的 2 位（m2 ＝2）数据移到目标操作数 D2 的第 3 位（n＝3）和第 2 位。然后目标操作数 D2 中的 BCD 码自动转换为二进制码，目标操作数中的第 1 位和第 4 位的 BCD 码不受移位传送指令的影响，保持不变。

移位传送指令的使用注意事项如下：

① 数据寄存器 D 只能存放二进制数，所以 SMOV 指令只是在传送的过程中以 BCD 码的方式传送，而到达指定目标 D 后，仍以二进制数存放。

② BCD 码值超过 9999 时会出错。

③ SMOV 指令只有 16 位运算。

(3) 取反传送指令

取反传送指令 CML 的功能指令编号为 FNC14。取反传送指令 CML 的功能是将源操作数［S·］中的各位二进制数按位取反（1→0，0→1），并传送到目标操作数［D·］中。

取反传送指令格式为：CML［S·］［D·］，其中源操作数可以取所有数据格式，而目标操作数可取 KnY、KnM、KnS、T、C、D、V、Z。

取反传送指令的应用示例如图 7-30 所示。

在图 7-30 中，目标操作数 K1Y0 表示 1 个单元 4 位数据，由起始元件 Y0（最低位）开始组成的位元件组 Y3～Y0。当 X0 为 ON（接通时）时，执行 CML 指令，将源操作数 D1 中的二进制数取反后低 4 位传送到 Y3～Y0中（Y17～Y4 不变化）。

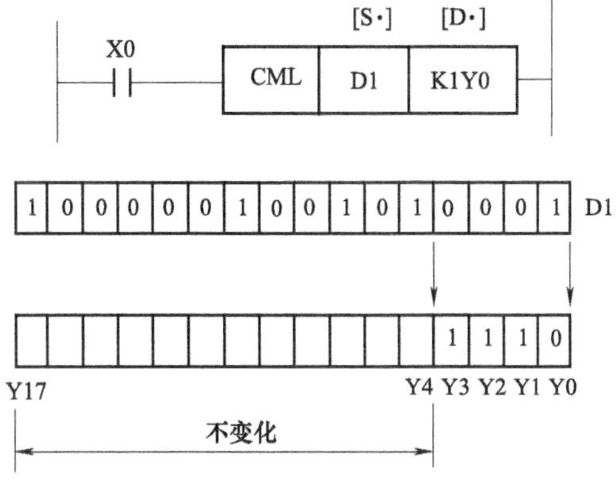

图 7-30　取反传送指令的应用示例

取反传送指令的使用注意事项如下：

① 如果源操作数为常数 *K*，该数据会自动转换为二进制数。

② CML 用于可编程控制器反逻辑输出时非常方便。

（4）块传送指令

块传送指令 BMOV 的功能指令编号为 FNC15。块传送指令 BMOV 的功能是将源操作数指定的元件开始的 *n* 个数据组成的数据块传送到指定的目标元件中。

块传送指令格式为：BMOV（P）［S·］［D·］，其中源操作数可取 KnX、KnY、KnM、KnS、T、C、D。而目标操作数可取 KnY、KnM、KnS、T、C、D。

块传送指令的应用示例如图 7-31 所示。

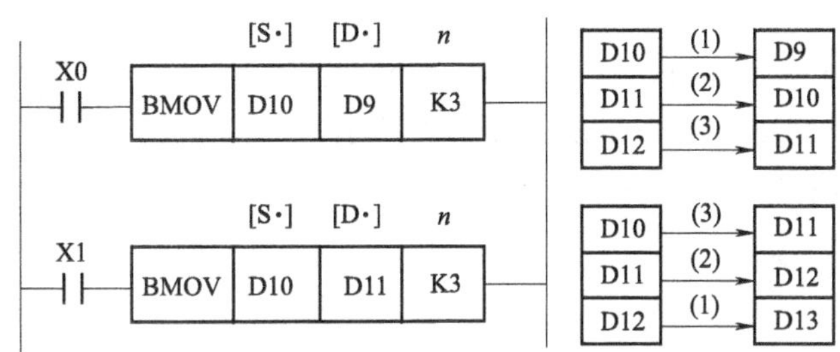

图 7-31　块传送指令说明（一）

使用块传送指令时，传送顺序既可从高元件号开始，也可从低元件号开始。在传送的源元件地址号与目标元件地址号范围重叠的场合，为了防止源数据没有传送就被改写，PLC 传送顺序是自动决定的，传送顺序如图 7-31 所示。

块传送指令的使用注意事项如下：

① 如果元件号超出允许的元件号范围，数据仅传送到允许范围的元件。

② 在需要指定位数的位元件场合，源操作数和目标操作数的指定位数应相同，如图 7-32 所示。

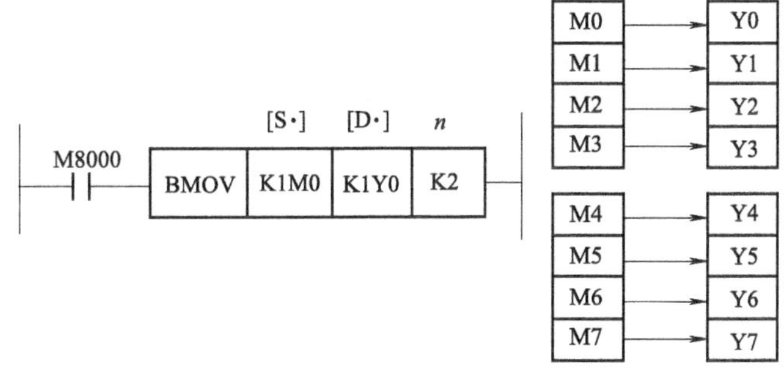

图 7-32　块传送指令说明（二）

(5) **多点传送指令**

多点传送指令 FMOV 的功能指令编号为 FNC16。多点传送指令 FMOV 的功能是将源操作数指定的软元件内容向以目标操作数指定的软元件开头的 *n* 点软元件传送，传送后的 *n* 个文件中的数据完全相同。

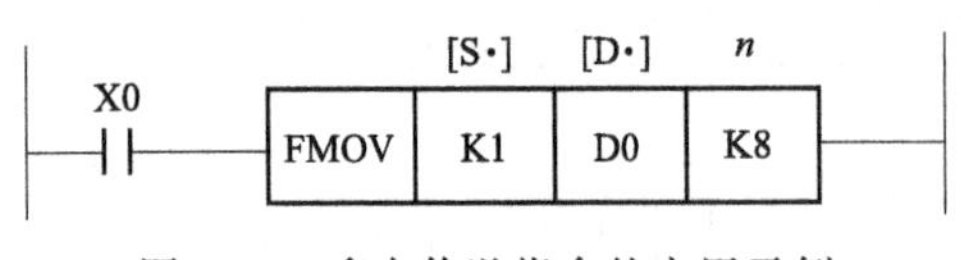

图 7-33 多点传送指令的应用示例

多点传送指令格式为：FMOV (P) [S·] [D·]，其中源操作数可取所有的数据类型。而目标操作数可取 KnY、KnM、KnS、T、C 和 D，$n<512$。

多点传送指令的应用示例如图 7-33 所示。在图 7-33 中，当 X0 为 ON（接通）时，将常数 1 送到 D0～D7 这 8 个（$n=8$）数据寄存器中。如果元件号超出允许的元件号范围，数据仅传送到允许的范围内。

(6) **数据交换指令**

数据交换指令 XCH 的功能指令编号为 FNC17。数据交换指令 XCH 的功能是将数据在指定的目标软元件之间进行交换。

数据交换指令格式为：XCH (P) [D1·] [D2·]，其中目标操作数可取 KnY、KnM、KnS、T、C、D、V、Z。

数据交换指令的应用示例如图 7-34 所示。在图 7-34中，当 X0 为 ON（接通）时，将 D0 和 D10 中的数据进行相互交换。交换指令一般采用脉冲方式，否则在每一个扫描周期都要交换一次。

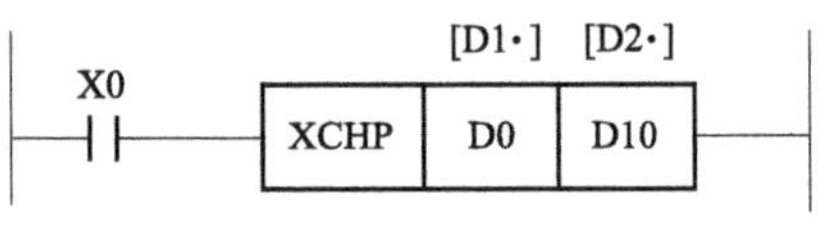

图 7-34 数据交换指令的应用示例

7.6.3 四则运算指令

四则运算指令包括 ADD、SUB、MUL、DIV（二进制加、减、乘、除）指令，源操作数可取所有的数据类型，目标操作数可取 KnY、KnM、KnS、T、C、D、V 和 Z（32 位乘除指令中 V 和 Z 不能用作 [D·]）。

(1) **加法指令**

加法指令 ADD 的功能编号为 FNC20，该指令将指定的源元件中的二进制数相加，结果送到指定的目标元件中去。数据为有符号的二进制数，最高位为符号位（0 为正，1 为负），加减运算为代数运算。

加法运算指令格式为 ADD (P) [S1·] [S2·] [D·]。

图 7-35 为加法指令的应用示例。

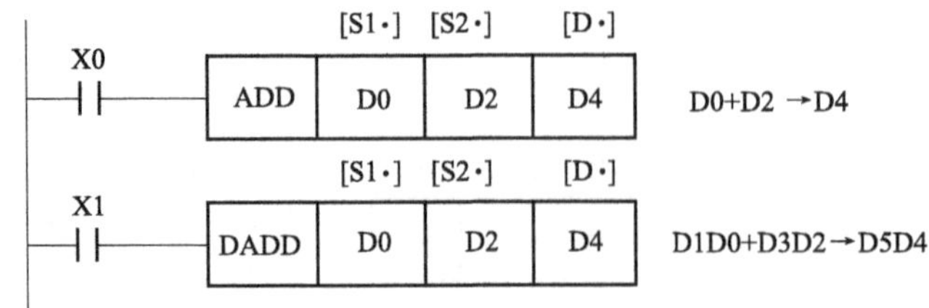

图 7-35 加法指令的应用示例

在图 7-35 中，当 X0 接通时，执行 ADD 指令，将 D0+D2 的结果送到 D4 中去。当 X1 接通时，执行 32 位 DADD 指令，将 (D1，D0)+(D3，D2) 的结果送到 (D5，D4) 中。

ADD 加法指令有 3 个常用标志位，M8020 为零标志，M8021 为借位标志，M8022 为进位标志。也就是说，如果运算结果为 0 时，则零标志 M8020 置“1”；如果运算结果超过 32767（16 位）或 2147483647（32 位），则进位标志 M8022 置“1”；如果运算结果小于 －32767（16 位）或－2147483647（32 位），则借位标志 M8021 置“1”。

在 32 位运算中，被指定的字元件是低 16 位，而下一个元件为高 16 位元件。为了避免错误，建议指定操作元件时采用偶数元件号。

源元件和目标元件可以使用相同的元件号，如果源元件和目标元件号相同，而且采用连续执行方式的 ADD（D）、ADD 指令时，加法的结果在每个扫描周期都会改变。

若采用脉冲执行的加法指令 ADD（P）来加 1，这与脉冲执行的 INC（加 1）指令的执行结果相似，其不同之处在于 INC 指令不影响零标志、借位标志和进位标志。

(2) 减法指令

减法指令 SUB 的功能编号为 FNC21，该指令将指定的源元件中的二进制数相减，结果送到指定的目标元件中去。数据为有符号的二进制数，最高位为符号位（0 为正，1 为负）。

减法运算指令格式为 SUB（P）[S1・] [S2・] [D・]。

图 7-36 为减法指令的应用示例。

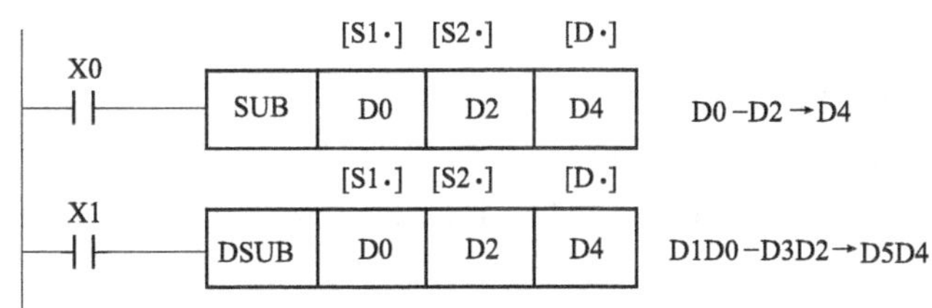

图 7-36　减法指令的应用示例

在图 7-36 中，当 X0 接通时，执行 SUB 指令，将 D0－D2 的结果送到 D4 中去。当 X1 接通时，执行 32 位 DSUB 指令，将（D1，D0)－(D3，D2）的结果送到（D5，D4）中。

各种标志的动作（M8020、M8021、M8022 对减法指令的影响）、32 位运算中软元件的指定方法、连续执行型和脉冲执行型的差异等均与上述加法指令相同。

(3) 乘法指令

乘法指令 MUL 的功能编号为 FNC22，该指令将指定的源元件中的二进制数相乘，结果送到指定的目标元件中去。数据为有符号的二进制数，最高位为符号位（0 为正，1 为负）。

乘法运算指令格式为 MUL（P）[S1・] [S2・] [D・]。

图 7-37 为乘法指令的应用示例。

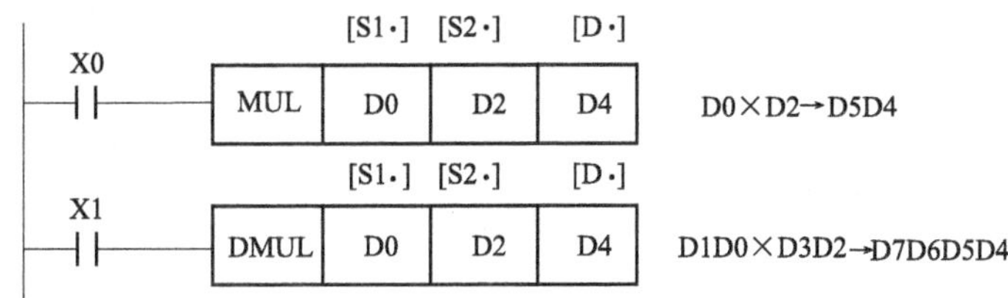

图 7-37　乘法指令的应用示例

它分 16 位和 32 位两种情况，如图 7-37 所示。如果为 16 位运算，当 X0 接通时，执行

MUL 指令，将 D0×D2 的结果放入（D5，D4）中去，因为源操作数为 16 位，其目标操作数为 32 位，所以乘积的低位字送到 D4，高位送到 D5 中，最高位为符号位。如果为 32 位运算，当 X1 接通时，执行 DMUL 指令，将（D1，D0）×（D3，D2）的结果放入（D7，D6，D5，D4）中去。因为源操作数为 32 位，其目标操作数为 64 位。最高位为符号位。

(4) 除法指令

除法指令 DIV 的功能编号为 FNC23，该指令是将源操作数［S1·］除以［S2·］，商送到指定的目标元件［D·］中去，余数送到［D·］的下一个目标元件。数据为有符号的二进制数，最高位为符号位（0 为正，1 为负）。

图 7-38 为除法指令的应用示例。

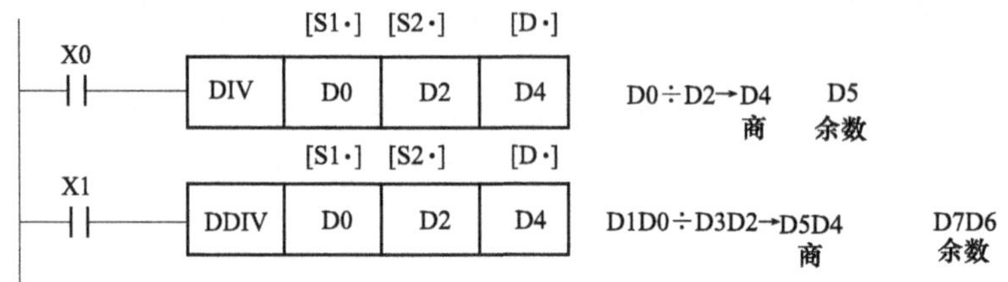

图 7-38　除法指令的应用示例

它也分 16 位和 32 位两种情况，如图 7-38 所示。如果为 16 位运算，当 X0 接通时，执行 DIV 指令，将 D0÷D2 的商放到 D4 中，余数放到 D5 中；如果为 32 位运算，当 X1 接通时，执行 DDIV 指令，将（D1，D0）÷（D3，D2）的商放到（D5，D4）中，余数放到（D7，D6）中。

若除数为 0 则出错，不执行指令。若位元件被指定为目标元件，则无法得到余数。商和余数的最高位是符号位。

7.7　PLC 应用实例

7-6　PLC 控制电动机的基本操作

7.7.1　PLC 控制电动机正向运转电路

PLC 控制三相异步电动机正向运转的电气控制电路图、PLC 端子接线图和梯形图如图 7-39 所示，其对应的指令表见表 7-41。若 PLC 自带 DC24V 电源，则应将外接 DC24V 电源处短接。

表 7-41　与图 7-39 对应的指令表

语句号	指令	元素
0	LD	X0
1	OR	Y0
2	ANI	X1
3	ANI	X2
4	OUT	Y0
5	END	

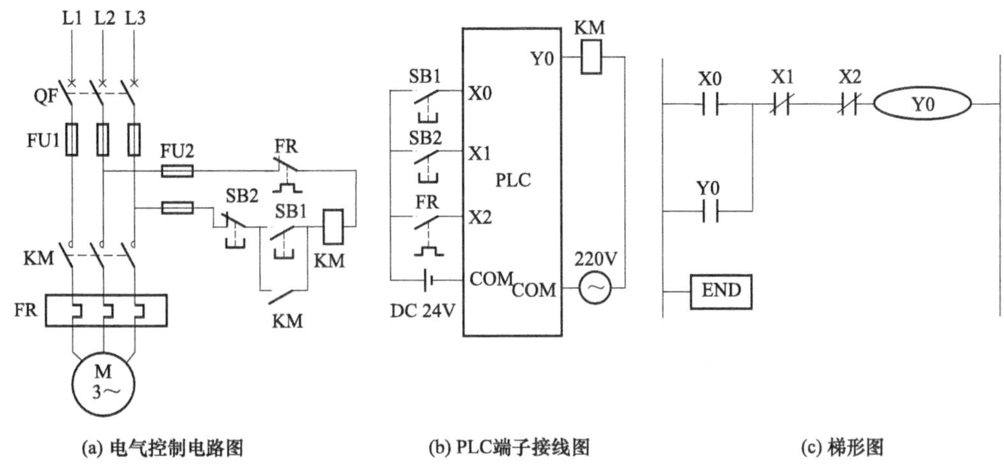

(a) 电气控制电路图　　(b) PLC端子接线图　　(c) 梯形图

图 7-39　三相异步电动机正向运转的控制电路

应用 PLC 时，常开、常闭按钮在外部接线可都采用常开按钮。PLC 控制三相异步电动机正向运转的工作原理如下：

合上断路器 QF，启动时，按下启动按钮 SB1，端子 X0 经 DC 24V 电源与 COM 端连接，PLC 内的输入继电器 X0 得电吸合，其常开触点闭合。PLC 内的输出继电器 Y0 得电吸合并自锁，接触器 KM 得电吸合，电动机启动运转。

停机时，按下停止按钮 SB2，端子 X1 经 DC 24V 电源与 COM 端连接，PLC 内的输入继电器 X1 得电吸合，其常闭触点断开，PLC 内的输出继电器 Y0 失电释放，接触器 KM 失电释放，电动机停止运行。

如果电动机过载，热继电器 FR 动作，其常开触点闭合，端子 X2 经 DC 24V 电源与 COM 端连接，PLC 内的输入继电器 X2 得电吸合，其常闭触点断开，PLC 内的输出继电器 Y0 失电释放，接触器 KM 失电释放，电动机停止运行。

7-7　PLC 的正反转控制

7.7.2　PLC 控制电动机正反转运转电路

PLC 控制三相异步电动机正反转运转的电气控制电路图、PLC 端子接线图和梯形图如图 7-40 所示，其对应的指令表见表 7-42。

PLC 控制三相异步电动机正反转运转的工作原理如下：

合上断路器 QF，正向启动时，按下正向启动按钮 SB1，端子 X0 与 COM 端连接，PLC 内的输入继电器 X0 通过 PLC 内部的 DC 24V 电源得电吸合，其常开触点闭合。PLC 内的输出继电器 Y0 得电吸合并自锁，接触器 KM1 得电吸合，电动机正向启动运转。

反转时，应当先按下停止按钮 SB3，端子 X2 经 PLC 内部的 DC 24V 电源与 COM 端连接，PLC 内的输入继电器 X2 得电吸合，其常闭触点断开，PLC 内的输出继电器 Y0 失电释放，接触器 KM1 失电释放，电动机停止运行。然后再按下反向启动按钮 SB2，端子 X1 与 COM 端连接，PLC 内的输入继电器 X1 通过 PLC 内部的 DC 24V 电源得电吸合，其常开触点闭合。PLC 内的输出继电器 Y1 得电吸合并自锁，接触器 KM2 得电吸合，电动机反向启动运转。

同理，电动机正在反向运转时，如果需要改为正向运转，也是应当先按下停止按钮 SB3，然后再按下正向启动按钮 SB1。

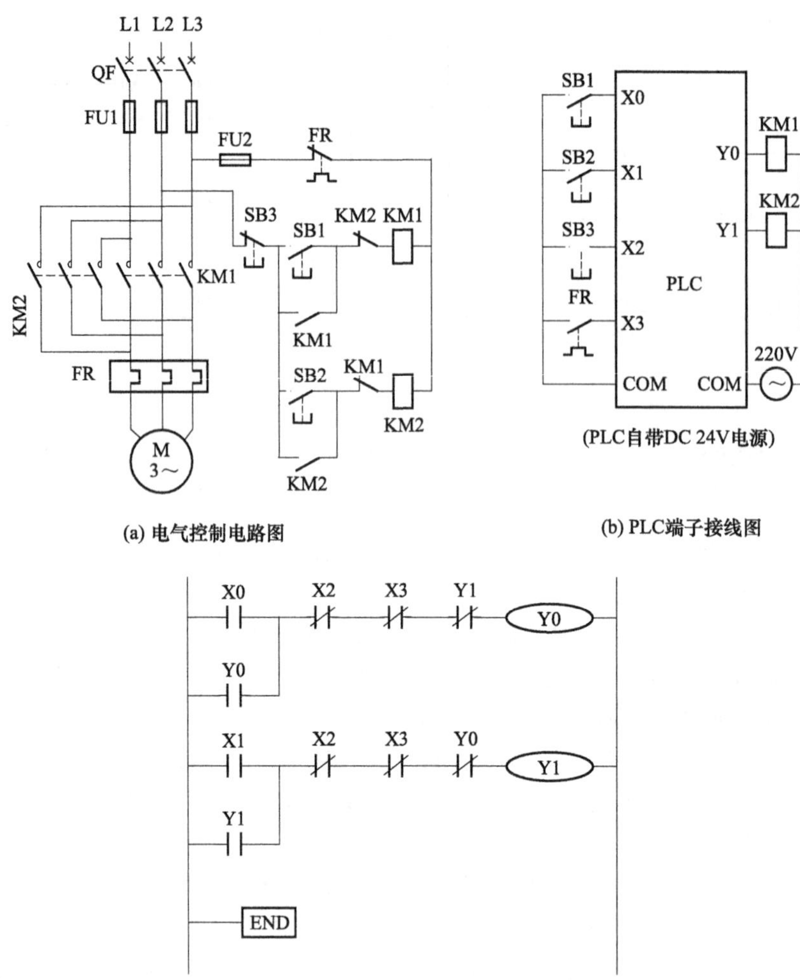

图 7-40 三相异步电动机正反转运转的控制电路

表 7-42 与图 7-40 对应的指令表

语句号	指令	元素
0	LD	X0
1	OR	Y0
2	ANI	X2
3	ANI	X3
4	ANI	Y1
5	OUT	Y0
6	LD	X1
7	OR	Y1
8	ANI	X2
9	ANI	X3
10	ANI	Y0
11	OUT	Y1
12	END	

正、反向运转通过 PLC 内部输出继电器 Y0 和 Y1 的常闭触点实现电气互锁。在图 7-40（a）所示的电气控制电路中，还利用接触器 KM1 和 KM2 的常闭辅助触点进行了互锁。

停机时，按下停止按钮 SB3，端子 X2 经 PLC 内部的 DC 24V 电源与 COM 端连接，PLC 内的输入继电器 X2 得电吸合，其常闭触点断开，PLC 内的输出继电器 Y0 或 Y1 失电释放，接触器 KM1 或 KM2 失电释放，电动机停止运行。

如果电动机过载，热继电器 FR 动作，其常开触点闭合，端子 X3 经 PLC 内部的 DC 24V 电源与 COM 端连接，PLC 内的输入继电器 X3 得电吸合，其常闭触点断开，PLC 内的输出继电器 Y0 或 Y1 失电释放，接触器 KM1 或 KM2 失电释放，电动机停止运行。

7.7.3 PLC 控制电动机双向限位电路

PLC 控制三相异步电动机双向限位的电气控制电路图、PLC 端子接线图和梯形图如图 7-41 所示，其对应的指令表见表 7-43。图中 SQ1 是电动机正向运行限位开关；SQ2 是电动机反向运行限位开关。

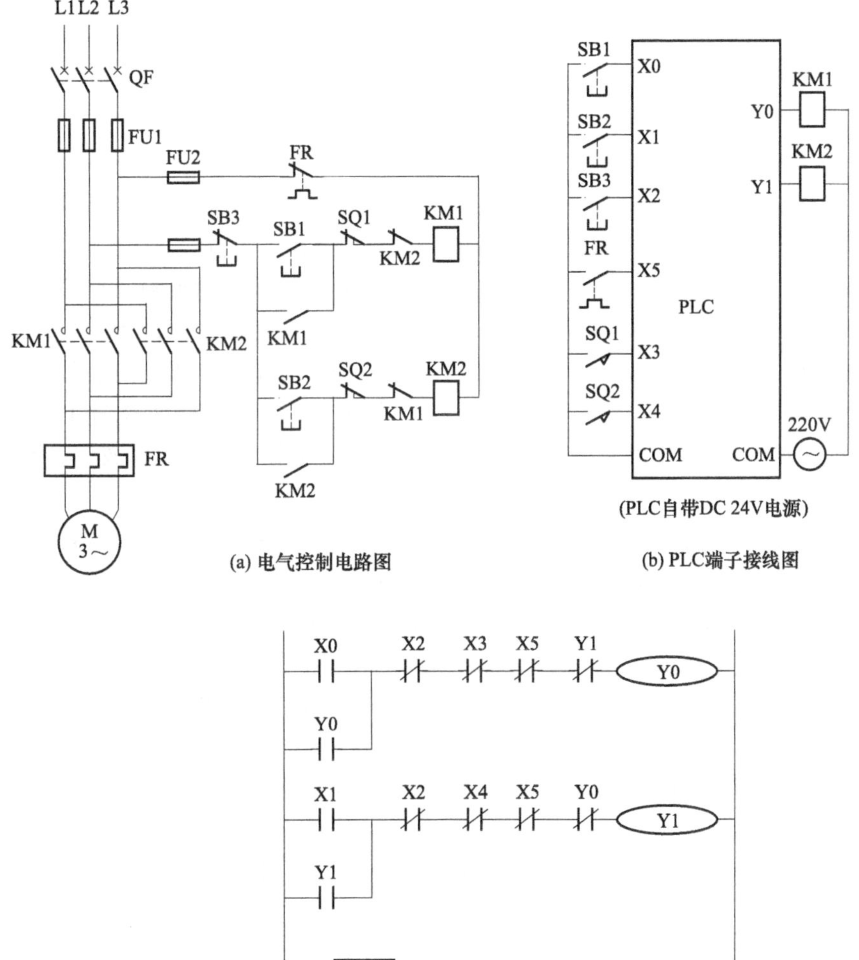

(a) 电气控制电路图

(b) PLC端子接线图

(c) 梯形图

图 7-41　三相异步电动机双向限位的控制电路

表 7-43　与图 7-41 对应的指令表

语句号	指令	元素
0	LD	X0
1	OR	Y0
2	ANI	X2
3	ANI	X3
4	ANI	X5
5	ANI	Y1
6	OUT	Y0
7	LD	X1
8	OR	Y1
9	ANI	X2
10	ANI	X4
11	ANI	X5
12	ANI	Y0
13	OUT	Y1
14	END	

PLC 控制三相异步电动机双向限位的工作原理如下：

合上断路器 QF，正向启动时，按下正向启动按钮 SB1，端子 X0 与 COM 端连接，PLC 内的输入继电器 X0 通过 PLC 内部的 DC 24V 电源得电吸合，其常开触点闭合。PLC 内的输出继电器 Y0 得电吸合并自锁，接触器 KM1 得电吸合，电动机正向启动运转，运动部件向前运行。当运动部件运动到预定限位时，装在运动部件上的挡块碰撞到限位开关 SQ1，其常开触点闭合，端子 X3 与 COM 端连接，PLC 内的输入继电器 X3 通过 PLC 内部的 DC 24V 电源得电吸合，其常闭触点断开，PLC 内的输出继电器 Y0 失电释放，接触器 KM1 失电释放，电动机停止运转。

反向启动时，按下反向启动按钮 SB2，端子 X1 与 COM 端连接，PLC 内的输入继电器 X1 通过 PLC 内部的 DC 24V 电源得电吸合，其常开触点闭合。PLC 内的输出继电器 Y1 得电吸合并自锁，接触器 KM2 得电吸合，电动机反向启动运转，运动部件向后运行。当运动部件运动到预定限位时，装在运动部件上的挡块碰撞到限位开关 SQ2，其常开触点闭合，端子 X4 与 COM 端连接，PLC 内的输入继电器 X4 通过 PLC 内部的 DC 24V 电源得电吸合，其常闭触点断开，PLC 内的输出继电器 Y1 失电释放，接触器 KM2 失电释放，电动机停止运转。

正、反向运转通过 PLC 内部输出继电器 Y0 和 Y1 的常闭触点实现电气互锁。在图 7-41 (a) 所示的电气控制电路中，还利用接触器 KM1 和 KM2 的常闭辅助触点进行了互锁。

在电动机运行过程中需要停机时，按下停止按钮 SB3，端子 X2 经 PLC 内部的 DC 24V 电源与 COM 端连接，PLC 内的输入继电器 X2 得电吸合，其常闭触点断开，PLC 内的输出继电器 Y0 或 Y1 失电释放，接触器 KM1 或 KM2 失电释放，电动机停止运行。

如果电动机过载，热继电器 FR 动作，其常开触点闭合，端子 X5 经 PLC 内部的 DC 24V 电源与 COM 端连接，PLC 内的输入继电器 X5 得电吸合，其常闭触点断开，PLC 内的输出继电器 Y0 或 Y1 失电释放，接触器 KM1 或 KM2 失电释放，电动机停止运行。

第8章

西门子可编程控制器

西门子公司具有品种丰富的PLC产品。其中S7-200系列是针对低性能要求的紧凑的微型PLC。S7-300是针对中等性能要求的模块式中小型PLC。S7-400是用于高性能要求的模块式大型PLC。

本章以S7-200系列PLC为例，介绍其系统的基本构成、硬件配置、内部资源分配等。读者在学习和掌握了S7-200系列PLC后，对于学习其他种类的PLC可起到抛砖引玉之作用。

S7-200系列PLC不仅能够实现传统的继电逻辑控制、计数和计时控制，还能实现复杂的数学运算、处理模拟量信号，并可支持多种协议和形式与其他智能设备进行数据通信，适用于各行各业各种场合中的检测、监测及控制的自动化。

8.1 S7-200系列PLC的硬件组成和主要性能

8.1.1 S7-200系列PLC的基本结构

(1) S7-200系列PLC的外形结构

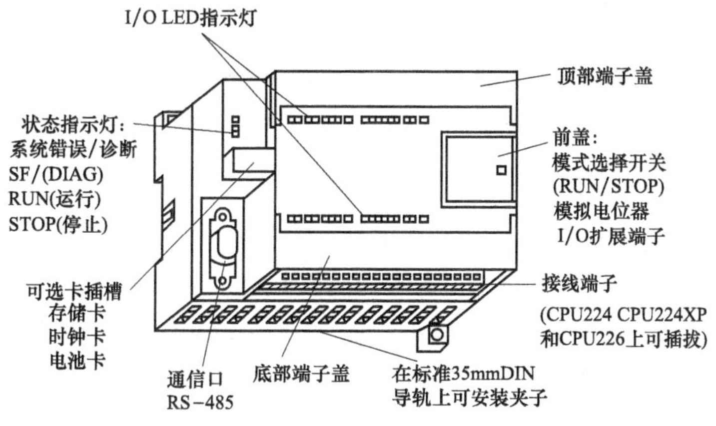

图8-1 S7-200系列PLC外形结构

S7-200 系列 PLC 属于整体结构式，其将 CPU 模块、I/O 模块和电源装在一个箱型机壳内，其外形结构如图 8-1 所示。图中的前盖下面有模式选择开关、模拟电位器和扩展模块连接器。

① 输入接线端子　输入接线端子用于连接外部控制信号及检测信号，如启动按钮、停止按钮、行程开关、传感器等，与 PLC 内部的输入位存储器相对应。在底部端子盖下是输入接线端子和为传感器提供 24V 直流电源的接线端子。

② 输出接线端子　输出接线端子用于连接被控对象，如接触器、电磁阀、信号灯等，与 PLC 内部的输出位存储器相对应。在顶部端子盖下是输出接线端子和 PLC 的工作电源端子。

③ CPU 状态指示灯　CPU 状态指示灯有 SF、STOP、RUN 三个，其作用见表 8-1。

表 8-1　CPU 状态指示灯的作用

名　称		作　　用	
SF	系统故障	亮	严重出错或硬件故障
STOP	停止状态	亮	不执行用户程序，可以通过编程装置向 PLC 装载程序或进行系统设置
RUN	运行状态	亮	执行用户程序

④ 输入状态指示灯　输入状态指示灯用于显示是否有外部控制信号（如控制按钮、行程开关、接近开关、光电开关及传感器等数字量信号）接入，当输入信号由 0 变 1 后，对应的指示灯亮。

⑤ 输出状态指示灯　输出状态指示灯用于显示 CPU 是否有信号输出到执行设备（如接触器、电磁阀、指示灯）。

⑥ 扩展接口　当 PLC 本身的点数不够用时，可通过扩展接口连接扩展模块来完成不同的任务，如数字量 I/O 扩展单元、模拟量 I/O 扩展单元、热电偶模块、通信模块等。

⑦ 通信接口　通信接口支持 PPI、MPI 通信协议，用于连接编程器、文本/图形显示器、PLC 网络等外部设备。

⑧ 模拟电位器　模拟电位器用来改变特殊寄存器（SM28、SM29）中的数值，以改变程序运行时的参数，如定时器、计数器的预置值，过程量的控制参数等。

⑨ 前盖　前盖打开，里面有扩展接口、工作方式开关和模拟电位器。

（2）S7-200 系列 PLC 系统组成

S7-200 系列 PLC 还可配备许多专用的特殊功能模块，例如模拟量输入/输出模块、热电偶和热电阻模块、通信模块等，从而扩展 PLC 的功能。S7-200 系列 PLC 系统组成如图 8-2 所示。其系统构成可分为基本单元、扩展模块和相关设备等。

8.1.2　S7-200 系列 PLC 基本单元的构成

基本单元（又称 CPU 模块、称主机或本机）主要由中央处理单元、单元内部逻辑处理电路、程序存储器、掉电保护存储器、数据存储器 RAM、输入/输出接口 I/O、计数器/定时器电路、中断电路、高速脉冲输入/输出电路、继电器或晶体管输出电路、通信接口电路、LED 指示电路、扩展接口电路、模拟电位器和电源输出模块等组成。它本身是一个完整的控制系统。

S7-200 系列 PLC 有 CPU21×和 CPU22×两代产品。CPU21×系列现在已经很少使用，

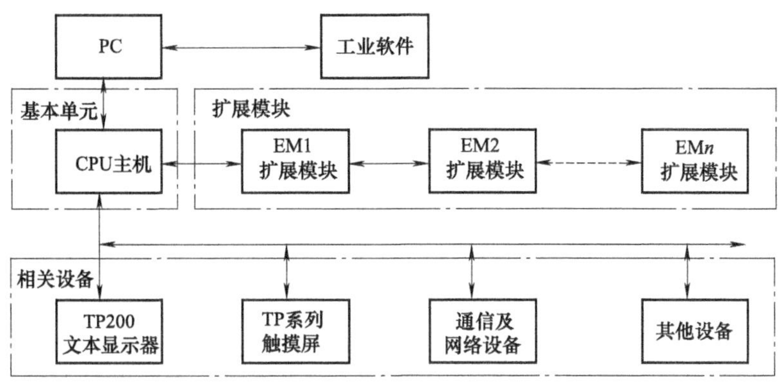

图 8-2　S7-200 系列 PLC 系统组成

CPU22× 系列 PLC 用得较多。CPU22X 系列 PLC 有 CPU221、CPU222、CPU224、CPU224XP、CPU226。

S7-200 系列 PLC 提供多种具有不同 I/O 点数的 CPU 模块和数字量、模拟量 I/O 扩展模块供用户使用。CPU 模块特性功能见表 8-2。

表 8-2　CPU 模块特性功能

功能 型号	数字 I/O	模拟 I/O	可扩展模块数	PID 控制器	RS-485 通信/编程	PPI/MPI 协议	独立的高速计数器 独立高速脉冲输出
CPU221	6/4	无	无	无	1个	有	无
CPU222	8/6	无	2 个模块 78 路数字 I/O 10 路模拟 I/O	有	1个	有	4～30kHz 高速计数 2～20kHz 高速脉冲输出
CPU224	14/10	无	7 个模块 168 路数字 I/O 35 路模拟 I/O	有	1个	有	6～30kHz 高速计数 2～20kHz 高速脉冲输出
CPU224XP	14/10	2 输入 1 输出	7 个模块 168 路数字 I/O 38 路模拟 I/O	自整定 PID 功能	2个	有	6～100kHz 高速计数 2～100kHz 高速脉冲输出
CPU226 (CPU226XM)	24/16	无	7 个模块 248 路数字 I/O 35 路模拟 I/O	有	2个	有	6～30kHz 高速计数 2～20kHz 高速脉冲输出

(1) 电源模块

CPU 模块具有 DC 24V 可接负载的电源，可直接连接到传感器和变送器（执行器）。为系统扩展需要，CPU 模块还为扩展模块提供 DC 5V 电源，以提供的最大电流为限。CPU 模块可提供的最大电流见表 8-3。

表 8-3　CPU 模块可提供的最大电流

CPU 型号	CPU221	CPU222	CPU224	CPU224XP	CPU226	CPU226XM
DC 24V 供电电流/mA	180		280		400	
DC 5V 供电电流/mA	0	340	660		1000	

(2) 存储器

基本单元内部有 EEPROM 存储器、RAM 存储器、用户程序存储器、用户数据存储器，有掉电保持型的和暂存型的。各个 CPU 单元内部的存储器容量见表 8-4。

表 8-4　各个 CPU 单元内部的存储器容量

主机 CPU 类型	CPU221	CPU222	CPU224	CPU224XP	CPU226	CPU226XM
用户程序区存储容量/B	4096	4096	8192	12288	16384	32768
非在线程序存储空间/B	4096	4096	12288	16384	24576	49152
用户数据区存储容量/B	2048	2048	8192	10240	10240	20480
用户存储器类型	EEPROM					

(3) 计数器/定时器电路

CPU 模块内部含有计数器/定时器电路，其作用是完成程序的计数/定时及软件看门狗定时。

(4) 中断电路

中断输入，它允许以极快的速度对信号的上升沿做出响应。在完成现有指令后（此时中断是处于允许状态的），自动转入中断程序。

(5) 高速脉冲输入/输出电路

脉冲捕捉输入信号功能，可以用普通输入端子捕捉比 CPU 扫描周期更快的脉冲信号，并可以以最高 30kHz 的速度计数，可以连接相应数量的相位差为 90°的 A/B 相编码器输入。

高频脉冲输出，两路最高可达 20kHz 的输出，可以驱动步进电动机和伺服电动机以实现准确定位。

(6) 输入/输出信号类型

四种 CPU 模块都有晶体管输出和继电器输出类型，具有不同的电源电压和控制电压。各种 CPU 模块的输出类型见表 8-5。

表 8-5　各种 CPU 模块的输出类型

<table>
<tr><th>CPU 特性</th><th>输入输出类型</th><th>电源电压</th><th>输入电压</th><th>输出电压</th><th>输出电流器件</th></tr>
<tr><td rowspan="2">CPU221</td><td>DC 输出
DC 输入</td><td>DC 24V</td><td rowspan="4">DC 24V</td><td>DC 24V</td><td>0.75A 晶体管</td></tr>
<tr><td>继电器输出
DC 输入</td><td>AC 85～264V</td><td>DC 24V
AC 24～230V</td><td>2A 继电器</td></tr>
<tr><td rowspan="2">CPU222
CPU224
CPU224XP
CPU226
CPU226XM</td><td>DC 输出</td><td>DC 24V</td><td>DC 24V</td><td>0.75A 晶体管</td></tr>
<tr><td>继电器输出</td><td>AC 85～264V</td><td>DC 24V
AC 24～230V</td><td>2A 继电器</td></tr>
</table>

8.1.3 S7-200 系列 PLC 的扩展模块

(1) 开关量输入/输出扩展模块

S7-200 系列 PLC（CPU221 除外）可以选用 25 种不同的扩展模块，以增加 PLC 的 I/O 点数或功能。开关量输入/输出扩展模块见表 8-6。

表 8-6　S7-200 系列 PLC 开关量输入/输出扩展模块一览表

型号	名称	主要参数	DC 5V 消耗	功耗
EM221	开关量输入	8 点，DC 24V 输入	30mA	1W
		8 点，AC 120/230V 输入	30mA	1W
		16 点，DC 24V 输入	70mA	3W
EM222	开关量输出	8 点，DC 24V/0.75A 输出	50mA	2W
		8 点，2A 继电器接点输出	40mA	2W
		8 点，AC 120/230V 输出	110mA	4W
		4 点，DC 24V/5A 输出	40mA	3W
		4 点，10A 继电器接点输出	30mA	4W
EM223	开关量输入/输出混合模块	4 输入/4 输出，DC 24V	40mA	2W
		4 点 DC 24V 输入/4 点继电器输出	40mA	2W
		8 输入/8 输出，DC 24V	80mA	3W
		8 点 DC 24V 输入/8 点继电器输出	80mA	3W
		16 输入/16 输出，DC 24V	160mA	6W
		16 点 DC 24V 输入/16 点继电器输出	150mA	6W

(2) 模拟量输入/输出扩展模块

S7-200 系列 PLC（CPU221 除外）可以选用 5 种模拟量 I/O 扩展模块（包括温度测量模块），以增加 PLC 的温度、转速、位置等的测量、显示与调节功能。模拟量输入/输出扩展模块见表 8-7。

表 8-7　S7-200 系列 PLC 模拟量输入/输出扩展模块一览表

型号	名称	主要参数	DC 5V 消耗	功耗
EM231	模拟量输入	4 点，DC 0～10V/0～20mA 输入，12 位	20mA	2W
		2 点，热电阻输入，16 位	87mA	1.8W
		4 点，热电偶输入，16 位	87mA	1.8W
EM232	模拟量输出	2 点，－10～＋10V/0～20mA，12 位	20mA	2W
EM235	模拟量输入/输出混合模块	4 输入/1 输出，DC 0～10V/0～20mA 输入；DC －10～＋10V/0～20mA 输出	30mA	2W

8.1.4 S7-200 系列 PLC 的主要性能参数

S7-200 系列 PLC 的主要性能参数见表 8-8。

表 8-8　S7-200 系列 PLC 的主要性能参数

S7-200 系列 PLC	CPU221	CPU222	CPU224	CPU224XP	CPU226
集成数字量输入输出	6 入/4 出	8 入/6 出	14 入/10 出	14 入/10 出	24 入/16 出
可连接的扩展模块数量(最大)	不可扩展	2	7	7	7
最大可扩展的数字量输入输出点数	不可扩展	78	168	168	248
最大可扩展的模拟量输入输出点数	不可扩展	10	35	38	35
用户程序区(在线/非在线)/(KB/KB)	4/4	4/4	8/12	12/16	16/24

续表

S7-200系列PLC	CPU221	CPU222	CPU224	CPU224XP	CPU226
数据存储区/KB	2	2	8	10	10
数据后备时间(电容)/h	50	50	50	100	100
后备电池(选件)持续时间/d	200	200	200	200	200
编程软件	STEP7-Micro/WIN	STEP7-Micro/WIN	STEP7-Micro/WIN	STEP7-Micro/WIN	STEP7-Micro/WIN
每条二进制语句执行时间/μs	0.22	0.22	0.22	0.22	0.22
标识寄存器/计数器/定时器数量	256/256/256	256/256/256	256/256/256	256/256/256	256/256/256
高速计数器	4个30kHz	4个30kHz	6个30kHz	6个100kHz	6个30kHz
高速脉冲输出	2个20kHz	2个20kHz	2个20kHz	2个100kHz	2个20kHz
通信接口	1×RS485	1×RS485	1×RS485	2×RS485	2×RS485
硬件边沿输入中断	4	4	4	4	4
支持的通信协议	PPI,MPI,自由口	PPI,MPI,自由口,Profibus DP	PPI,MPI,自由口,Profibus DP	PPI,MPI,自由口,Profibus DP	PPI,MPI,自由口,Profibus DP
模拟电位器	1个8位分辨率	1个8位分辨率	2个8位分辨率	2个8位分辨率	2个8位分辨率
实时时钟	外置时钟卡(选件)	外置时钟卡(选件)	内置时钟卡	内置时钟卡	内置时钟卡
外形尺寸($W\times H\times D$)/mm	90×80×62	90×80×62	120×80×62	140×80×62	196×80×62

8.2 S7-200系列PLC的数据存储区及元器件功能

8.2.1 S7-200系列PLC的数据存储区

在S7-200系列PLC的存储器中，除了可以存储用户程序和系统组态信息外，还有可供用户存储数据的存储空间，称为用户数据存储器。用户数据存储器的存储空间按功能分成若干个区域，每一区域都具有特定的功能，为用户编写程序提供各种灵活、快捷、方便的编程元件（PLC的编程软元件实质上为存储器单元）。

S7-200系列PLC的编程软元（器）件——数据存储区的总体框图如图8-3所示，可分为13个部分，它们的功能各不相同。编程软元（器）件的类型和元件号由字母和数字表示，其中I、Q、V、M、SM、L、S均可以按位（Bit）、字节（Byte）、字（Word）、双字（Double Word）来编址与存取。

(1) 输入映像寄存器（I）（输入继电器）

输入映像寄存器（输入继电器）标识符为I。I输入是PLC从外部开关接收信号的窗口。可以理解为在PLC内部与PLC的输入端子相连的输入映像寄存器（I）是一种光绝缘的电子继电器。每个输入继电器都有一个PLC上的输入端子对应，它用于接收外部的开关信号。当外部的开关信号闭合时，则输入继电器的线圈得电，在程序中其常开触点闭合，常

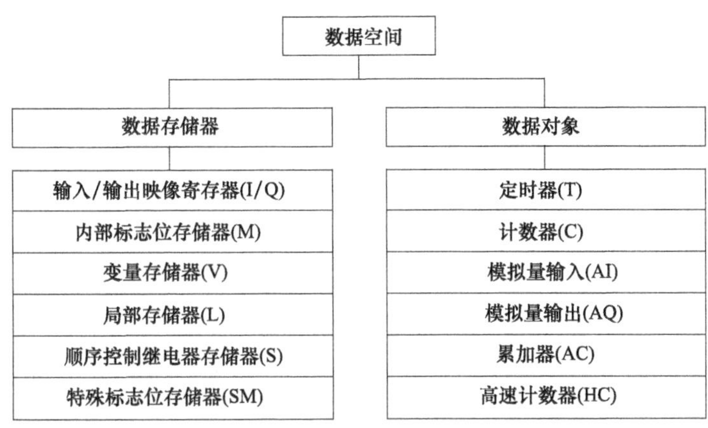

图 8-3　S7-200 系列 PLC 的十三大编程元（器）件

闭触点断开。这些触点可以在编程时任意使用，使用次数不受限制。

在每个扫描周期的开始，PLC 对各输入点进行采样，并把采样值送到输入映像寄存器中，作为程序处理时输入点状态的依据，PLC 在该扫描周期各阶段不再改变输入映像寄存器中的值，直到下一个扫描周期的采样阶段。输入映像寄存器的状态只能由外部输入信号驱动，而不能在内部由程序指令来改变。

S7-200 系列 PLC，输入映像寄存器的数据可以按位、字节、字或双字来使用。

当按位使用时，地址编号范围是 I0.0～I15.7，共 128 个位；

当按字节使用时，地址编号范围是 IB0～IB15，共 16 个字节；

当按字使用时，地址编号范围是 IW0～IW14，共 8 个字；

当按双字使用时，地址编号范围是 ID0～ID12，共 4 个双字。

(2) 输出映像寄存器（Q）（输出继电器）

输出映像寄存器（输出继电器）标识符为 Q。Q 输出是 PLC 向外部负载发出控制信号的窗口。每个输出继电器都有一个 PLC 上的输出端子对应。当通过程序使得输出继电器线圈得电时，PLC 主机上的输出端开关闭合，它可以作为控制外部负载的开关信号。同时在程序中其常开触点闭合，常闭触点断开。这些触点可以在编程时任意使用，使用次数不受限制。

在每个扫描周期的输入采样、程序执行等阶段，并不把输出结果信号直接送到输出继电器，而只是送到输出映像寄存器，只有在每个扫描周期的末尾，CPU 才以批处理方式将输出映像寄存器中的数值复制到相应的输出端子上，通过输出模块将输出信号传送给负载。

S7-200 系列 PLC，输出映像寄存器的数据可以按位、字节、字或双字来使用。

当按位使用时，地址编号范围是 Q0.0～Q15.7，共 128 个位；

当按字节使用时，地址编号范围是 QB0～QB15，共 16 个字节；

当按字使用时，地址编号范围是 QW0～QW14，共 8 个字；

当按双字使用时，地址编号范围是 QD0～QD12，共 4 个双字。

(3) 内部标志位存储器（M）（中间继电器或通用辅助继电器）

内部标志位存储器（中间继电器或通用辅助继电器）标识符为 M。内部标志位存储器也称内部线圈，它模拟继电器控制系统中的中间继电器，一般用于存储程序中的中间状态或控制信息。在 PLC 中没有输入/输出端与之对应，因此，通用辅助继电器的线圈不直接受输入信号控制，其触点不能驱动外部负载，外部负载必须由输出继电器的外部硬接点来驱动。辅助继电器的常开触点、常闭触点在PLC的梯形图中可以无限次地自由使用。中间继电器在编程中多按位M0.0来使用，但也可按字节MB10、字MW10、双字MD10来使用。

CPU226模块内部标志位存储器（中间继电器）的有效地址范围为M0.0～M31.7，共256个位；MB0～MB31，共32个字节；MW0～MW30，共16个字；MD0～MD28，共8个双字。中间继电器M的编号及属性见表8-9。

表8-9 中间继电器M的编号及属性表

一般用途(默认)	停电保持用(默认)
M0.0～M13.7	M14.0～M31.7

(4) 变量存储器（V）

变量存储器（又称数据存储器）标识符为V。PLC执行程序过程中，会存在一些控制过程的中间结果，这些中间数据也需要存储器来保存。变量存储器就是根据这个实际的要求设计的。变量存储器是存储执行程序过程中的中间结果或保存与工序或任务有关的数据的软元件。

变量存储器存放全局变量。变量存储器是全局有效，全局有效是指同一个存储器可以在任一程序分区（主程序、子程序、中断程序）被访问。

CPU226模块变量存储器的有效地址范围为V0.0～V5119.7，共40960个位；VB0～VB5119，共5120个字节；VW0～VW5118，共2560个字；VD0～VD5116，共1280个双字。S7-200系列PLC变量存储器V的编号及属性见表8-10。

表8-10 S7-200系列PLC变量存储器V的编号及属性表

CPU221	CPU222	CPU224	CPU226	CPU226XM
VB0～VB2047	VB0～VB2047	VB0～VB5119	VB0～VB5119	VB0～VB10239

注：默认全部是停电保持型，通过保留性范围参数设定可以改变保留性范围。

(5) 局部存储器（L）

局部存储器标识符为L。局部存储器存放局部变量。局部存储器只是局部有效，局部有效是指某一局部存储器只能在某一程序分区（主程序、子程序、中断程序）中被使用。S7-200系列PLC的局部存储器区为64个字节，前60个字节可以用作暂时存储器或给子程序传递参数。与变量存储器不同的是局部存储器中的局部变量只在被创建的程序块中有效，当该程序块被执行完，则相应的局部变量被释放。

CPU226模块局部存储器的有效地址范围为L0.0～L63.7，共512个位；LB0～LB63，共64个字节；LW0～LW62，共32个字；LD0～LD60，共16个双字。

(6) 顺序控制继电器存储器（S）（顺序控制继电器）

顺序控制继电器存储器标识符为S，其功能为顺序控制和步进控制。顺序控制继电器（又称状态继电器）S一般用来编写步进阶梯指令，表示该步的状态，配合SCR指令完成步进阶梯指令控制程序的逻辑分段。顺序控制继电器S在编程或调试时可以按位、字节、字或双字来使用。

CPU226顺序控制继电器存储器的有效地址范围为S0.0～S31.7，共256个位；SB0～SB31，共32个字节；SW0～SW30，共16个字；SD0～SD28，共8个双字。

(7) 特殊标志位存储器（SM）（特殊标志继电器）

特殊标志位存储器标识符为SM。它是CPU系统与用户程序之间互相交换信息的窗口。

特殊标志位存储器即特殊内部线圈，它是用户程序与系统程序之间的界面，为用户提供一些特殊的控制功能及系统信息。用户对操作的一些特殊要求也通过特殊标志位存储器通知系统。特殊标志位存储器区域分为只读区域（SM0.0～SM29.7）和可读写区域。在只读区特殊标志位，用户只能使用其触点。

特殊标志继电器可以按位、字节、字或双字来使用。特殊标志继电器 SM 的编号及属性见表 8-11。

表 8-11　特殊标志继电器 SM 的编号及属性表

CPU 类型	所用范围	只读范围
CPU221	SM0.0～SM179.7	SM0.0～SM29.7
CPU222	SM0.0～SM279.7	SM0.0～SM29.7
CPU224	SM0.0～SM579.7	SM0.0～SM29.7
CPU226	SM0.0～SM579.7	SM0.0～SM29.7

例如：

SM0.0：在“RUN”状态时，总是接通的。即常闭触点，在程序运行时一直保持闭合状态。

SM0.1：开机脉冲，只在“STOP”转为“RUN”状态的第一个扫描周期是接通的。即首次扫描为 1，以后为 0，常用来对程序进行初始化。

SM0.5：1s 脉冲。即 1s 时钟脉冲，0.5s 闭合，0.5s 断开。

SMB34：是定义定时中断间隔时间的特殊标志继电器，用于存储定时中断的时间间隔。

SMB47：是定义高速计数器 HSC1 工作模式的特殊标志继电器。

更多的常用特殊标志继电器的功能可以查看相应的手册。

(8) 定时器存储器（T）（定时器）

定时器存储器标识符为 T。定时器是 PLC 中重要的编程元件，是累计时间增量的内部器件。定时器的工作过程与继电器控制系统的时间继电器基本相同。使用时要提前输入时间预设值。当定时器的当前值达到预设值时，它的常开触点闭合，常闭触点断开，利用定时器的触点就可以得到控制所需要的延时时间。通常定时器的设定值由程序赋予，需要时也可在外部设定。

S7-200 系列 PLC 有 256 个定时器 T，其编号的有效范围为 T0～T255。定时器的分辨率（时基或时基增量）分为 1ms、10ms、100ms 三种。

① S7-200 定时器的三种类型

a. 接通延时定时器。功能是定时器计时到时，定时器的常开触点由 OFF 转入 ON。

b. 断开延时定时器。功能是定时器计时到时，定时器的常开触点由 ON 转入 OFF。

c. 记忆接通延时定时器。功能是定时器累计时间到时，定时器的常开触点由 OFF 转入 ON。

② 定时器的三种相关变量

a. 定时器的时间设定值（PT）。

b. 定时器的当前时间值（SV）。

c. 定时器的输出状态（0 或者 1）。

(9) 计数器存储器（C）（计数器）

计数器存储器标识符为 C。计数器用来累计其计数输入端脉冲电平由低到高的次数。它是应用非常广泛的编程元件，经常用来对产品进行计数或进行特定功能的编程。使用时要提前输入它的设定值（计数的个数）。当输入条件满足时，计数器开始累计它的输入端脉冲电位上升沿（正跳变）的次数，当计数器计数达到预定的设定值，其常开触点闭合，常闭触点断开。它有三种类型：增计数、减计数、增减计数。通常计数器的设定值由程序赋予，需要时也可在外部设定。

S7-200 系列 PLC 有 256 个计数器 C，其编号的有效范围为 C0～C255。

计数器的三种相关变量

① 计数器的设定值（PT）。

② 计数器的当前值（SV）。

③ 计数器的输出状态（0 或者 1）。

(10) 模拟量输入映像寄存器（AI）

模拟量输入映像寄存器标识符为 AI。模拟量输入电路用以实现模拟量/数字量（A/D）之间的转换，PLC 处理的是其中的数字量。

模拟量输入模块将外部输入的模拟信号的模拟量（如温度、压力）转换成 1 个字长（16 位）的数字量，存放在模拟量输入映像寄存器中，供 CPU 运算处理，模拟量输入映像寄存器中的值为只读值。

CPU226 模拟量输入映像寄存器的有效地址范围为 AIW0～AIW62，共 32 个字，即共有 32 路模拟量输入。

(11) 模拟量输出映像寄存器（AQ）

模拟量输出映像寄存器标识符为 AQ。模拟量输出电路用以实现数字量/模拟量（D/A）之间的转换，PLC 处理的是其中的数字量。

CPU 运算的相关结果存放在模拟量输出映像寄存器中，D/A 转换器将 1 个字长（16 位）的数字量按比例转换成电流或电压等模拟量，以驱动外部模拟量控制的设备，模拟量输出映像寄存器中的值为只写值，用户不能读取模拟量输出值。

CPU226 模拟量输出映像寄存器的有效地址范围为 AQW0～AQW62，共 32 个字，即共有 32 路模拟量输出。

(12) 累加器（AC）

累加器标识符为 AC。累加器（AC）是用来暂存数据的寄存器，它可以用来存放数据，如运算数据、中间数据和结果数据。累加器是可以像存储器那样进行读/写的器件。例如，可以用累加器向子程序传递参数，或从子程序返回参数，以及用来存放计算结果的中间值。

S7-200 系列 PLC 的 CPU 有 4 个 32 位累加器（AC0、AC1、AC2、AC3）。可以按字节、字或双字存取累加器中的数据。但是，以字节形式读/写累加器中的数据时，只能读/写累加器 32 位数据中的最低 8 位数据。如果以字的形式读/写累加器中的数据时，只能读/写累加器 32 位数据中的最低 16 位数据。只有采取双字的形式读/写累加器中的数据时，才能一次读/写全部 32 位数据。

因为 PLC 的运算功能是离不开累加器的。因此，不能像占用其他存储器那样随便占用累加器。

(13) 高速计数器（HC）

高速计数器标识符为 HC，用于累计高速脉冲信号。当高速脉冲信号的频率比 CPU 扫描速率更快时，必须要用高速计数器来计数。

S7-200系列PLC各个高速计数器计数频率高达30kHz。CPU221和CPU222有4个高速计数器（HC0、HC3、HC4、HC5）；CPU224和CPU226有6个高速计数器（HC0～HC5）。

8.2.2 S7-200系列PLC的编程器件和特性

S7-200系列PLC的软件性能指标包括编程功能、编程器件和特性、高速计数脉冲输出功能、通信功能及其他功能等。S7-200系列PLC编程功能见表8-12，S7-200系列PLC的编程器件和特性见表8-13，这两个表供编程使用时参考。

表8-12　S7-200系列PLC编程功能一览表

主要参数	CPU221	CPU222	CPU224	CPU224XP	CPU226
用户程序存储容量	4KB	4KB	8KB	12KB	16KB
数据存储器容量	2KB	2KB	8KB	10KB	10KB
编程软件	STEP 7-Micro/WIN				
逻辑指令执行时间	0.22μs				
标志寄存器数量	256，其中：断电记忆型112点(EEPROM保存)				
定时器数量	256，其中：1ms定时4个，10ms定时16个，100ms定时236个				
计数器数量	256(电池保持)				
中断输入	2点，分辨率1ms				
上升/下降沿中断输入	共4点				

表8-13　S7-200系列PLC的编程器件和特性

描述	范围					存取格式			
	CPU221	CPU222	CPU224	CPU224XP	CPU226	位	字节	字	双字
用户程序区	4096B	4096B	8192B	12288B	16384B				
用户数据区	2048B	2048B	8192B	10240B	10240B				
输入映像寄存器	I0.0～I15.7	I0.0～I15.7	I0.0～I15.7	I0.0～I15.7	I0.0～I15.7	Ix.y	IBx	IWx	IDx
输出映像寄存器	Q0.0～Q15.7	Q0.0～Q15.7	Q0.0～Q15.7	Q0.0～Q15.7	Q0.0～Q15.7	Qx.y	QBx	QWx	QDx
模拟输入(只读)		AIW0～AIW30	AIW0～AIW62	AIW0～AIW62	AIW0～AIW62			AIWx	
模拟输出(只写)		AQW0～AQW30	AQW0～AQW62	AQW0～AQW62	AQW0～AQW62			AQWx	
变量存储器	VB0～VB2047	VB0～VB2047	VB0～VB8191	VB0～VB10239	VB0～VB10239	Vx.y	VBx	VWX	VDx
局部存储器	LB0～LB63	LB0～LB63	LB0～LB63	LB0～LB63	LB0～LB63	Lx.y	LBx	LWx	LDx
位存储器	M0.0～M31.7	M0.0～M31.7	M0.0～M31.7	M0.0～M31.7	M0.0～M31.7	Mx.y	MBx	MWx	MDx
特殊存储器(只读)	SM0.0～SM179.7 SM0.0～SM29.7	SM0.0～SM299.7 SM0.0～SM29.7	SM0.0～SM549.7 SM0.0～SM29.7	SM0.0～SM549.7 SM0.0～SM29.7	SM0.0～SM549.7 SM0.0～SM29.7	SMx.y	SMBx	SMWx	SMDx

续表

描 述	范围					存取格式			
	CPU221	CPU222	CPU224	CPU224XP	CPU226	位	字节	字	双字
定时器	256(T0～T255)					Tx		Tx	
保持接通延时 1ms 保持接通延时 10ms 保持接通延时 100ms	T0,T64 T1～T4,T65～T68 T5～T31,T69～T95								
接通/断开延时 1ms 接通/断开延时 10ms 接通/断开延时 100ms	T32,T96 T33～T36,T97～T100 T37～T63,T101～T255								
计数器	C0～C255	C0～C255	C0～C255	C0～C255	C0～C255	Cx		Cx	
高速计数器	HC0, HC3～HC5	HC0, HC3～HC5	HC0～HC5	HC0～HC5	HC0～HC5				HCx
顺控继电器	S0.0～S31.7	S0.0～S31.7	S0.0～S31.7	S0.0～S31.7	S0.0～S31.7	Sx.y	SBx	SWx	SDx
累加器	AC0～AC3	AC0～AC3	AC0～AC3	AC0～AC3	AC0～AC3		ACx	ACx	ACx
跳转/标号	0～255	0～255	0～255	0～255	0～255				
调用/子程序	0～63	0～63	0～63	0～127	0～127				
中断程序	0～127	0～127	0～127	0～127	0～127				
中断号	0～12 19～23 27～33	0～12 19～23 27～33	0～23 27～33	0～33	0～33				
PID 回路	0～7	0～7	0～7	0～7	0～7				
通信端口	端口 0	端口 0	端口 0	端口 0.1	端口 0.1				

注：1. LB60～LB63 为 STEP 7-Micro/WIN 32 V3.0 或更高版本保留。
2. 若因 S7-200 系列 PLC 的性能提高而使参数改变，请参考西门子的相关产品手册。

8.3 S7-200 系列 PLC 的基本指令

西门子公司的 S7-200 系列 PLC 共有 27 条基本逻辑指令，多用于开关量逻辑控制。基本逻辑指令以位逻辑操作为主。位逻辑指令是对以位进行计量的数据进行控制的指令。位逻辑指令的操作数是位数据，包括 I、Q、M、T 和 C 等。位逻辑指令是 PLC 中最常用和最重要的指令。

8-1 西门子逻辑取指令、线圈驱动指令

8.3.1 逻辑取及线圈驱动指令（LD、LDN、=）

逻辑取指令（又称触点取指令）和线圈驱动指令（又称线圈输出指令）的助记符、名称、功能、操作元件见表 8-14。

表 8-14　触点取指令和线圈输出指令

指令助记符	指令名称	指令功能	操作数(操作元件)
LD	常开触点取用指令输入(常开触点)	用于逻辑运算的开始,表示常开触点与左母线相连	I、Q、M、SM、T、C、V、S
LDN	常闭触点取用指令输入(常闭触点)	用于逻辑运算的开始,表示常闭触点与左母线相连	I、Q、M、SM、T、C、V、S
=	线圈输出指令	用于线圈的驱动(输出)	Q、M、SM、T、C、V、S

(1) 指令功能及用法

① LD (Load)：常开触点逻辑运算的开始。对应梯形图则为在左侧母线或线路分支点处初始装载一个常开触点。

② LDN (Load not)：常闭触点逻辑运算的开始（即对操作数的状态取反）。对应梯形图则为在左侧母线或线路分支点处初始装载一个常闭触点。

③ ＝ (OUT)：输出指令，表示对存储器赋值的指令，对应梯形图则为线圈驱动。对同一操作元件只能使用一次。

④ 触点代表 CPU 对存储器的读操作。常开触点和存储器的位状态一致，常闭触点和存储器的位状态相反。用户程序中同一触点可使用无数次。

例如，存储器 I0.0 的状态为 1，则对应的常开触点 I0.0 接通，表示能流可以通过；而对应的常闭触点 I0.0 断开，表示能流不能通过。存储器 I0.0 的状态为 0，则对应的常开触点 I0.0 断开，表示能流不能通过；而对应的常闭触点 I0.0 接通，表示能流可以通过。

⑤ 线圈代表 PLC 对存储器的写操作。若线圈左侧的逻辑运算结果为“1”，表示能流能够到达线圈，CPU 将该线圈操作数指定的存储器的位置定为“1”。若线圈左侧的逻辑运算结果为“0”，表示能流不能够到达线圈，CPU 将该线圈操作数指定的存储器的位置定为“0”。用户程序中，同一操作数的线圈只能使用一次。

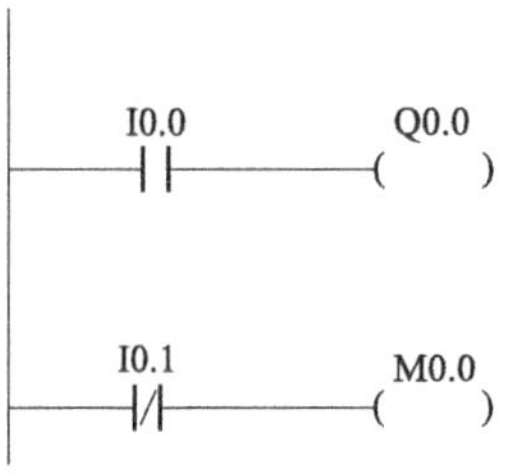

图 8-4　LD、LDN 和＝指令的使用（梯形图）

(2) 指令使用说明

LD、LDN 和＝指令的使用如图 8-4 所示，与其对应的语句表见表 8-15。

表 8-15　LD、LDN 和＝指令语句表

语句号	指令	元素	备注
0	LD	I0.0	装载常开触点
1	=	Q0.0	输出线圈
2	LDN	I0.1	装载常闭触点
3	=	M0.0	输出线圈

① 每个逻辑运算开始都需要触点取指令，每个电路块的开始也都需要触点取指令。

② 线圈输出指令（＝指令）用于 Q、M、SM、T、C、V、S，但不能用于输入映像寄存器 I。

③ 线圈输出指令可并联使用多次，如图 8-5 所示（与其对应的语句表见表 8-16），但不能串联使用。

④ 在线圈输出指令的梯形图表示形式中，同一编号线圈不能出现多次。

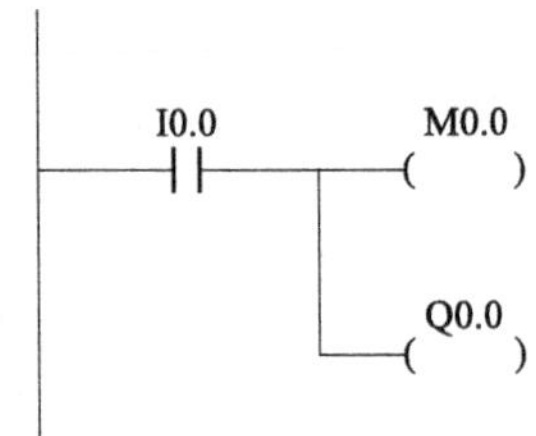

图 8-5 输出指令并联使用（梯形图）

表 8-16 与图 8-5 对应的语句表

语句号	指令	元素	备注
0	LD	I0.0	装载常开触点
1	=	M0.0	输出线圈
2	=	Q0.0	输出线圈

8.3.2 触点串联指令（A、AN）

触点串联指令的助记符、名称、功能、操作元件见表 8-17。

8-2 西门子触点串联指令

表 8-17 触点串联指令

指令助记符	指令名称	指令功能	操作数(操作元件)
A	常开触点串联指令	用于单个常开触点的串联逻辑“与”(常开触点)	I、Q、M、SM、T、C、V、S
AN	常闭触点串联指令	用于单个常闭触点的串联逻辑“与”(常闭触点)	I、Q、M、SM、T、C、V、S

网络1

I0.0 I0.1 Q0.0

网络2

I0.2 M0.0 M0.1 Q0.1

图 8-6 A、AN 指令的使用（梯形图）

(1) 指令功能及用法

① A（And）：与指令，在梯形图中该指令表示一个常开触点与前面（左边）触点串联连接。

② AN（And not）：与反指令（与非指令），在梯形图中该指令表示一个常闭触点与前面（左边）触点串联连接。

(2) 指令使用说明

A、AN 指令的使用如图 8-6 所示，与其对应的语句表见表 8-18。

表 8-18 图 8-6 对应的指令语句表

语句号	指令	元素	备注
0	LD	I0.0	装载常开触点
1	A	I0.1	与常开触点
2	=	Q0.0	输出线圈
3	LD	I0.2	装载常开触点
4	AN	M0.0	与常闭触点
5	A	M0.1	与常开触点
6	=	Q0.1	输出线圈

① A、AN 是单个触点串联连接指令，串联触点数目没有限制，可连续使用，但受编程软件和打印宽度的限制，一般串联不超过 11 个触点。

② 若要串联多个触点组合回路时，必须采用后面要说明的 ALD 指令，如图 8-7 所示。

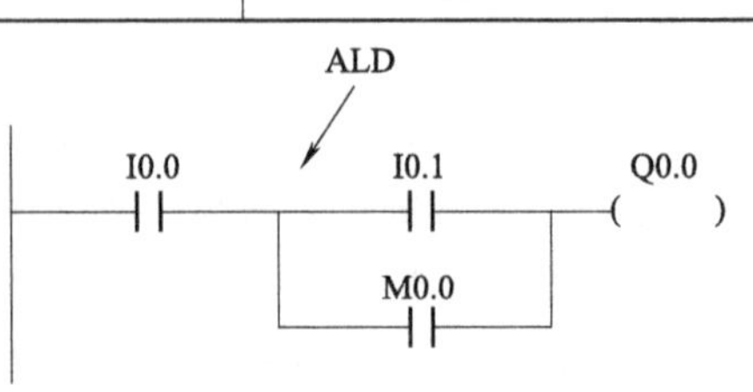

图 8-7 ALD 的使用

③ 在“＝”之后，通过串联触点对其他线圈使用＝指令，称为连续输出。

④ 若按正确次序编程（即输入：左重右轻、上重下轻；输出：上轻下重），可以反复（连续）使用＝指令，如图 8-8 所示（与其对应的语句表见表 8-19）。但若按图 8-9 所示的编程次序（因为此图输出为上重下轻），就不能连续使用＝指令。

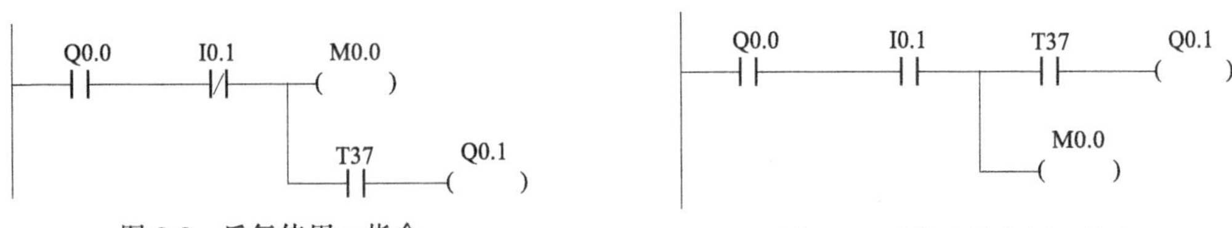

图 8-8　反复使用＝指令

图 8-9　不能连续使用＝指令

表 8-19　图 8-8 对应的指令语句表

语句号	指令	元素	备注
0	LD	Q0.0	装载常开触点
1	AN	I0.1	与常闭触点
2	＝	M0.0	输出线圈
3	A	T37	与常开触点
4	＝	Q0.1	输出线圈

8.3.3　触点并联指令（O、ON）

触点并联指令的助记符、名称、功能、操作元件见表 8-20。

表 8-20　触点并联指令

指令助记符	指令名称	指令功能	操作数(操作元件)
O	常开触点并联指令	用于单个常开触点的并联逻辑“或”(常开触点)	I、Q、M、SM、T、C、V、S
ON	常闭触点并联指令	用于单个常闭触点的并联逻辑“或”(常闭触点)	I、Q、M、SM、T、C、V、S

8-3　西门子触点并联指令

(1) 指令功能及用法

① O（Or）：或指令，在梯形图中该指令表示一个常开触点与上面（上方）触点并联连接。

② ON（Or not）：或反指令（或非指令），在梯形图中该指令表示一个常闭触点与上面（上方）触点并联连接。

(2) 指令使用说明

O、ON 指令的使用如图 8-10 所示，与其对应的语句表见表 8-21。

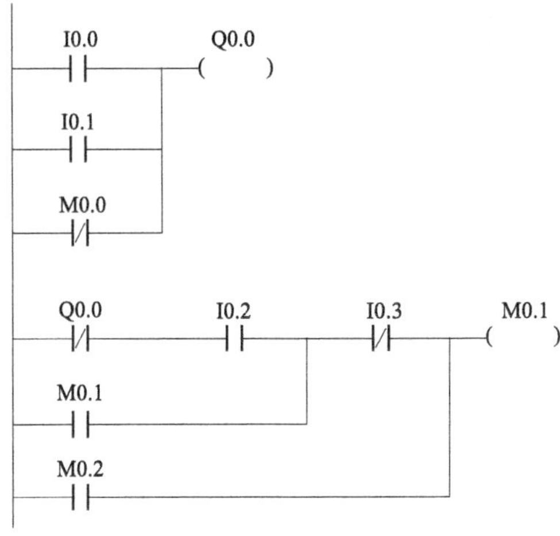

图 8-10　O、ON 指令的使用

① O、ON 指令用于一个触点的并联连接，紧接在 LD、LDN 指令之后使用，即对其前面的 LD、LDN 指令所规定的触点再并联一个触点。

表 8-21 O、ON 指令语句表

语句号	指令	元素	备注
0	LD	I0.0	装载常开触点
1	O	I0.1	或常开触点
2	ON	M0.0	或常闭触点
3	=	Q0.0	输出线圈
4	LDN	Q0.0	装载常闭触点
5	A	I0.2	与常开触点
6	O	M0.1	或常开触点
7	AN	I0.3	与常闭触点
8	O	M0.2	或常开触点
9	=	M0.1	输出线圈

② O、ON 指令可以连续使用，但受编程软件和打印宽度的限制，一般并联不超过 7 个触点。

③ 若要用两个以上触点的串联回路与其他回路并联时，则须采用后面要说明的 OLD 指令。

8-4 西门子并联电路块的串联指令

8.3.4 并联电路块串联指令（ALD）

并联电路块串联指令的助记符、名称、功能、操作元件见表 8-22。

表 8-22 并联电路块串联指令

指令助记符	指令名称	指令功能	操作数(操作元件)
ALD	并联电路块串联指令	用来描述并联电路块的串联关系 注：两个以上触点并联形成的电路称为并联电路块	无

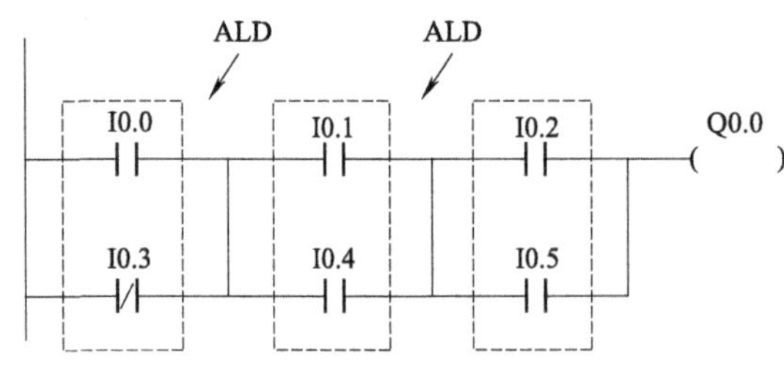

图 8-11 ALD 指令的使用

(1) 指令功能及用法

ALD (And Load)：并联电路块（组）的串联连接指令（块与指令），在梯形图中该指令表示一个并联电路块与前面触点串联连接。

(2) 指令使用说明

ALD 指令的使用如图 8-11 所示，与其对应的语句表见表 8-23。

表 8-23 ALD 指令语句表

语句号	指令	元素	备注
0	LD	I0.0	装载常开触点
1	ON	I0.3	或常闭触点
2	LD	I0.1	装载常开触点
3	O	I0.4	或常开触点

续表

语句号	指令	元素	备注
4	ALD		块与操作
5	LD	I0.2	装载常开触点
6	O	I0.5	或常开触点
7	ALD		块与操作
8	=	Q0.0	输出线圈

① 并联电路块与前面电路串联连接时，使用 ALD 指令。

② 并联电路块在进行串联连接时，各电路块分支的起点用 LD 或 LDN 指令，并联电路块结束后，使用 ALD 指令与前面电路串联。

③ 可以顺次使用 ALD 指令进行多个并联电路块的串联，即 ALD 的使用次数不限。

④ ALD 指令用于并联电路块的串联，而 A、AN 指令用于单个触点的串联。

8.3.5 串联电路块并联指令（OLD）

串联电路块并联指令的助记符、名称、功能、操作元件见表 8-24。

表 8-24　串联电路块并联指令

指令助记符	指令名称	指令功能	操作数(操作元件)
OLD	串联电路块并联指令	用来描述串联电路块的并联关系 注:两个以上触点串联形成的电路称为串联电路块	无

(1) 指令功能及用法

OLD（Or Load）：串联电路块（组）的并联连接指令（块或指令），在梯形图中该指令表示一个串联电路块与上面触点并联连接。

(2) 指令使用说明

OLD 指令的使用如图 8-12 所示，与其对应的语句表见表 8-25。

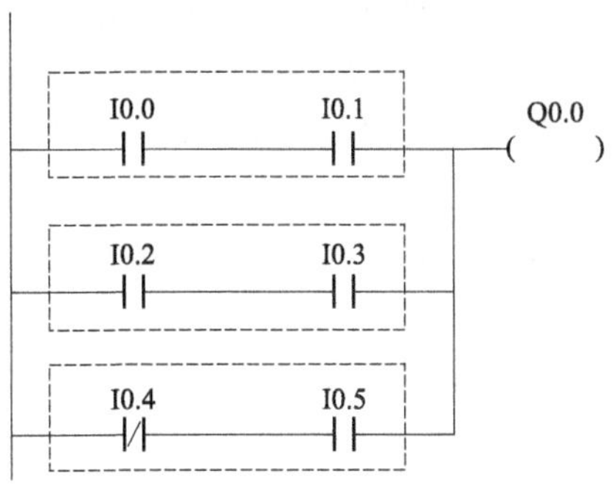

I0.0　I0.1　Q0.0
I0.2　I0.3
I0.4　I0.5

图 8-12　OLD 指令的使用

表 8-25　OLD 指令语句表

语句号	指令	元素	备注
0	LD	I0.0	装载常开触点
1	A	I0.1	与常开触点
2	LD	I0.2	装载常开触点
3	A	I0.3	与常开触点
4	OLD		块或操作
5	LDN	I0.4	装载常闭触点
6	A	I0.5	与常开触点
7	OLD		块或操作
8	=	Q0.0	输出线圈

① 几个串联电路块在进行并联连接时，其支路的起点用 LD 或 LDN 指令开始，并联结

束后，使用 OLD 指令。

② 可以顺次使用 OLD 指令进行多个串联电路块的并联。即若必须将多个串联电路块并联，则在每一串联电路块后面加上一条 OLD 指令。用这种方法编程则对并联的支路数没有限制。

③ OLD 指令用于串联电路块的并联，而 O、ON 指令用于单个触点的并联。

8.3.6 置位与复位指令（S、R）

置位与复位指令格式及功能说明见表 8-26。

表 8-26 置位与复位指令

指令助记符	指令名称	梯形图	语句表	指令功能	操作数
S	置位指令	bit ——(S) *N*	S bit,*N*	从起始位(bit)开始连续 *N* 位被置 1	S、R 指令操作数为 Q、M、SM、T、C、V、S、L
R	复位指令	bit ——(R) *N*	R bit,*N*	从起始位(bit)开始连续 *N* 位被清 0	

(1) 指令功能及用法

① S（Set）：置位指令。其梯形图由置位线圈、置位线圈的位地址（bit）和置位线圈数目（*N*）构成。其语句表由置位操作码 S、置位线圈的位地址（bit）和置位线圈数目（*N*）构成，如表 8-26 所示。

② R（Reset）：复位指令。其梯形图由复位线圈、复位线圈的位地址（bit）和复位线圈数目（*N*）构成。其语句表由复位操作码 R、复位线圈的位地址（bit）和复位线圈数目（*N*）构成，如表 8-26 所示。

③ 执行置位和复位指令时，把从位地址（bit）指示的地址开始的 *N* 个点都被置位或复位并保持。置位或复位的点数 *N* 可以是 1～255。

④ 当用复位指令 R（bit），*N* 对定时器或计数器复位时，定时器或计数器被复位，同时定时器或计数器当前值将被清零。

(2) 指令使用说明

执行 S（置位或置 1）与 R（复位或置 0）指令时，从指定位地址开始的 *N* 个点的映像寄存器都被置位（变为 1）或复位（变为 0），并保持该状态。指令使用说明如下。

① S 和 R 指令具有自保持功能，由于是扫描工作方式，当置位、复位指令同时有效时，程序中写在后面的指令具有优先权。

② S 和 R 指令的使用没有顺序限制，对同一元件（同一寄存器的位）可以多次使用S/R 指令。

置位、复位指令的应用如图 8-13 所示，当图中置位信号 I0.0 接通时，置位线圈 Q0.0 有信号流流过。当置位信号 I0.0 断开后，置位线圈 Q0.0 的状态继续保持不变，直到线圈 Q0.0 的复位信号到来，线圈 Q0.0 才恢复初始状态。

若在图 8-13 中位地址为 Q0.0，*N* 为 3，则置位线圈为 Q0.0、Q0.1、Q0.2，即当置位信号 I0.0 接通时，置位线圈 Q0.0、Q0.1、Q0.2 中同时有信号流流过。因此，这可以用于数台电动机同时启动运行的控制要求，使控制程序大大简化。

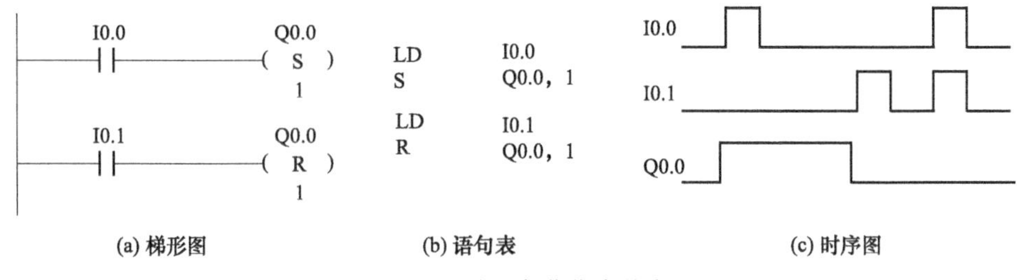

(a) 梯形图 (b) 语句表 (c) 时序图

图 8-13 置位、复位指令的应用

当图 8-13 中复位信号 I0.1 接通时，复位线圈 Q0.0 恢复初始状态。当复位信号 I0.1 断开后，复位线圈 Q0.0 的状态保持不变，直到使线圈 Q0.0 的置位信号到来，线圈 Q0.0 才有信号流流过。

复位线圈是从指令中指定的位元件开始计数的，共有 *N* 个。如在图 8-13 中若位地址为 Q0.3，*N* 为 5，则复位线圈为 Q0.3、Q0.4、Q0.5、Q0.6、Q0.7，即当复位信号 I0.1 接通时，线圈 Q0.3～Q0.7 同时恢复初始状态。因此，这可用于数台电动机同时停止运行以及急停情况的控制要求，使控制程序大大简化。

在程序中同时使用 S 和 R 指令，应注意两条指令的先后顺序，使用不当有可能导致程序控制结果错误。在图 8-13 中，置位指令在前，复位指令在后，当 I0.0 和 I0.1 同时接通时，复位指令优先级高，Q0.0 中没有信号流流过。相反，在图 8-14 中将置位指令与复位指令的先后顺序对调，当 I0.0 和 I0.1 同时接通时，置位指令优先级高，Q0.0 中有信号流流过。因此，使用置位和复位指令编程时，哪条指令在后面，则该指令的优先级高，这一点在编程时应引起注意。

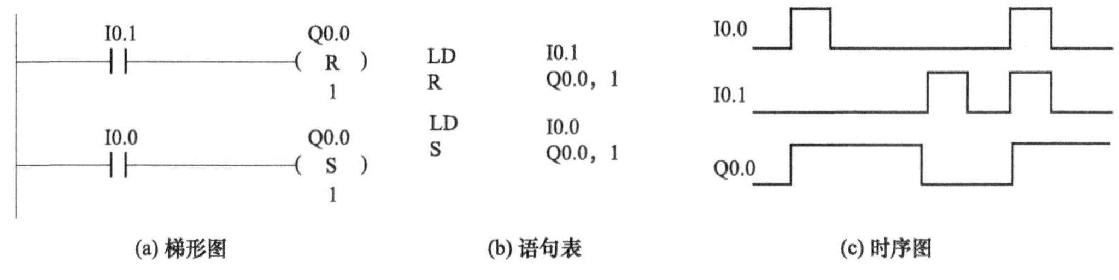

(a) 梯形图 (b) 语句表 (c) 时序图

图 8-14 置位、复位指令的优先级

8.3.7 触发器指令（SR、RS）

触发器指令格式及功能说明见表 8-27。

表 8-27 触发器指令格式及功能

<table>
<tr><th>指令名称</th><th>梯形图</th><th>功能</th><th>说明</th></tr>
<tr><td>置位优先触发器指令 SR</td><td>bit
S1 OUT
SR
R</td><td><table><tr><td>S1</td><td>R</td><td>输出(bit)</td></tr><tr><td>0</td><td>0</td><td>保持前一状态</td></tr><tr><td>0</td><td>1</td><td>0</td></tr><tr><td>1</td><td>0</td><td>1</td></tr><tr><td>1</td><td>1</td><td>1</td></tr></table></td><td><table><tr><td>输入/输出</td><td>数据类型</td><td>操作数</td></tr><tr><td>S1、R</td><td>BOOL</td><td>I、Q、V、M、SM、S、T、C</td></tr><tr><td>S、R1</td><td>BOOL</td><td>I、Q、V、M、SM、S、T、C</td></tr><tr><td>bit</td><td>BOOL</td><td>I、Q、V、M、S</td></tr></table></td></tr>
</table>

续表

<table>
<tr><th>指令名称</th><th>梯形图</th><th>功　能</th><th>说　明</th></tr>
<tr><td>复位优先触发器指令 RS</td><td>bit
S　OUT
RS
R1</td><td>
<table>
<tr><td>S</td><td>R1</td><td>输出(bit)</td></tr>
<tr><td>0</td><td>0</td><td>保持前一状态</td></tr>
<tr><td>0</td><td>1</td><td>0</td></tr>
<tr><td>1</td><td>0</td><td>1</td></tr>
<tr><td>1</td><td>1</td><td>0</td></tr>
</table>
</td><td></td></tr>
</table>

(1) 指令功能及用法

① SR：置位优先触发器指令（又称置位/复位触发器指令），SR 指令梯形图见表 8-27，由置位/复位触发器助记符 SR、置位信号输入端 S1、复位信号输入端 R、输出端 OUT 和线圈的位地址 bit 构成。置位信号 S1 和复位信号 R 同时为 1 时，置位优先。

② RS：复位优先触发器指令（又称复位/置位触发器指令），RS 指令梯形图见表 8-27，由复位/置位触发器助记符 RS、置位信号输入端 S、复位信号输入端 R1、输出端 OUT 和线圈的位地址 bit 构成。置位信号 S 和复位信号 R1 同时为 1 时，复位优先。

(2) 指令使用说明

SR 和 RS 指令的应用如图 8-15 所示，在图中，当网络 1 中的置位信号 I0.0 接通时，线圈 Q0.0 有信号流流过。当置位信号 I0.0 断开时，线圈 Q0.0 的状态继续保持不变，直到线圈 Q0.0 的复位信号 I0.1 接通时，线圈 Q0.0 才没有信号流流过。

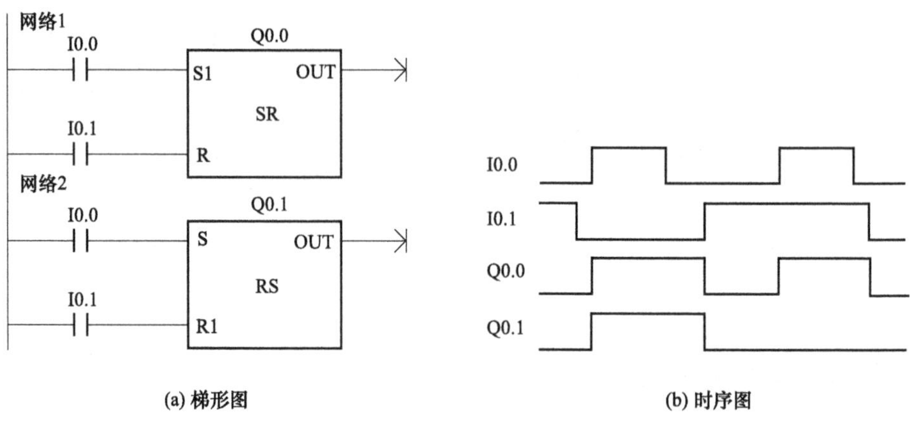

图 8-15　SR 和 RS 指令的应用

如果置位信号 I0.0 和复位信号 I0.1 同时接通，则置位信号优先，线圈 Q0.0 有信号流流过。

在图 8-15 中，当网络 2 中的置位信号 I0.0 接通时，线圈 Q0.1 有信号流流过。当置位信号 I0.0 断开时，线圈 Q0.1 的状态继续保持不变，直到线圈 Q0.1 的复位信号 I0.1 接通时，线圈 Q0.1 才没有信号流流过。

如果置位信号 I0.0 和复位信号 I0.1 同时接通，则复位信号优先，线圈 Q0.1 无信号流流过。

8.3.8 脉冲生成指令（EU、ED）

脉冲生成指令（又称正负跳变指令或边沿触发指令）格式及功能说明见表 8-28。

表 8-28 脉冲生成指令

指令助记符	指令名称	梯形图	指令功能	操作数
EU	上升沿脉冲发生指令（正跳变指令）	─┤P├─	检测到 EU 指令前的逻辑运算结果有一个上升沿时，产生一个宽度为一个扫描周期的脉冲	无
ED	下降沿脉冲发生指令（负跳变指令）	─┤N├─	检测到 ED 指令前的逻辑运算结果有一个下降沿时，产生一个宽度为一个扫描周期的脉冲	

(1) 指令功能及用法

① EU 指令。EU（Edge Up）指令是正跳变指令（又称上升沿检测器，或称上升沿微分输出指令），用于控制电路由断开到闭合时，编程元件的短时间脉冲输出。

② ED 指令。ED（Edge Down）指令是负跳变指令（又称下降沿检测器，或称下降沿微分输出指令），用于控制电路由闭合到断开时，编程元件的短时间脉冲输出。

③ 正跳变指令和负跳变指令不能直接与左母线相连，必须接在常开或常闭触点之后。

(2) 指令使用说明

EU 和 ED 指令的应用如图 8-16 所示，与其对应的语句表见表 8-29。

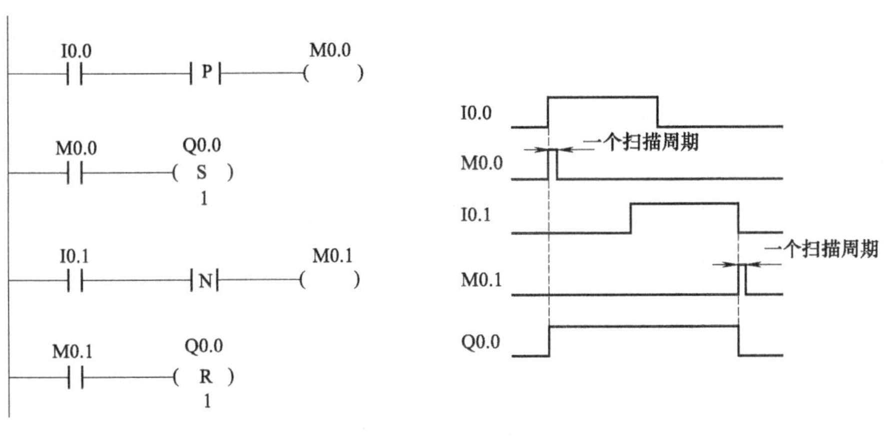

(a) 梯形图　　(b) 时序图

图 8-16 EU 和 ED 指令的应用

表 8-29 EU、ED 指令语句表

语句号	指令	元素	备注
0	LD	I0.0	装载常开触点
1	EU		正跳变
2	=	M0.0	输出线圈
3	LD	M0.0	装载常开触点
4	S	Q0.0,1	输出置位

续表

语句号	指令	元素	备注
5	LD	I0.1	装载常开触点
6	ED		负跳变
7	=	M0.1	输出线圈
8	LD	M0.1	装载常开触点
9	R	Q0.0,1	输出复位

图 8-16 所示的程序运行结果分析如下：

当 I0.0 的状态由断开变为接通时（即出现上升沿的过程），正跳变指令 EU 对应的常开触点接通一个扫描周期（T），即产生一个扫描周期的时钟脉冲，使得输出线圈 M0.0 仅得电导通一个扫描周期（注：若 I0.0 的状态一直接通或断开，则线圈 M0.0 也不得电），M0.0 的常开触点闭合一个扫描周期，使输出线圈 Q0.0 置 1，并保持。

当 I0.1 的状态由接通变为断开时（即出现下降沿的过程），负跳变指令 ED 对应的常开触点接通一个扫描周期（T），即产生一个扫描周期的时钟脉冲，使得输出线圈 M0.1 仅得电导通一个扫描周期（注：若 I0.1 的状态一直断开或接通，则线圈 M0.1 也不得电），M0.1 的常开触点闭合一个扫描周期，使输出线圈 Q0.0 复位为 0，并保持。

正跳变指令 EU 和负跳变指令 ED 用来检测触点状态的变化，可以用来启动一个控制程序、启动一个运算过程、结束一段控制等。

(3) 指令使用注意事项

① EU、ED 为边沿触发指令，该指令仅在输入信号变化时有效，且输出的脉冲宽度为一个扫描周期。

② 对于开机时就为接通状态的输入条件，EU、ED 指令不执行。

③ EU、ED 指令常常与 S、R 指令联用。

④ 当条件满足时，正跳变指令和负跳变指令的常开触点只接通一个扫描周期，接受控制的元件应接在这一触点之后。

8.3.9 取反指令与空操作指令

取反指令与空操作指令格式及功能说明见表 8-30。

表 8-30 取反指令与空操作指令

指令助记符	指令名称	梯形图	指令功能	操作数
NOT	取反指令	—| NOT |—	对逻辑结果取反操作	无
NOP	空操作指令	N —[NOP]—	空操作，其中 N 为空操作次数，$N=0\sim255$	

(1) 指令功能及用法

① 取反指令 NOT　取反指令又称取反触点指令。取反触点的中间标有“NOT”，取反指令用来将它左边电路的逻辑运算结果取反，运算结果若为“1”，则变为“0”，运算结果若

为“0”，则变为“1”。

② 空操作指令　空操作指令只起增加程序容量的作用。不影响程序的执行，用于程序的修改，操作数 N 是一个 0～255 之间的常数。

(2) 应用举例

① 取反指令应用的梯形图和时序图如图 8-17 所示，与其对应的语句表见表 8-31。

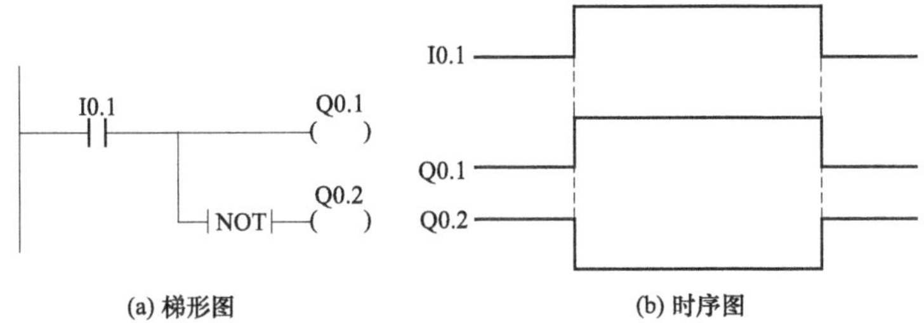

(a) 梯形图　　(b) 时序图

图 8-17　取反指令的应用

表 8-31　取反指令语句表

语句号	指令	元素	备注
0	LD	I0.1	装载常开触点
1	=	Q0.1	输出线圈
2	NOT		将逻辑结果取反
3	=	Q0.2	输出线圈

② 空操作指令应用举例见图 8-18。

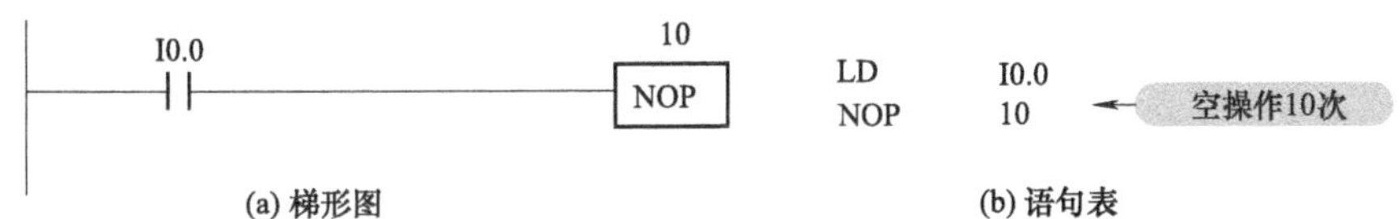

(a) 梯形图　　(b) 语句表

图 8-18　空操作指令应用举例

8.3.10　逻辑堆栈指令

(1) 指令功能及用法

堆栈是一组能够存储和取出的暂存单元。在 S7-200 系列 PLC 中，有一个 9 层堆栈，用于保存逻辑运算结果及断点的地址，称为逻辑堆栈。

堆栈的顶层称为栈顶，堆栈的底层称为栈底。堆栈的存取特点是“后进先出”，每次进行入栈操作时，新值都放在栈顶，栈底值丢失；每次进行出栈操作时，栈顶值弹出，栈底值补进随机数。

逻辑堆栈指令主要用来完成对触点进行复杂连接，配合 ALD、OLD 指令使用，逻辑堆栈指令主要有逻辑入栈指令 LPS、逻辑读栈指令 LRD 和逻辑出栈指令 LPP。

① 逻辑入栈（LPS）指令：逻辑入栈指令又称逻辑进栈指令，执行逻辑入栈指令时，PLS 指令复制栈顶（即第 1 层）的值，并将其压入逻辑堆栈的第 2 层，逻辑堆栈中原来各层栈的数据依次下移一层，逻辑堆栈最底层的值被推出并丢失。逻辑入栈（LPS）指令的执行情况如图 8-19（a）所示。

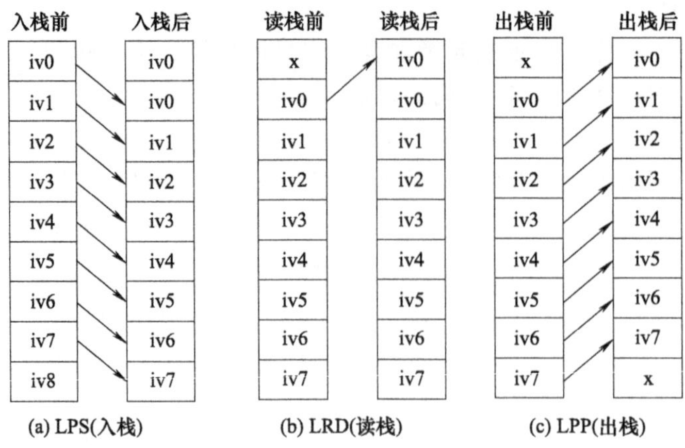

图 8-19 堆栈操作过程示意图

② 逻辑读栈（LRD）指令：执行逻辑读栈指令时，LRD 指令把逻辑堆栈第 2 层的值复制到栈顶，2～9 层数据不变，堆栈没有压入和弹出，但原栈顶值被新的复制值取代，即原栈顶值丢失。逻辑读栈（LRD）指令的执行情况如图 8-19（b）所示。

③ 逻辑出栈（LPP）指令：执行逻辑出栈指令时，堆栈做弹出栈操作，将栈顶值弹出，原堆栈各层栈值依次上弹一层，原堆栈第 2 层的值变为新的栈顶值，原栈顶值从栈内丢失。逻辑出栈（LPP）指令的执行情况如图 8-19（c）所示。

(2) 指令使用说明

① 为保证程序地址指针不发生错误，LPS 指令和 LPP 指令必须成对使用，最后一次读栈操作应使用出栈指令 LPP。也就是说，在只有两条分支电路时，只需要进栈 LPS 和出栈 LPP 两条指令；在有 3 条及以上分支电路时，则需要同时使用进栈 LPS、读栈 LRD 和出栈 LPP 指令。

② 受堆栈空间限制，LPS 指令和 LPP 指令连续使用不得超过 9 次。

③ 逻辑堆栈指令可以嵌套使用，最多为 9 层。

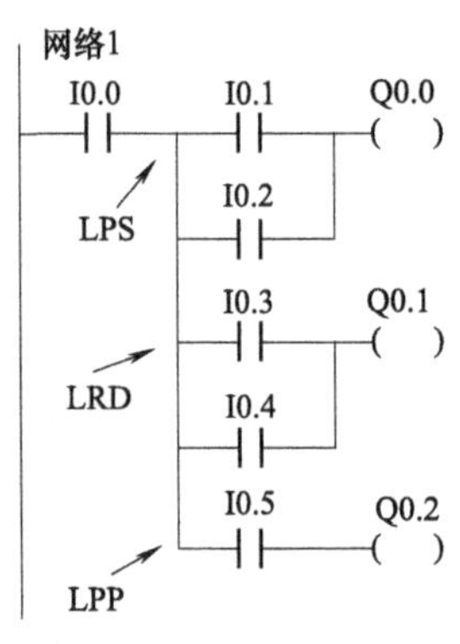

图 8-20 堆栈指令的使用（例 8-1）

编辑梯形图和功能块图时，编辑器自动地插入处理逻辑堆栈操作所需要的指令。用编辑软件将梯形图转换为语句表程序时，编辑软件会自动生成逻辑堆栈指令。写入语句表程序时，必须由编程人员写入这些逻辑堆栈处理指令。

(3) 应用举例

在编制控制程序时，经常遇到多个分支电路同时受一个或一组触点控制的情况，若采用前述指令不容易编写程序，采用堆栈操作指令则可方便地将其梯形图转换为语句表。现举例如下。

例 8-1 用堆栈操作指令将图 8-20 所示的梯形图转换成相应的语句表（表 8-32）。

表 8-32 与图 8-20 对应的语句表

语句号	指令	元素	备注
0	LD	I0.0	装载常开触点
1	LPS		压入堆栈

续表

语句号	指令	元素	备注
2	LD	I0.1	装载常开触点
3	O	I0.2	或常开触点
4	ALD		块与操作
5	=	Q0.0	输出线圈
6	LRD		读栈
7	LD	I0.3	装载常开触点
8	O	I0.4	或常开触点
9	ALD		块与操作
10	=	Q0.1	输出线圈
11	LPP		弹出堆栈
12	A	I0.5	与常开触点
13	=	Q0.2	输出线圈

例 8-2　用堆栈操作指令将图 8-21 所示的梯形图转换成相应的语句表（表 8-33）。注意：在多点处出现分支电路时，需要使用堆栈的嵌套来实现语句表的编写。

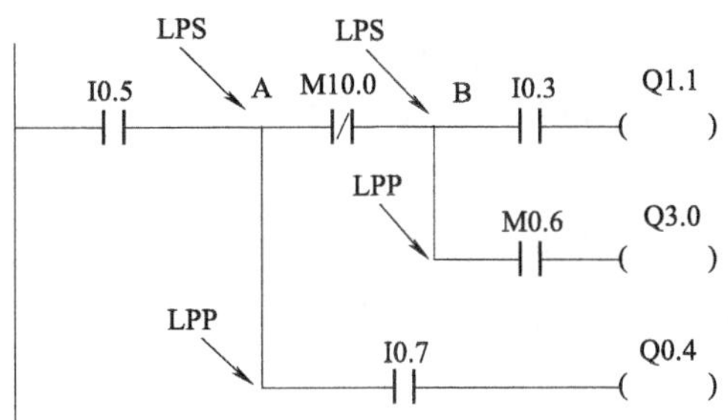

图 8-21　堆栈指令的使用（例 8-2）

表 8-33　与图 8-21 对应的语句表

语句号	指令	元素	备注
0	LD	I0.5	装载常开触点
1	LPS		压入堆栈
2	AN	M10.0	与常闭触点
3	LPS		压入堆栈
4	A	I0.3	与常开触点
5	=	Q1.1	输出线圈
6	LPP		弹出堆栈
7	A	M0.6	与常开触点
8	=	Q3.0	输出线圈
9	LPP		弹出堆栈
10	A	I0.7	与常开触点
11	=	Q0.4	输出线圈

8.3.11 结束及暂停指令

结束指令（END）及暂停指令（STOP）的指令格式及功能说明见表8-34。

表8-34 结束指令与暂停指令

指令名称	梯形图	语句表	指令功能
结束指令	—(END)	END	条件结束指令:当条件满足时,终止用户主程序的执行
暂停指令	—(STOP)	STOP	停止指令:立即终止程序的执行,CPU从RUN到STOP

(1) 结束指令

结束指令分为有条件结束指令（END）和无条件结束指令（MEND）。两条指令在梯形图中以线圈形式编程，无操作数。执行完结束指令后，系统结束主程序，返回主程序起点。

① 所谓有条件结束指令（END），就是执行条件成立时结束主程序，返回主程序起点。

② 有条件结束指令只能用在主程序中，不能在子程序和中断程序中使用。而有条件结束指令可用在无条件结束指令前结束主程序。

③ 用户程序必须以无条件结束指令结束主程序。西门子可编程系列编程软件会自动在主程序结束时加上一个无条件结束指令。

④ 调试程序时，在程序的适当位置插入无条件结束指令，可实现程序的分段调试。

⑤ 可以利用程序执行的结果状态、系统状态或外部设置切换条件来调用有条件结束指令，使程序结束。

(2) 暂停指令

所谓暂停指令（STOP），是指当条件符合时，能够引起CPU的工作方式发生变化，从运行方式（RUN）进入停止方式（STOP），立即终止程序执行的指令。如果STOP指令在中断程序中执行，那么该中断程序立即终止，并且忽略所有挂起的中断，继续扫描主程序的剩余部分。在本次扫描的最后，完成CPU从RUN到STOP方式的转换。

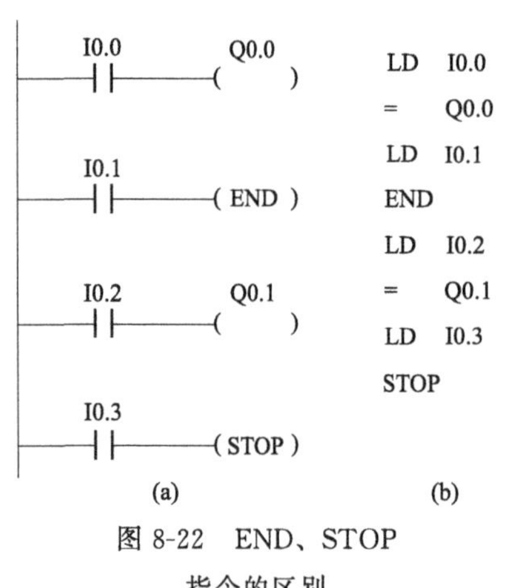

图8-22 END、STOP指令的区别

(3) 结束指令END与暂停指令STOP的区别

在应用中，应注意结束指令END与暂停指令STOP的区别。

图8-22为END指令与STOP指令的区别，它们实现CPU从RUN到STOP方式的转换，在这个程序中，当I0.0接通时，Q0.0有输出，若I0.1接通，终止用户程序，Q0.0仍保持接通，下面的程序不会执行，并返回主程序的起始点。若I0.0断开，接通I0.2，则Q0.1有输出，若将I0.3接通，则Q0.0和Q0.1均复位，CPU转为STOP方式。

8.4 定时器指令

8.4.1 定时器的几个基本概念

在继电器-接触器控制系统中，常用时间继电器 KT 实现延时功能，在 PLC 控制系统中则无须使用时间继电器，可使用 PLC 内部软元件定时器来实现延时功能。

定时器是 PLC 中最常用的编程元件之一，其功能与继电器-接触器控制系统中的时间继电器相同，起到延时作用。与时间继电器不同的是定时器有无数对常开/常闭触点供用户编程使用。其结构主要由一个 16 位当前值寄存器（用来存储当前值）、一个 16 位预置值寄存器（用来存储预置值）和 1 位状态位（反映其触点的状态）组成。

正确使用定时器对 PLC 程序设计非常重要。定时器编程时要预置定时值，在运行过程中当定时器的输入条件满足时，当前值从 0 开始按一定的单位增加，当定时器的当前值到达设定值时，定时器发生动作，从而满足各种定时逻辑控制的需要。下面介绍定时器的几个基本概念。

(1) 种类

S7-200 系列 PLC 为用户提供了 3 种类型的定时器：接通延时定时器（TON）、断电延时定时器（TOF）和保持型接通延时定时器（TONR）。

(2) 分辨率与定时时间的计算

单位时间的时间增量称为定时器的分辨率（时基）。S7-200 系列 PLC 定时器有 3 个分辨率等级：1ms、10ms、100ms。

定时器定时时间 T 计算公式为

$$T=\mathrm{PT}\times S$$

式中，T 为实际定时时间；PT 为预置值（设定值）；S 为分辨率。

例如：TON 指令使用 T97（分辨率为 10ms），预置值为 100，则实际定时时间 T 为

$$T=\mathrm{PT}\times S=100\times 10\mathrm{ms}=1000\mathrm{ms}$$

定时器的预置值 PT 允许设定的最大值为 32767，其操作数为 VW、IW、QW、SW、SMW、LW、AIW、T、C、AC 和常数等，其中常数最为常用。

(3) 定时器的编号

定时器的编号由定时器的名称和数字组成，即用 Tn（或用 T×××）表示，如 T32（注：S7-200 系列 PLC 提供了 256 个定时器，定时器编号为 T0～T255）。

定时器的编号包含两方面的变量信息：定时器位和定时器当前值。

定时器位：与其他继电器的输出相似，当定时器的当前值达到预置值 PT 时，定时器的触点动作。

定时器当前值：存储定时器当前所累计的时间，它用 16 位符号整数来表示，最大计数值为 32767。

定时器的分辨率和编号见表 8-35。

表 8-35　定时器的分辨率和编号

定时器类型	分辨率/ms	最大当前值/s	定时器编号
TONR	1	32.767	T0,T64
	10	327.67	T1～T4,T65～T68
	100	3276.7	T5～T31,T69～T95
TON、TOF	1	32.767	T32,T96
	10	327.67	T33～T36,T97～T100
	100	3276.7	T37～T63,T101～T255

从表 8-35 可以看出 TON 和 TOF 使用相同范围的定时器编号。需要注意的是，在同一个 PLC 程序中绝不能把同一个定时器号同时用作 TON 和 TOF。例如在程序中，不能既有接通延时（TON）定时器 T32，又有断开延时定时器 T32。

8.4.2 接通延时定时器

接通延时定时器 TON 指令的梯形图如图 8-23（a）所示，由定时器助记符 TON、定时器的使能输入端（启动信号输入端）IN、预置端（时间设定值输入端）PT 和 TON 定时器编号 T*n* 构成。其语句表如图 8-23（b）所示，由定时器助记符 TON、定时器编号 T*n* 和时间设定值 PT 构成。

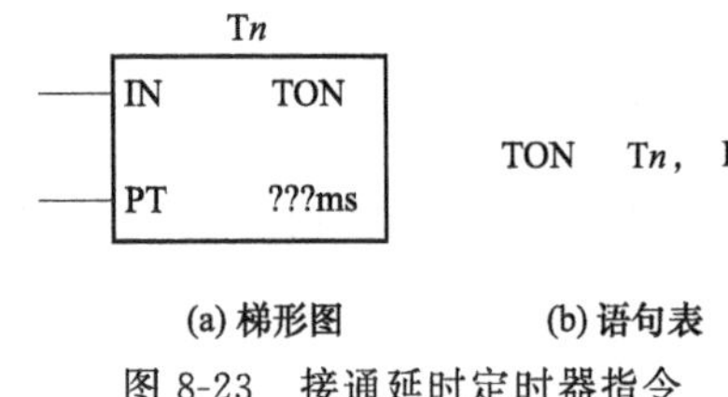

图 8-23　接通延时定时器指令

接通延时定时器用于单一时间间隔的定时。上电周期或首次扫描时，定时器的位为 OFF，当前值为 0。接通延时定时器指令的应用如图 8-24 所示。与其对应的语句表见表 8-36。

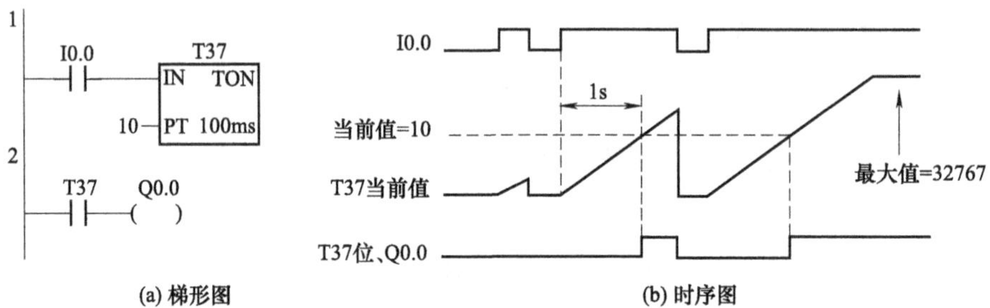

图 8-24　接通延时定时器指令的应用

表 8-36　与图 8-24 对应的语句表

语句号	指令	元素	备注
0	LD	I0.0	I0.0 接通，T37 开始定时 I0.0 断开，T37 复位
1	TON	T37，+10	1s 后 T37 定时时间到
2	LD	T37	T37 常开触点闭合
3	=	Q1.0	Q0.0 输出

在图 8-24（a）中，延时定时器输入端 I0.0 接通时，使能输入端（IN）接通，定时器开始计时，当前值从 0 开始递增，当前值达到设定值时，定时器的位变为 ON（定时器输出状

态位置为 1)，梯形图中该定时器的常开触点闭合、常闭触点断开，这时线圈 Q0.0 中就有信号流流过。达到设定值后，当前值仍然继续增大，直到最大值 32767。输入端 I0.0 断开时，定时器自动复位，当前值被清零，定时器的位变为 OFF（定时器输出状态位置为 0)，这时线圈 Q0.0 中就没有信号流流过。

8.4.3 断开延时定时器

断开延时定时器 TOF 指令的梯形图如图 8-25（a）所示，由定时器助记符 TOF、定时器的使能输入端（启动信号输入端）IN、预置端（时间设定值输入端）PT 和 TOF 定时器编号 Tn 构成。其语句表如图 8-25（b）所示，由定时器助记符 TOF、定时器编号 Tn 和时间设定值 PT 构成。

Tn
IN　TOF
PT　???ms

TOF　Tn，PT

(a) 梯形图　(b) 语句表

图 8-25　断开延时定时器指令

断开延时定时器用于单一时间间隔的计时。上电周期或首次扫描时，定时器的位为 OFF，当前值为 0。

断开延时定时器指令的应用如图 8-26 所示。与其对应的语句表见表 8-37。

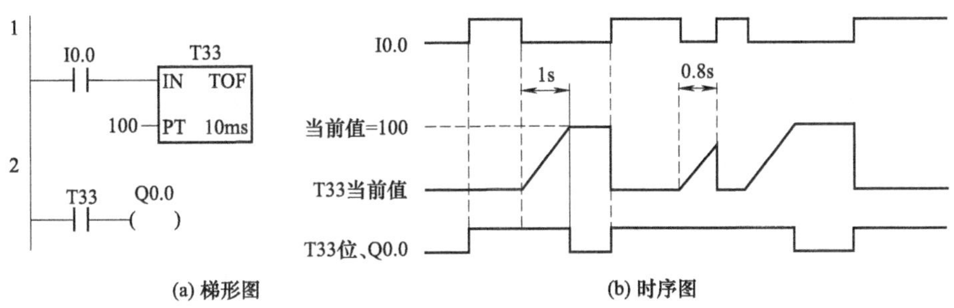

图 8-26　断开延时定时器指令的应用

表 8-37　与图 8-26 对应的语句表

语句号	指令	元素	备注
0	LD	I0.0	I0.0 接通，T33 复位 I0.0 断开，T33 开始定时
1	TOF	T33，+100	1s 后 T33 定时时间到
2	LD	T33	T33 常开触点闭合
3	=	Q0.0	Q0.0 输出，I0.0 断开 1s 后，Q0.0 输出结束

断开延时定时器（TOF）用来在输入断开后延时一段时间断开输出。在图 8-26（a）中，当延时定时器输入端 I0.0 接通时，使能输入端（IN）接通，定时器的位变成 ON（接通)，并把当前值设为 0，此时线圈 Q0.0 中有信号流流过。当 I0.0 断开后，即输入端 IN 由接通到断开时，定时器开始计时。当前值从 0 开始增大，当定时器的当前值等于预置值 PT 时，定时器延时时间到（此时定时器停止计时当前值)，定时器的位变成 OFF（断开)，线圈 Q0.0 中则没有信号流流过，此时定时器的当前值保持不变，直到输入端 IN 再次接通。

输入端 IN 再次由 OFF→ON 时，TOF 复位，这时 TOF 位为 ON，当前值为 0。如果输入端再从 ON→OFF，则 TOF 可实现再次启动。

但是，当输入端 IN 断开的时间小于设定值时，定时器的位保持接通（TOF 指令必须用输入信号的接通到断开的跳变启动计时)。

8.4.4 保持型接通延时定时器

保持型接通延时定时器（又称记忆接通延时定时器）TONR 指令的梯形图如图 8-27（a）所示，由定时器助记符 TONR、定时器的使能输入端（启动信号输入端）IN、预置端（时间设定值输入端）PT 和 TONR 定时器编号 Tn 构成。其语句表如图 8-27（b）所示，由定时器助记符 TONR、定时器编号 Tn 和时间设定值 PT 构成。

保持型接通延时定时器具有记忆功能，它用于许多间隔的累计定时。上电周期或首次扫描时，定时器的位为 OFF，当前值保持在掉电前的值。

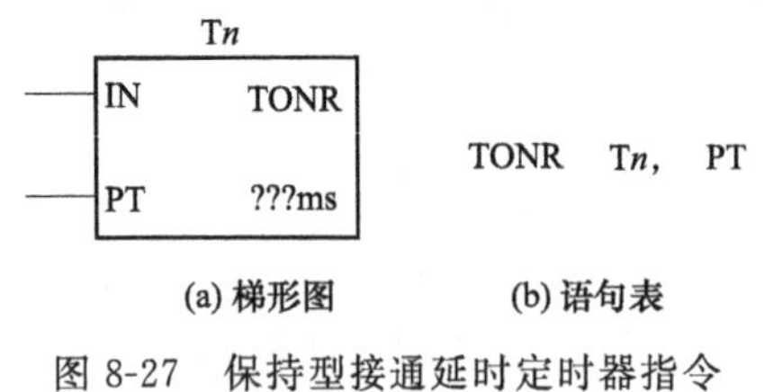

图 8-27 保持型接通延时定时器指令

TONR 指令的功能如下：保持型接通延时定时器的输入端 IN 接通时，定时器当前值从 0 开始增加；当未达到设定值 PT 而输入端 IN 断开时，定时器当前值保持不变；当输入端 IN 再次接通时，当前值继续增加，达到设定值时，定时器位变为 ON。

保持型接通延时定时器指令的应用如图 8-28 所示。与其对应的语句表见表 8-38。

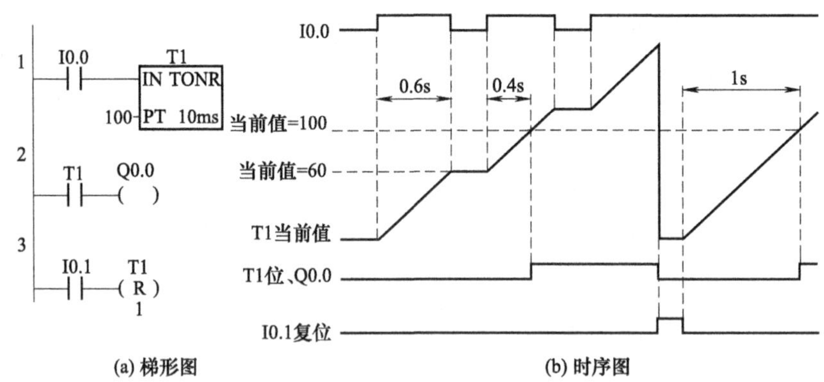

图 8-28 保持型接通延时定时器指令的应用

表 8-38 与图 8-28 对应的语句表

语句号	指令	元素	备注
0	LD	I0.0	I0.0 接通，T1 开始定时 I0.0 断开，T1 保持定时时间
1	TONR	T1，+100	I0.0 累计接通 1s
2	LD	T1	T1 常开触点闭合
3	=	Q0.0	Q0.0 输出
4	LD	I0.1	I0.1 接通
5	R	T1，1	必须用复位指令 T1 才能复位

在图 8-28（a）中，当定时器的启动信号 I0.0 断开时，定时器的当前值为 0，定时器没有信号流流过，定时器不工作。当启动信号 I0.0 由断开变为接通时，定时器开始计时。当定时器的当前值达到其设定值 PT 时，定时器的延时时间到，这时定时器的输出位变为 ON，线圈 Q0.0 中有信号流流过。达到设定值 PT 后，当前值仍然继续计时，直到最大值 32767 才停止计时。只要定时器的当前值≥设定值 PT，定时器的常开触点就接通，如果不

满足这个条件，定时器的常开触点应断开。

保持型接通延时定时器与接通延时定时器不同之处在于，保持型接通延时定时器的当前值是可以记忆的。当 I0.0 从断开变为接通后维持的时间不足以使得当前值达到设定值 PT 时，I0.0 又从接通变为断开，这时定时器可以保持当前值不变；当 I0.0 再次接通时，当前值在保持值的基础上累计，当前值达到设定值 PT 时，定时器的输出位变为 ON。

需要注意的是，TONR 定时器只能用复位指令 R 对其进行复位操作。TONR 复位后，定时器位变为 OFF，当前值为 0。在图 8-28 中，只有复位信号 I0.1 接通时，保持型接通定时器才能停止计时，其当前值被复位清零，常开触点复位断开，线圈 Q0.0 中没有信号流流过。

8.5 计数器指令

计数器用来累计输入脉冲的个数，在实际应用中用来对产品进行计数或完成复杂的逻辑控制任务。计数器的使用和定时器基本相似，编程时输入它的计数设定值，计数器累计它的脉冲输入端信号上升沿的个数。当计数达到设定值时，计数器发生动作，以便完成计数控制任务。

8.5.1 计数器的几个基本概念

计数器是一种用来累计输入脉冲个数的编程元件，在实际应用中用来对产品进行计数或完成复杂逻辑控制任务。其结构主要由一个 16 位当前值寄存器、一个 16 位预置值寄存器和 1 位状态位组成。

(1) 种类

S7-200 系列 PLC 共有 3 种计数器：加（增）计数器（CTU）、减计数器（CTD）和加减计数器（CTUD）。

(2) 编号

计数器的编号由计数器的名称和数字组成，即用 C*n*（或用 C×××）表示，如 C60（注：S7-200 系列 PLC 提供了 256 个计数器，计数器编号为 C0～C255）。

计数器的编号包含两方面的变量信息：计数器位和计数器当前值。

计数器位：计数器位和继电器一样，是一个开关量，表示计数器是否发生动作。当计数器的当前值等于或大于设定值 PV 时，计数器位被置“1”。

计数器当前值：其值是一个存储单元，它用来存储计数器当前所累计的脉冲个数，它用 16 位符号整数来表示，最大计数值为 32767。

(3) 计数器的操作数

计数器的操作数有 VW、T、C、IW、QW、MW、SMW、AC、AIW 和常数等。一般情况下，使用常数作为计数器的设定值。

8.5.2 加计数器指令

加计数器（CTU）指令的梯形图如图 8-29（a）所示，由加计数器助记符 CTU、计数脉冲输入端 CU、复位信号输入端 R、设定值 PV 和计数器编号 C*n* 构成，编号范围为 0～

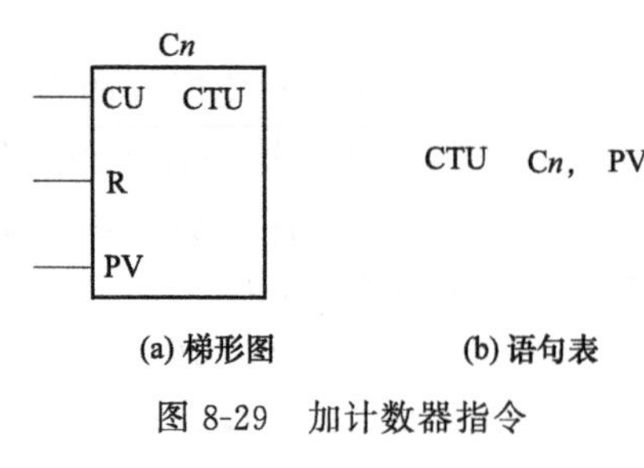

图 8-29 加计数器指令

255。加计数器指令的语句表如图 8-29（b）所示，由加计数器助记符 CTU、计数器编号 Cn 和设定值 PV 构成。

CTU 指令的功能如下：当复位端（R）的状态为 0 时，脉冲输入有效，计数器可以计数。当加计数器的计数输入端（CU）有一个计数脉冲的上升沿（由 OFF 到 ON）信号时，加计数器被接通且计数值加 1，计数器做递增计数。计数至最大值 32767 时停止计数；当计数器当前值等于或大于设定值（PV）时，该计数器位被置位（ON），当复位输入端（R）有效时，计数器被复位，当前值被清零。

加计数器指令的应用如图 8-30 所示。与其对应的语句表见表 8-39。

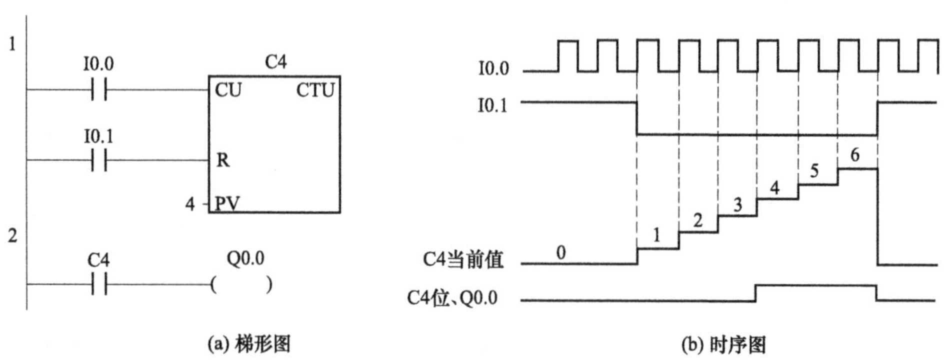

图 8-30 加计数器指令的应用

表 8-39 与图 8-30 对应的语句表

语句号	指令	元素	备注
0	LD	I0.0	I0.0 接通的上升沿，C4 当前值加 1
1	LD	I0.1	I0.1 接通，C4 被置位
2	CTU	C4，+4	C4 当前值大于等于设定值 4
3	LD	C4	C4 常开触点闭合
4	=	Q0.0	Q0.0 输出

首次扫描时，计数器位为 OFF，当前值为 0。在图 8-30（a）中，加计数器的复位信号 I0.1 接通时，计数器 C4 的当前值为 0，计数器不工作。当复位信号 I0.1 断开时，计数器 C4 可以工作。每当一个计数脉冲的上升沿到来时（I0.0 接通一次），计数器计数 1 次，计数器的当前值增加一个数值。当前值达到设定值 PV 时，计数器输出位变为 ON，线圈 Q0.0 中有信号流流过。若计数脉冲仍然继续，计数器的当前值仍不断累加，直到当前值等于 32767（最大）时，才停止计数。只要当前值≥设定值 PV，计数器的常开触点接通，常闭触点则断开。直到复位信号 I0.1 接通时，计数器的当前值复位清零，计数器停止工作，其常开触点断开，线圈 Q0.0 没有信号流流过。

8.5.3 减计数器指令

减计数器（CTD）指令的梯形图如图 8-31（a）所示，由减计数器助记符 CTD、计数脉冲输入端CD、装载输入端LD、设定值PV和计数器编号Cn构成，编号范围为0～255。减计数器指令的语句表如图8-31（b）所示，由减计数器助记符CTD、计数器编号Cn和设定值PV构成。

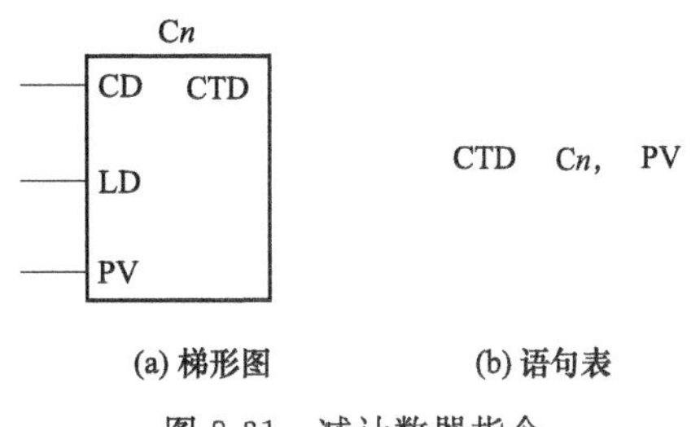

(a) 梯形图 (b) 语句表

图8-31 减计数器指令

CTD指令的功能如下：当装载输入端（LD）的状态为1时，计数器被复位，计数器的状态位为0，预置值被装载到当前值寄存器中；当装载端LD的状态为0时，脉冲输入端有效，计数器可以计数，当减计数器的计数输入端（CD）有一个计数脉冲的上升沿（由OFF到ON）信号时，计数器从设定值开始做递减计数，直到计数器当前值等于0时，计数器停止计数，其状态位为1。

减计数器指令的应用如图8-32所示。与其对应的语句表见表8-40。

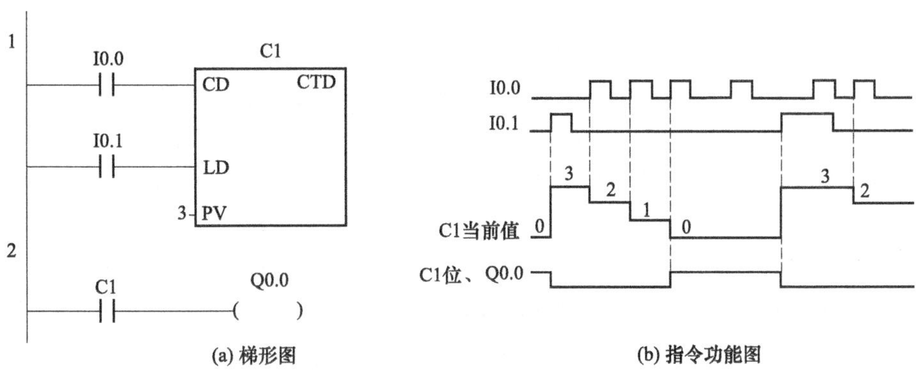

(a) 梯形图 (b) 指令功能图

图8-32 减计数器指令的应用

表8-40 与图8-32对应的语句表

语句号	指令	元素	备注
0	LD	I0.0	I0.0接通的上升沿，C1从设定值开始，将当前值减1
1	LD	I0.1	I0.1接通，C1被复位
2	CTD	C1，+3	C1当前值从设定值3减到0，停止计数
3	LD	C1	C1常开触点闭合
4	=	Q0.0	Q0.0输出

首次扫描时，计数器位为OFF，当前值为预设值PV。在图8-32（a）中，减计数器的装载输入端信号I0.1接通时，计数器C1的设定值PV被装入计数器的当前值存储器，此时减计数器的当前值等于设定值PV，减计数器不工作。当装载输入信号I0.1断开时，减计数器C1可以工作。每当一个计数脉冲到来时（即I0.0接通一次），减计数器的当前值减1。当减计数器的当前值=0时，减计数器的位变为ON，线圈Q0.0有信号流流过。若计数脉冲仍然继续，减计数器的当前值仍保持0。这种状态一直保持到装载输入端信号I0.1接通，再一次装入PV值之后，减计数器的常开触点复位断开，线圈Q0.0没有信号流流过，减计数器才能重新开始计数。只有在当前值=0时，减计数器的常开触点接通，线圈Q0.0有信号流流过。

8.5.4 加减计数器指令

加减计数器（CTUD）指令的梯形图如图8-33（a）所示，由加减计数器助记符CTUD、加计数脉冲输入端CU、减计数脉冲输入端CD、复位端R、设定值PV和计数器编号C*n*构成，编号范围为0～255。加减计数器指令的语句表如图8-33（b）所示，由加减计数器助记符CTUD、计数器编号C*n*和设定值PV构成。

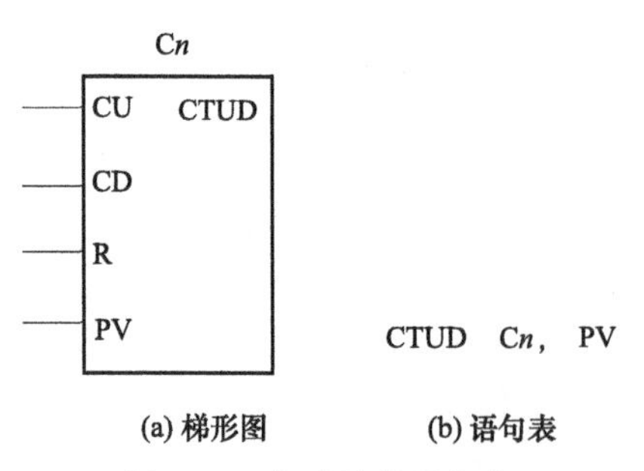

(a) 梯形图　　(b) 语句表

图8-33　加减计数器指令

CTUD指令的功能如下：当复位端（R）的状态为0时，计数脉冲有效。当加减计数器的加计数脉冲输入端（CU）有一个计数脉冲的上升沿（由OFF到ON）信号时，计数器做递增计数（使计数器当前值增加一个数值）；当加减计数器的减计数脉冲输入端（CD）有一个计数脉冲的上升沿（由OFF到ON）信号时，计数器做递减计数（使计数器当前值减小一个数值）。当计数器当前值等于或大于设定值（PV）时，计数器状态位被置1，并保持，其常开触点闭合、常闭触点断开。当复位输入端（R）状态位为1时，计数器被复位，当前值被清零。

加减计数器当前值范围为－32767～32767，若加减计数器当前值在达到计数最大值32767后，则CU输入端再输入一个上升沿脉冲，将使其当前值立刻变为最小值－32767；同样，若加减计数器当前值在达到计数最小值－32767后，则CD输入端再输入一个上升沿脉冲，将使其当前值立刻变为最大值32767。

加减计数器指令的应用如图8-34所示。与其对应的语句表见表8-41。

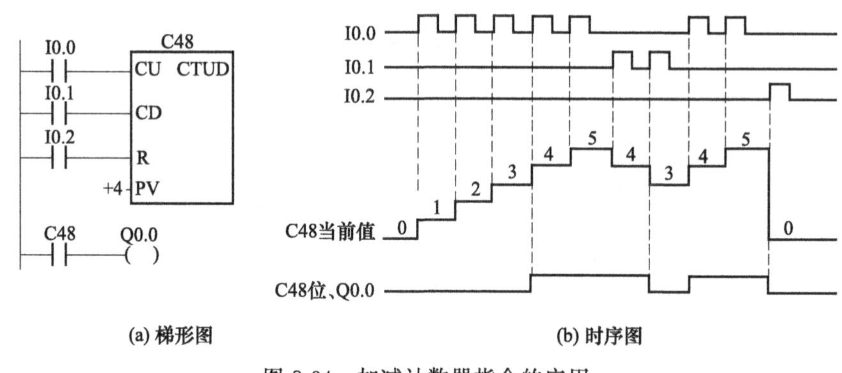

(a) 梯形图　　(b) 时序图

图8-34　加减计数器指令的应用

表8-41　与图8-34对应的语句表

语句号	指令	元素	备注
0	LD	I0.0	I0.0接通的上升沿，C48当前值加1
1	LD	I0.1	I0.1接通的上升沿，C48当前值减1
2	LD	I0.2	I0.2接通，C48被复位
3	CTUD	C48，＋4	C48当前值大于等于设定值4
4	LD	C48	C48常开触点闭合
5	＝	Q0.0	Q0.0输出

首次扫描时，计数器位为 OFF，当前值为 0。在图 8-34（a）中，计数器的复位信号 I0.2 接通时，计数器 C48 的当前值＝0，计数器不工作。当复位信号 I0.2 断开时，计数器 C48 可以工作。

每当一个加计数脉冲到来时，计数器的当前值加 1。当计数器的当前值≥设定值 PV 时，计数器的常开触点接通，线圈 Q0.0 有信号流流过。这时若再来加计数脉冲，计数器的当前值仍不断地累加，直到当前值＝＋32767（最大值），如果再有加计数脉冲到来，当前值变为－32767，再继续进行加计数。

每当一个减计数脉冲到来时，计数器的当前值减 1。当计数器的当前值＜设定值 PV 时，计数器的常开触点复位断开，线圈 Q0.0 没有信号流流过。这时若再来减计数脉冲，计数器的当前值仍不断地递减，直到当前值＝－32767（最小值），如果再有减计数脉冲到来，当前值变为＋32767，再继续进行减计数。

复位信号 I0.2 接通时，计数器的当前值复位清零，计数器停止工作，其常开触点复位断开，线圈 Q0.0 没有信号流流过。

8.5.5 使用计数器指令的注意事项

使用计数器指令时应注意以下几点：

① 加计数器指令用语句表示时，要注意计数输入（第一个 LD）、复位信号输入（第 2 个 LD）和加计数器指令的先后顺序不能颠倒。

② 减计数器指令用语句表示时，要注意计数输入（第一个 LD）、装载信号输入（第 2 个 LD）和减计数器指令的先后顺序不能颠倒。

③ 加减计数器指令用语句表示时，要注意加计数输入（第一个 LD）、减计数输入（第 2 个 LD）、复位信号输入（第 3 个 LD）和加减计数器指令的先后顺序不能颠倒。

④ 在同一个程序中，虽然 3 种计数器的编号范围都为 0～255，但是不能使用两个相同的计数器编号，否则会导致程序执行时出错，无法实现控制目的。

⑤ 计数器的输入端为上升沿有效。

⑥ 由于每一个计数器只有一个当前值，所以不要多次定义同一个计数器。

8.6 比较指令与传送指令

8.6.1 比较指令

在实际的控制过程中，可能需要对两个操作数进行比较，比较条件成立时完成某种操作，从而实现某种控制。比如初始化程序中，在 VW10 中存放着数据 100，模拟量输入 AIW0 中采集现场数据。当 AIW0 中数值小于或等于 VW10 中数值时，Q0.0 输出；当 AIW0 中数值大于 VW10 中数值时，Q0.1 输出。完成上述控制，就要用到数据比较指令。

(1) 数据比较指令的功能

数据比较指令是将两个操作数（数值及字符串）按指定的条件进行比较的指令，当比较条件成立时，其触点闭合，后面的电路接通；当比较条件不成立时，其触点断开，后面的电路不接通。比较指令实际上是一个比较触点，比较指令为上、下限控制等提供了极大的方便。

(2) 比较指令格式

比较指令是用于两个相同数据类型的有符号或无符号数 IN1 和 IN2 之间的比较判断操作。比较指令的运算符有 6 种，包括等于（＝＝）、大于等于（＞＝）、小于等于（＜＝）、大于（＞）、小于（＜）、不等于（＜＞）。比较指令的两个操作数（N1、N2）的数据类型可以是字节型（BYTE）、有符号整数型（INT）、有符号双字整数型（DINT）、实数型（REAL）。按操作数的数据类型，比较指令可分为字节比较指令、整数比较指令、双字整数比较指令、实数比较指令和字符串比较指令。其中字节比较操作是无符号的，整数、双字整数和实数比较操作是有符号的。比较指令助记符中，用 B 表示字节，用 I 表示整数，用 D 表示双字整数，用 R 表示实数，用 S 表示字符串。

比较指令格式如图 8-35 所示。比较指令的梯形图、语句表格式及功能见表 8-42、表 8-43。在梯形图中比较指令是以常开触点的形式编程的，在常开触点的中间注明比较参数和比较运算符。当比较的结果为真时，该常开触点闭合。在语句表中，比较指令与基本逻辑指令 LD、A、O 进行组合编程。

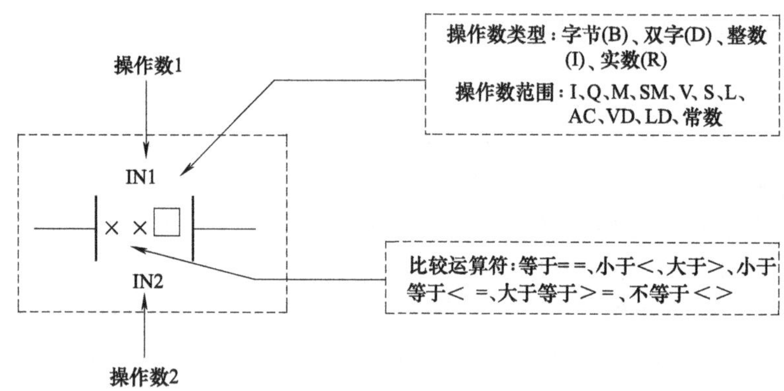

图 8-35 比较指令格式

表 8-42 比较指令的梯形图、语句表格式及功能

梯形图程序	语句表程序	指令功能
IN1 —|==B|— IN2	LDB=IN1,IN2(与母线相连) AB=IN1,IN2(与运算) OB=IN1,IN2(或运算)	字节比较指令:用于比较两个无符号字节数的大小
IN1 —|==I|— IN2	LDW=IN1,IN2(与母线相连) AW=IN1,IN2(与运算) OW=IN1,IN2(或运算)	整数比较指令:用于比较两个有符号整数的大小
IN1 —|==D|— IN2	LDD=IN1,IN2(与母线相连) AD=IN1,IN2(与运算) OD=IN1,IN2(或运算)	双字整数比较指令:用于比较两个有符号双字整数的大小
IN1 —|==R|— IN2	LDR=IN1,IN2(与母线相连) AR=IN1,IN2(与运算) OR=IN1,IN2(或运算)	实数比较指令:用于比较两个有符号实数的大小
IN1 —|==S|— IN2	LDS=IN1,IN2(与母线相连) AS=IN1,IN2(与运算) OS=IN1,IN2(或运算)	字符串比较指令:用于比较两个字符串的ASCII码字符是否相等

表 8-43　比较指令的梯形图及语句表

<table>
<tr><th>指令类型</th><th>梯形图</th><th>语句表</th></tr>
<tr><td rowspan="6">字节比较指令</td><td>IN1
—|==B|—
IN2</td><td>LDB=IN1,IN2
AB=IN1,IN2
OB=IN1,IN2</td></tr>
<tr><td>IN1
—|<>B|—
IN2</td><td>LDB<>IN1,IN2
AB<>IN1,IN2
OB<>IN1,IN2</td></tr>
<tr><td>IN1
—|>=B|—
IN2</td><td>LDB>=IN1,IN2
AB>=IN1,IN2
OB>=IN1,IN2</td></tr>
<tr><td>IN1
—|<=B|—
IN2</td><td>LDB<=IN1,IN2
AB<=IN1,IN2
OB<=IN1,IN2</td></tr>
<tr><td>IN1
—|>B|—
IN2</td><td>LDB>IN1,IN2
AB>IN1,IN2
OB>IN1,IN2</td></tr>
<tr><td>IN1
—|<B|—
IN2</td><td>LDB<IN1,IN2
AB<IN1,IN2
OB<IN1,IN2</td></tr>
<tr><td rowspan="6">整数比较指令</td><td>IN1
—|==I|—
IN2</td><td>LDW=IN1,IN2
AW=IN1,IN2
OW=IN1,IN2</td></tr>
<tr><td>IN1
—|<>I|—
IN2</td><td>LDW<>IN1,IN2
AW<>IN1,IN2
OW<>IN1,IN2</td></tr>
<tr><td>IN1
—|>=I|—
IN2</td><td>LDW>=IN1,IN2
AW>=IN1,IN2
OW>=IN1,IN2</td></tr>
<tr><td>IN1
—|<=I|—
IN2</td><td>LDW<=IN1,IN2
AW<=IN1,IN2
OW<=IN1,IN2</td></tr>
<tr><td>IN1
—|>I|—
IN2</td><td>LDW>IN1,IN2
AW>IN1,IN2
OW>IN1,IN2</td></tr>
<tr><td>IN1
—|<I|—
IN2</td><td>LDW<IN1,IN2
AW<IN1,IN2
OW<IN1,IN2</td></tr>
</table>

续表

指令类型	梯形图	语句表
双字整数比较指令	IN1 —|==D|— IN2	LDD=IN1,IN2 AD=IN1,IN2 OD=IN1,IN2
	IN1 —|<>D|— IN2	LDD<>IN1,IN2 AD<>IN1,IN2 OD<>IN1,IN2
	IN1 —|>=D|— IN2	LDD>=IN1,IN2 AD>=IN1,IN2 OD>=IN1,IN2
	IN1 —|<=D|— IN2	LDD<=IN1,IN2 AD<=IN1,IN2 OD<=IN1,IN2
	IN1 —|>D|— IN2	LDD>IN1,IN2 AD>IN1,IN2 OD>IN1,IN2
	IN1 —|<D|— IN2	LDD<IN1,IN2 AD<IN1,IN2 OD<IN1,IN2
实数比较指令	IN1 —|==R|— IN2	LDR=IN1,IN2 AR=IN1,IN2 OR=IN1,IN2
	IN1 —|<>R|— IN2	LDR<>IN1,IN2 AR<>IN1,IN2 OR<>IN1,IN2
	IN1 —|>=R|— IN2	LDR>=IN1,IN2 AR>=IN1,IN2 OR>=IN1,IN2
	IN1 —|<=R|— IN2	LDR<=IN1,IN2 AR<=IN1,IN2 OR<=IN1,IN2
	IN1 —|>R|— IN2	LDR>IN1,IN2 AR>IN1,IN2 OR>IN1,IN2
	IN1 —|<R|— IN2	LDR<IN1,IN2 AR<IN1,IN2 OR<IN1,IN2
字符串比较指令	IN1 —|==S|— IN2	LDS=IN1,IN2 AS=IN1,IN2 OS=IN1,IN2
	IN1 —|<>S|— IN2	LDS<>IN1,IN2 AS<>IN1,IN2 OS<>IN1,IN2

(3) 比较指令的用法

比较指令的触点和普通的触点一样，可以装载、串联和并联，具体如图 8-36 所示。

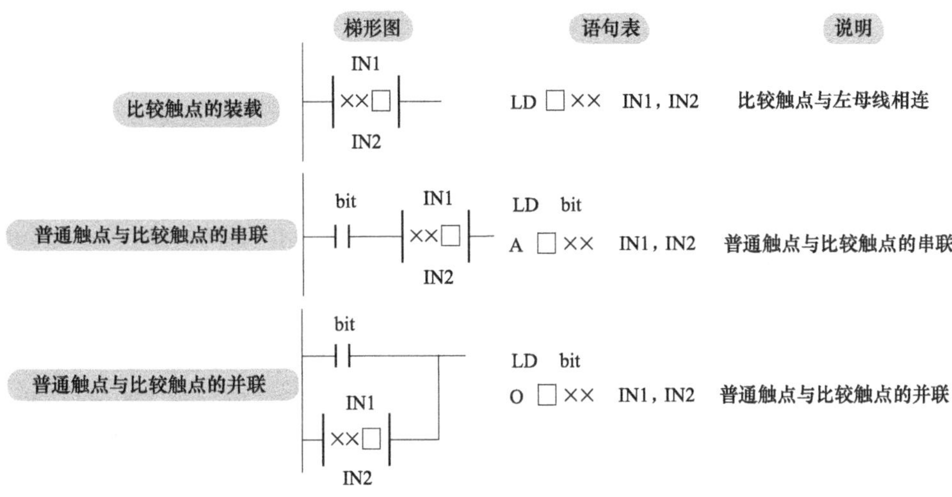

图 8-36　比较指令的用法

(4) 比较指令使用说明

① 字符串比较运算符只有＝和＜＞两种指令格式。

② 整数比较指令，梯形图是 I，语句表是 W。

③ 比较指令的＜＞、＜、＞指令不适用于 CPU21X 系列机型。为了实现这 3 种比较功能，在 CPU21X 系列机型编程时，可采用 NOT 指令与＝、＞＝、＜＝指令组合的方法实现。

(5) 比较指令应用举例

比较指令的应用如图 8-37 所示，将变量存储器 VW10 中的数值与十进制 30 相比较，当变量存储器 VW10 中的数值等于 30 时，其常开触点接通，线圈 Q0.0 有信号流流过。

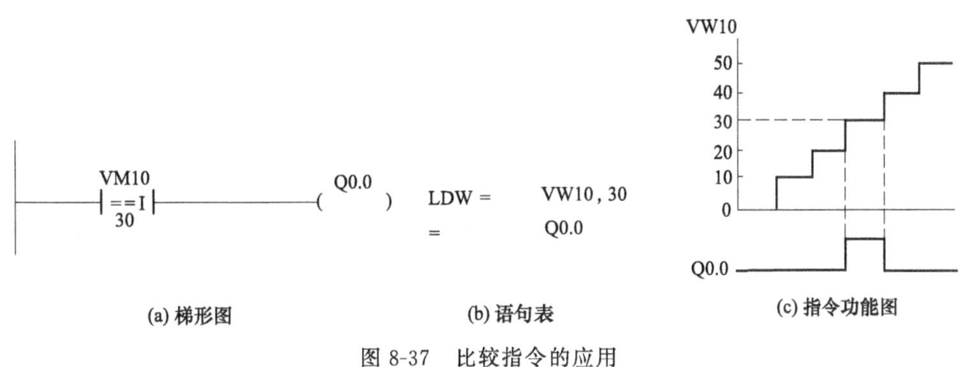

图 8-37　比较指令的应用

8.6.2 传送指令

传送指令用来完成各存储单元之间一个或多个数据的传送，传送过程中数值保持不变。传送指令包括数据传送指令（又称单一传送指令）、数据块传送指令、交换字节指令。

(1) 数据传送指令

① 指令格式及功能　数据传送指令是把输入端（IN）指定的数据传送到输出端

（OUT）的指令，传送过程中数据保持不变。

数据传送指令按操作数据的类型可分为字节传送指令、字传送指令、双字传送指令、实数传送指令。这些指令可以在存储区之间或存储区与输入/输出映像寄存器之间进行数据的传送。在传送过程中数据内容保持不变，其指令格式及功能见表 8-44。

表 8-44 数据传送指令的指令格式及功能

指令名称	编程语言		操作数类型及操作范围
	梯形图	语句表	
字节传送指令	MOV_B EN ENO IN OUT	MOVB IN,OUT	IN：IB、QB、VB、MB、SB、SMB、LB、AC、常数 OUT：IB、QB、VB、MB、SB、SMB、LB、AC IN/OUT 数据类型：字节
字传送指令	MOV_W EN ENO IN OUT	MOVW IN,OUT	IN：IW、QW、VW、MW、SW、SMW、LW、AC、T、C、AIW、常数 OUT：IW、QW、VW、MW、SW、SMW、LW、AC、T、C、AQW IN/OUT 数据类型：字
双字传送指令	MOV_DW EN ENO IN OUT	MOVD IN,OUT	IN：ID、QD、VD、MD、SD、SMD、LD、AC、HC、常数 OUT：ID、QD、VD、MD、SD、SMD、LD、AC IN/OUT 数据类型：双字
实数传送指令	MOV_R EN ENO IN OUT	MOVR IN,OUT	IN：ID、QD、VD、MD、SD、SMD、LD、AC、常数 OUT：ID、QD、VD、MD、SD、SMD、LD、AC IN/OUT 数据类型：实数
EN（使能端）	I、Q、M、T、C、SM、V、S、L　　EN 数据类型：位		
功能说明	当使能端 EN 有效时，将一个输入 IN 的字节、字、双字或实数传送到 OUT 的指定存储单元输出，传送过程数据内容保持不变（即 EN=1，传送后存储器 IN 中的内容不变）		

注：IN 为输入端；OUT 为输出端；EN 为使能端；ENO 为使能输出端；如果使能输入端 EN 为 1，执行传送操作，ENO 与 EN 逻辑状态相同。如果使能输入端 EN 为 0，不执行传送操作，并使 ENO 为 0。

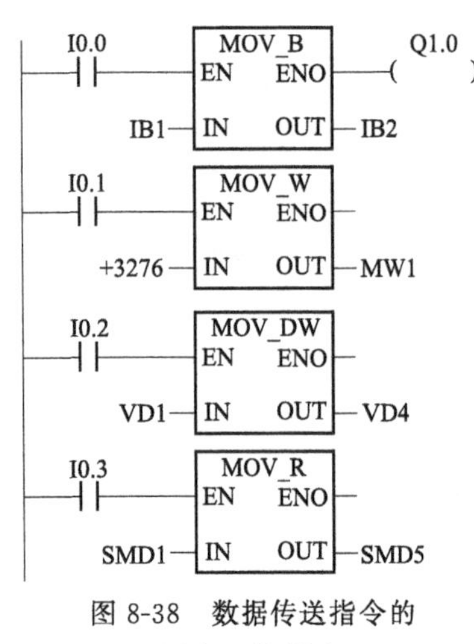

图 8-38 数据传送指令的用法（梯形图）

② 指令的应用　数据传送指令的用法如图 8-38 所示，与其对应的语句表见表 8-45。

在图 8-38 所示的梯形图中，当输入继电器 I0.0 的常开触点闭合时，字节传送指令（MOVB）将输入继电器 I1.0～I1.7 中的数据传送到输入继电器 I2.0～I2.7 中，Q1.0 接通；当输入继电器 I0.1 的常开触点闭合时，字传送指令（MOVW）将常数 3276 传送到内部标志位存储器 M1.0～M2.7（共 16 位）中；当输入继电器 I0.2 的常开触点闭合时，双字传送指令（MOVD）将变量存储器 V1.0～V4.7（32 位）中的数据传送到变量存储器 V4.0～V7.7（32 位）中；当输入继电器 I0.3 的常开触点闭合时，实数传送指令（MOVR）将特殊标志位存储器 SM1.0～SM4.7（32 位）中的数据传送到特殊标志位存储器 SM5.0～SM8.7（32 位）中。

表 8-45 与图 8-38 对应的语句表

语句号	指令	元素	语句号	指令	元素
0	LD	I0.0	5	MOVW	+3276,MW1
1	MOVB	IB1,IB2	6	LD	I0.2
2	AENO		7	MOVD	VD1,VD4
3	=	Q1.0	8	LD	I0.3
4	LD	I0.1	9	MOVR	SBD1,SMD5

(2) 数据块传送指令

① 指令格式及功能　数据块传送指令是把输入端（IN）指定地址的 N 个连续字节、字、双字的内容传送到输出端（OUT）指定开始的 N 个连续字节、字、双字的存储单元中去。传送过程中各存储单元的内容保持不变。IN 为数据的起始地址，数据长度为 N（N 为 1～255）个字节、字或双字。OUT 为新存储区的起始地址。

数据块传送指令按操作数据的类型可分为字节块传送指令、字块传送指令、双字块传送指令。其指令格式及功能见表 8-46。

表 8-46 数据块传送指令的指令格式及功能

指令名称	编程语言		操作数类型及操作范围
	梯形图	语句表	
字节块传送指令	BLKMOV_B EN ENO IN OUT N	BMB IN,OUT,N	IN:IB、QB、VB、MB、SB、SMB、LB OUT:IB、QB、VB、MB、SB、SMB、LB IN/OUT 数据类型:字节
字块传送指令	BLKMOV_W EN ENO IN OUT N	BMW IN,OUT,N	IN: IW、QW、VW、MW、SW、SMW、LW、T、C、AIW OUT:IW、QW、VW、MW、SW、SMW、LW、T、C、AQW IN/OUT 数据类型:字
双字块传送指令	BLKMOV_D EN ENO IN OUT N	BMD IN,OUT,N	IN:ID、QD、VD、MD、SD、SMD、LD OUT:ID、QD、VD、MD、SD、SMD、LD IN/OUT 数据类型:双字
EN(使能端)	I、Q、M、T、C、SM、V、S、L　　数据类型:位		
N （源数据数目）	IB、QB、VB、MB、SB、SMB、LB、AC、常数。数据类型:字节。数据范围:1～255		
功能说明	当使能端 EN 有效时,把从输入 IN 开始 N 个字节、字、双字传送到 OUT 的起始地址中,传送过程中数据内容保持不变		

② 指令的应用　数据块传送指令的用法如图 8-39 所示，与其对应的语句表见表 8-47。

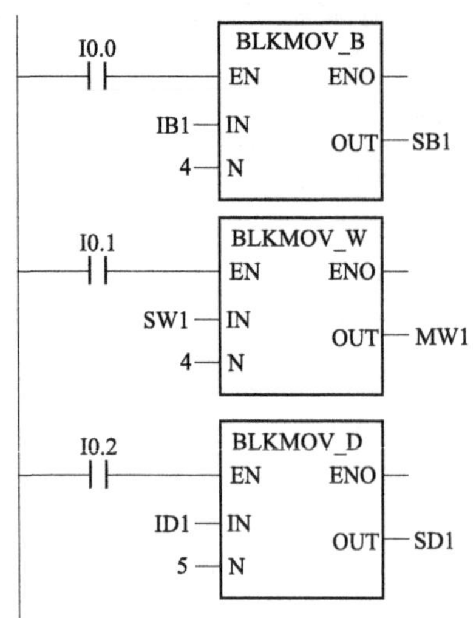

图 8-39 数据块传送指令的用法（梯形图）

在图 8-39 所示的梯形图中，当输入继电器 I0.0 的常开触点闭合时，字节块传送指令（BMB）将输入继电器 I1.0～I4.7 中的数据传送至 S1.0～S4.7 中；当输入继电器 I0.1 的常开触点闭合时，字块传送指令（BMW）将 S1.0～S8.7 中的数据传送至 M1.0～M8.7 中；当输入继电器 I0.2 的常开触点闭合时，双字块传送指令（BMD）将 I1.0～I20.7 中的数据传送至 S1.0～S20.7 中。

（3）字节立即传送指令和交换字节指令

① 指令格式及功能　字节立即传送指令包括字节立即读指令和字节立即写指令。字节立即传送指令和字节交换指令（又称交换字节指令）的梯形图和语句表如表 8-48 所示。字节立即传送指令和交换字节指令的操作数范围如表 8-49 所示。

表 8-47　与图 8-39 对应的语句表

语句号	指令	元素	语句号	指令	元素
0	LD	I0.0	3	BMW	SW1,MW1,4
1	BMB	IB1,SB1,4	4	LD	I0.2
2	LD	I0.1	5	BMD	ID1,SD1,5

表 8-48　字节立即传送指令和字节交换指令的梯形图及语句表

梯形图	语句表	指令名称
MOV_BIR EN ENO IN OUT	BIR　IN,OUT	字节立即读指令
MOV_BIW EN ENO IN OUT	BIW　IN,OUT,N	字节立即写指令
SWAP EN ENO IN OUT	SWAP　IN	交换字节指令

表 8-49　字节立即传送指令和字节交换指令的操作数范围

指令	输入或输出	操作数
字节立即读指令	IN	IB、* VD，* LD，* AC
	OUT	IB、QB、VB、MB、SMB、SB、LB、AC、* VD，* LD，* AC
字节立即写指令	IN	IB、QB、VB、MB、SMB、SB、LB、AC 、* VD，* LD，* AC、常数
	OUT	QB、* VD，* LD，* AC
交换字节指令	IN	IW、QW、VW、MW、SMW、SW、T、C、LW、AC、* VD，* LD，* AC

a. 字节立即读指令（MOV _ BIR）：当使能端有效时，读取输入端（IN）给出的 1 字节的数值，并将结果写入 OUT 所指定的存储单元，但输入映像寄存器未更新。

b. 字节立即写指令（MOV _ BIW）：当使能端有效时，从输入端（IN）所指定的存储单元中读取 1 个字节的数值，并将结果写入 OUT 所指定的存储单元，同时刷新对应的输出映像寄存器。

c. 字节交换指令用于交换字的最高位有效字节和最低位有效字节。

② 字节交换指令的应用　字节交换指令的用法如图 8-40 所示。

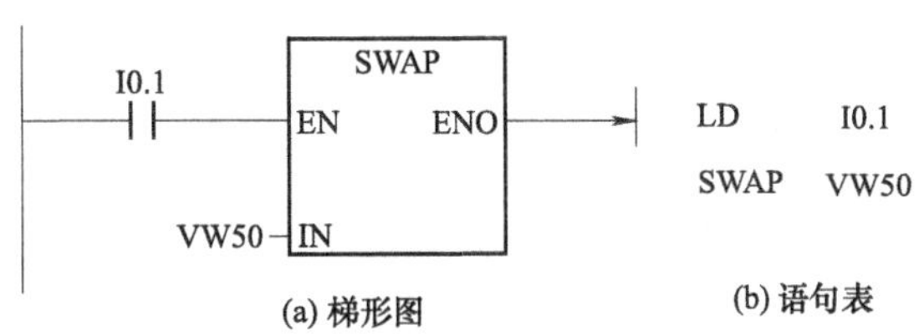

图 8-40　字节交换指令的用法

对于图 8-40 所示的梯形图，程序执行结果：假设指令执行之前 VW50 中的字为 4725H，那么指令执行之后 VW50 中的字变为 2547H。

8.7 PLC 应用实例

8-5 PLC 的星-三角控制

8.7.1 PLC 控制电动机Y-Δ启动电路

(1) 继电器-接触器控制原理分析

三相异步电动机Y-△降压启动的继电器-接触器控制电路如图 8-41 所示，图中 KM1 为电源接触器，KM2 为三角形接触器，KM3 为星形接触器，KT 为时间继电器。其控制原理如下：

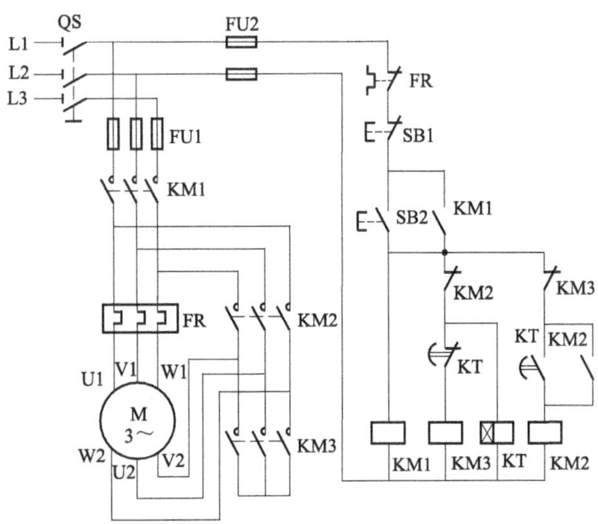

图 8-41　三相异步电动机Y-△降压启动的继电器-接触器控制电路

① 启动时，合上 QS，按下启动按钮 SB2，则 KM1、KM3 和 KT 线圈同时得电吸合，并自锁，这时电动机定子绕组接成星形启动。

② 随着电动机转速上升，电动机定子电流逐渐下降，当 KT 延时达到设定值时，其延时断开的常闭触点断开，延时闭合的常开触点闭合，从而使 KM3 线圈断电释放，然后 KM2 线圈得电吸合并自锁，这时电动机切换成三角形运行。

③ 需要停止时，按下停止按钮 SB1，KM1 和 KM2 线圈同时断电，电动机停止运行。

④ 为了防止电源短路，接触器 KM2 和 KM3 线圈不能同时得电，在电路中设置了电气互锁。

⑤ 如果电动机超负荷运行，热继电器 FR 断开，电动机停止运行。

(2) I/O 端口分配

根据控制要求，三相异步电动机 Y-△降压启动的 PLC 端口分配如表 8-50 所示。

表 8-50 三相异步电动机 Y-△降压启动控制 I/O 分配表

输入		输出	
输入继电器	元器件	输出继电器	元器件
I0.0	启动按钮 SB2,常开触点	Q0.0	电源接触器 KM1
I0.1	停止按钮 SB1,常开触点	Q0.1	三角形接触器 KM2
I0.2	热继电器 FR,常开触点	Q0.2	星形接触器 KM3

(3) 程序设计

根据控制要求，与三相异步电动机 Y-△降压启动的继电器-接触器控制电路（图 8-41）对应的梯形图如图 8-42 所示。

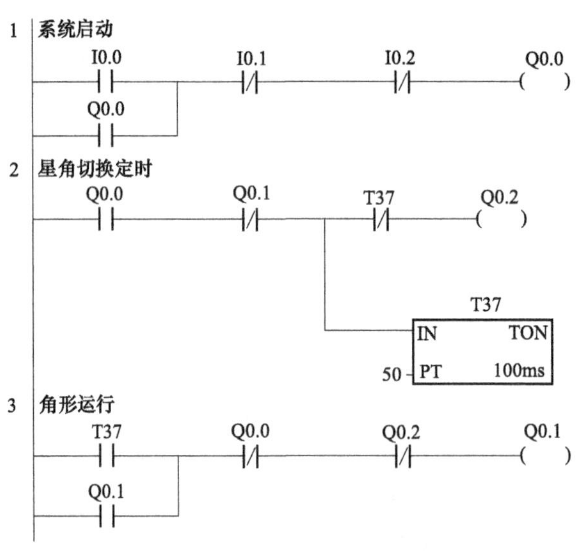

图 8-42 三相异步电动机 Y-△降压启动控制梯形图

① 按下启动按钮 SB2，I0.0 得电，其常开触点闭合，Q0.0 得电自锁，电源接触器 KM1 得电吸合，然后 Q0.2 得电，星形接触器 KM3 得电吸合，电动机 M 星形启动。与此同时，计时器 T37 开始计时。

② 计时时间 5s 后，T37（时基为 100ms 的定时器）的常闭触点断开，Q0.2 输出线圈失电（其常闭触点复位），星形接触器 KM3 失电，星形启动结束。与此同时，T37 常开触点闭合，Q0.1 得电自锁，三角形接触器得电，电动机切换成三角形运行。与此同时，Q0.1

的常闭触点断开，定时器 T37 失电（定时器断电复位）。

③ 若要停机，按下停止按钮 SB1，I0.1 得电，其常闭触点断开，电源接触器 KM1 失电，其主触点断开，电动机停止运行。与此同时所有接触器均复位。

8.7.2 PLC 控制电动机单向能耗制动电路

(1) 继电器-接触器控制原理分析

三相异步电动机单向（不可逆）能耗制动的继电器-接触器控制电路如图 8-43 所示，该控制电路由接触器 KM1、KM2，时间继电器 KT，变压器 T，桥式整流器 VC 等组成。其控制原理如下：

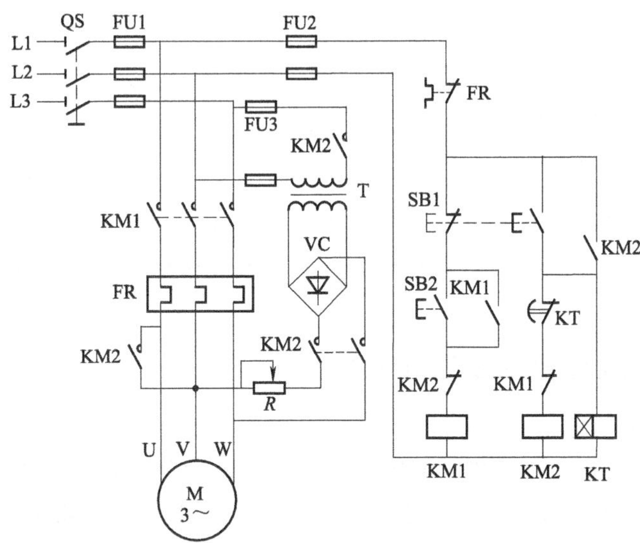

图 8-43　三相异步电动机单向能耗制动的继电器-接触器控制电路

① 启动时，先合电源开关 QS，然后按下启动按钮 SB2，使接触器 KM1 线圈得电吸合并自锁，KM1 的主触点闭合，电动机 M 接通电源直接启动。与此同时 KM1 的常闭辅助触点断开。

② 停车时，按下停止按钮 SB1，首先 KM1 因线圈失电而释放，KM1 的主触点断开，电动机 M 断电，做惯性运转，而 KM1 的各辅助触点均复位；与此同时，接触器 KM2 与时间继电器 KT 因线圈得电而同时吸合并自锁。KM2 的主触点闭合，在电动机绕组中通入直流电流，进入能耗制动状态。当到达延时时间后，KT 延时断开的常闭触点断开，使 KM2 和 KT 因线圈失电而释放，KM2 的主触点断开，切断电动机的直流电源，能耗制动结束。

(2) I/O 端口分配

根据控制要求，三相异步电动机单向能耗制动的 PLC 端口分配如表 8-51 所示。

表 8-51　三相异步电动机单向能耗制动控制 I/O 分配表

输　入		输　出	
PLC 软元件(输入继电器)	元器件	PLC 软元件(输出继电器)	元器件
I0.0	启动按钮 SB2,按下按钮时,I0.0 状态由 OFF→ON	Q0.0	接触器 KM1
I0.1	停止按钮 SB1,按下按钮时,I0.1 状态由 OFF→ON	Q0.1	制动接触器 KM2

(3) 程序设计

根据控制要求，与三相异步电动机单向能耗制动的继电器-接触器控制电路（图 8-43）对应的梯形图如图 8-44 所示。

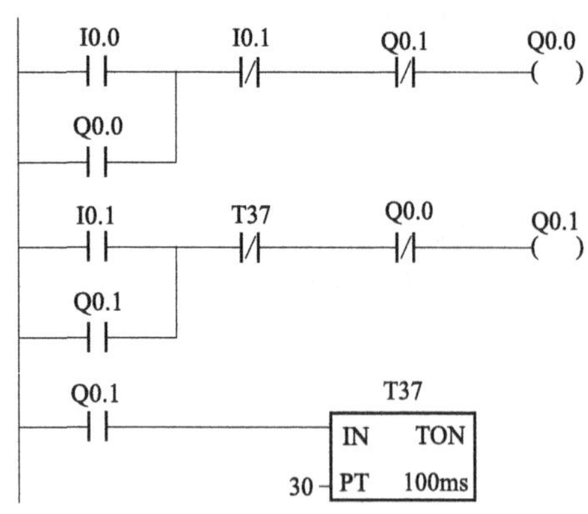

图 8-44　三相异步电动机单向能耗制动控制梯形图

① 按下启动按钮 SB2，I0.0 得电，其常开触点闭合，Q0.0 得电并自锁，接触器 KM1 得电吸合，其主触点闭合，电动机 M 启动运转。

② 电动机正常运行后，若要快速停机，需按下停止按钮 SB1，I0.1 得电，其常闭触点断开，输出线圈 Q0.0 失电，Q0.0 的常开触点断开，自锁解除，接触器 KM1 失电释放，KM1 的主触点断开，电动机 M 断电，做惯性运转。与此同时，Q0.0 的常闭触点闭合，输出线圈 Q0.1 得电自锁，接触器 KM2 得电吸合，其主触点闭合，电动机 M 通入直流电流，进行能耗制动，电动机转速迅速降低，同时，定时器 T37 开始计时，计时时间 3s 后，T37 的延时断开的常闭触点断开，输出线圈 Q0.1 失电（自锁解除，定时器断电复位），接触器 KM2 失电，其主触点断开，能耗制动结束。

8.7.3 PLC 控制电动机反接制动电路

(1) 继电器-接触器控制原理分析

三相异步电动机单向（不可逆）反接制动的继电器-接触器控制电路如图 8-45 所示，该控制电路由接触器 KM1、KM2，速度继电器 KS，限流电阻 R，热继电器 FR 等组成。其控制原理如下：

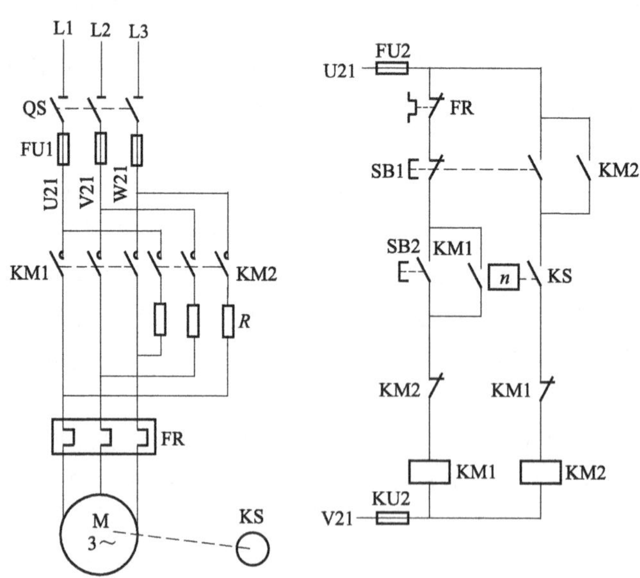

图 8-45　三相异步电动机单向反接制动的继电器-接触器控制电路

① 启动时，先合电源开关 QS，然后按下启动按钮 SB2，使接触器 KM1 线圈得电吸合并自锁，KM1 的主触点闭合，电动机 M 接通电源直接启动。与此同时 KM1 的常闭辅助触

点断开。当电动机转速升高到一定数值（此数值可调）时，速度继电器 KS 的常开触点闭合，因 KM1 的常闭辅助触点已经断开，这时接触器 KM2 线圈不通电，KS 常开触点的闭合，仅为反接制动做好了准备。

② 停车时，按下停止按钮 SB1，首先 KM1 因线圈失电而释放，KM1 的主触点断开，电动机 M 断电，做惯性运转，与此同时，KM1 的各辅助触点均复位；又由于此时电动机的惯性转速还很高，KS 的常开触点依然处于闭合状态，所以按钮 SB1 的常开触点闭合时，使接触器 KM2 线圈得电吸合并自锁，KM2 的主触点闭合，电动机的定子绕组中串入限流电阻 R，进入反接制动状态，使电动机的转速迅速下降。当电动机的转速降至速度继电器 KS 整定值以下时，KS 的常开触点断开复位，KM2 线圈失电释放，电动机断电。反接制动结束，防止了电动机反向启动。

(2) I/O 端口分配

根据控制要求，三相异步电动机反接制动的 PLC 端口分配如表 8-52 所示。

表 8-52　三相异步电动机反接制动控制 I/O 分配表

输　入		输　出	
PLC 软元件(输入继电器)	元器件	PLC 软元件(输出继电器)	元器件
I0.0	启动按钮 SB2,按下按钮时,I0.0 状态由 OFF→ON	Q0.0	接触器 KM1
I0.1	停止按钮 SB1,按下按钮时,I0.1 状态由 OFF→ON	Q0.1	制动接触器 KM2
I0.2	速度继电器 KS,当速度大于整定值时,KS 的常开触点闭合,当速度小于整定值时,KS 的常开触点断开		

(3) 程序设计

根据控制要求，与三相异步电动机单向反接制动的继电器-接触器控制电路（图 8-45）对应的梯形图如图 8-46 所示。

① 按下启动按钮 SB2，I0.0 得电，其常开触点闭合，输出线圈 Q0.0 得电并自锁，接触器 KM1 得电吸合，其主触点闭合，电动机 M 启动运转。当电动机的转速超过整定值时，速度继电器 I0.2 常开触点闭合。

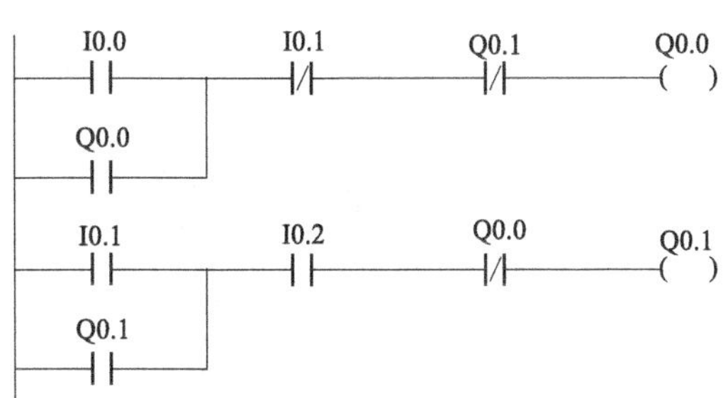

图 8-46　三相异步电动机单向反接制动控制梯形图

② 电动机正常运行后，若要快速停机，需按下停止按钮 SB1，I0.1 得电，其常闭触点断开，输出线圈 Q0.0 失电，Q0.0 的常开触点断开，自锁解除，接触器 KM1 失电释放，KM1 的主触点断开，电动机 M 断电，做惯性运转。与此同时，I0.1 的常开触点闭合，输出线圈 Q0.1 得电并自锁，接触器 KM2 得电吸合，其主触点闭合，电动机进行反接制动，电动机转速迅速降低，当电动机转速小于整定值时，速度继电器 I0.2 常开触点断开，输出线圈 Q0.1 失电，使接触器 KM2 失电，其主触点断开，反接制动结束。

8.7.4 喷泉的模拟控制

8-6 PLC模拟控制喷泉

(1) 任务描述

用 PLC 控制闪光灯构成喷泉的模拟系统。

① 喷泉面板图和电路图　使用喷泉模拟面板或使用价格低廉的发光二极管及限流电阻搭建喷泉模拟系统，喷泉模拟系统的工作电压为 DC 24V，采用 AC 220V/DC 24V 开关电源取得 DC 24V，喷泉面板图如图 8-47 所示，喷泉面板 LED 的电路图如图 8-48 所示。

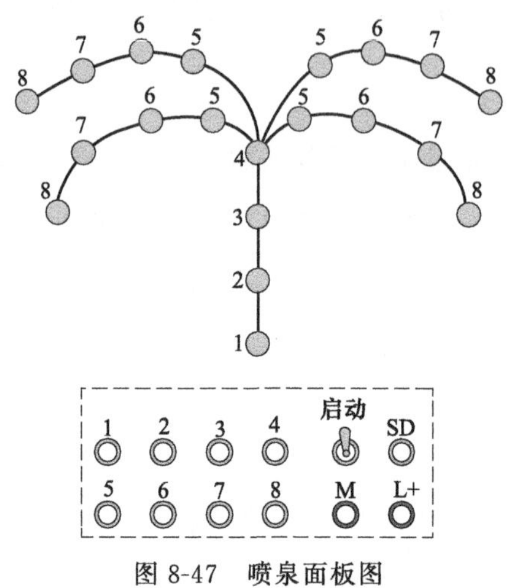

图 8-47　喷泉面板图

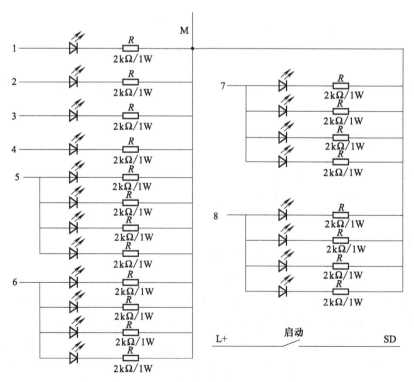

图 8-48　喷泉面板 LED 的电路图

② 控制要求　程序运行时，当启动开关接通后，灯1、2、3、4、5、6、7、8依次间隔0.2s点亮，全亮0.2s后重复执行。

(2) PLC的I/O端口分配表

根据控制要求，喷泉模拟控制的PLC端口分配如表8-53所示。

表8-53　喷泉模拟控制的I/O分配表

序号	输入			输出		
	PLC输入地址	元器件	功能	PLC输出地址	元器件	功能
1	I0.0	SD	启动或停止模拟喷泉	Q0.0	灯1	控制喷泉灯1
2				Q0.1	灯2	控制喷泉灯2
3				Q0.2	灯3	控制喷泉灯3
4				Q0.3	灯4	控制喷泉灯4
5				Q0.4	灯5	控制喷泉灯5
6				Q0.5	灯6	控制喷泉灯6
7				Q0.6	灯7	控制喷泉灯7
8				Q0.7	灯8	控制喷泉灯8

(3) 控制原理图

用PLC控制闪光灯构成喷泉的模拟系统时，其控制原理图如图8-49所示。

(4) 程序设计控制分析

喷泉模拟系统要求使用灯1～灯8，共8组灯，从灯1到灯8依次间隔0.2s点亮，全亮0.2s后，全熄灭，重复进行。用计数器和定时器实现。

PLC接线图如图8-50所示。

(5) 操作步骤

① 在PLC断电状态下，使用PC/PPI将计算机与PLC连接。

② 按接线图8-50连接PLC及外部电路。

③ 接通PLC电源。

④ 进入编程环境，单击“PLC”菜单栏，通过“类型”选择CPU类型，或通信后进行读取PLC的CPU类型。

⑤ 编制程序。

参考程序如图8-51、图8-52所示。

⑥ 将编译无误的程序下载到PLC，并将PLC的模式选择开关置于“RUN”状态。

⑦ 运行程序，实现功能，并进行程序监控。

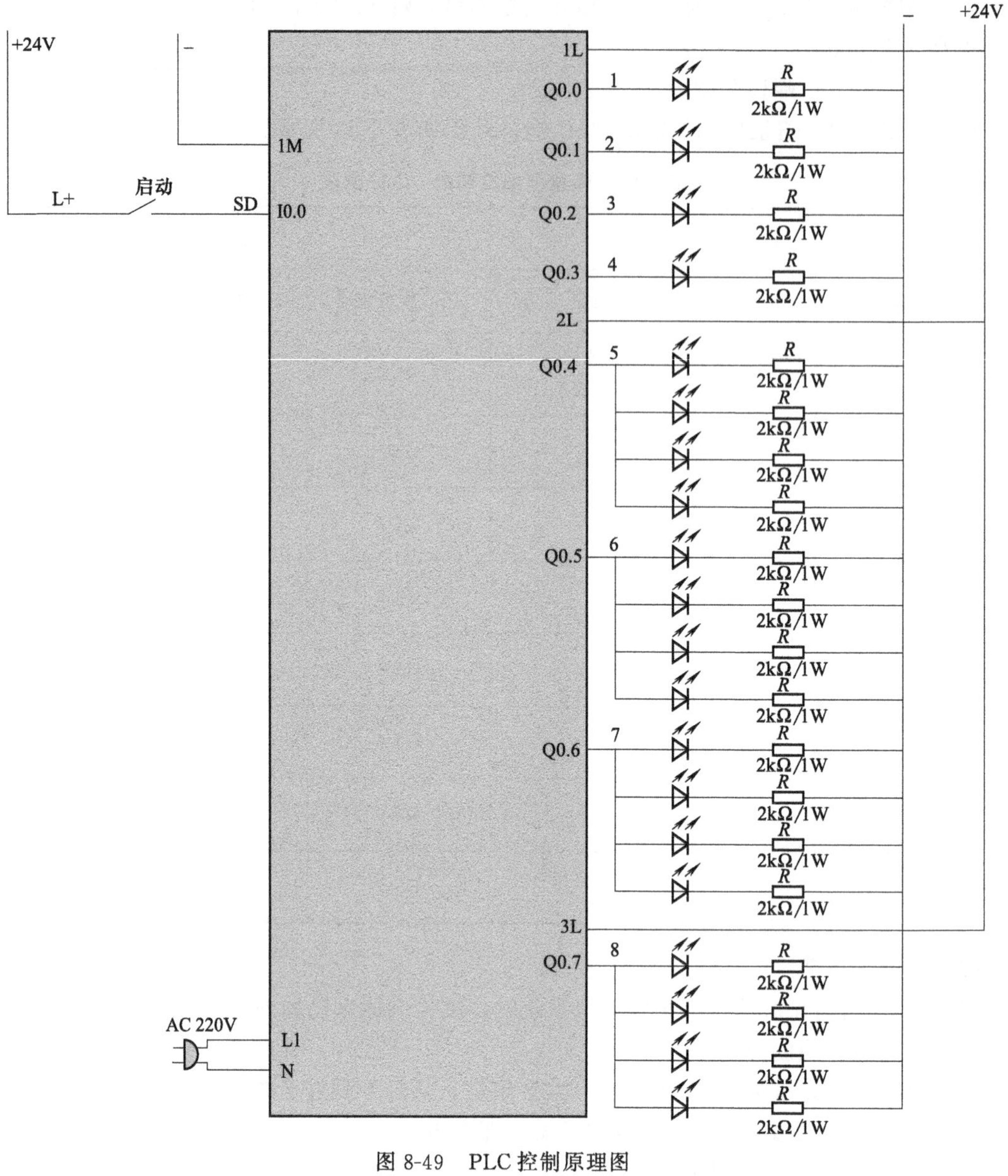

图 8-49　PLC 控制原理图

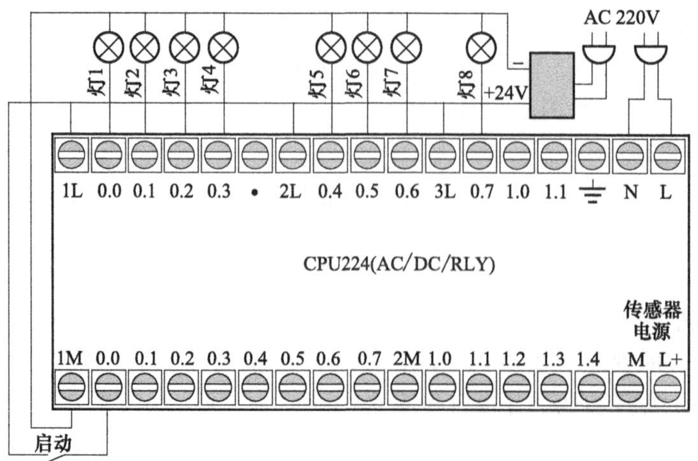

图 8-50　PLC 接线图

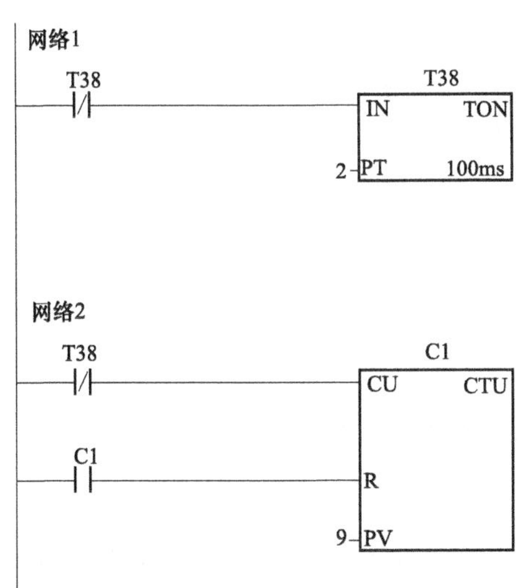

图 8-51　梯形图程序（网络 1、2）

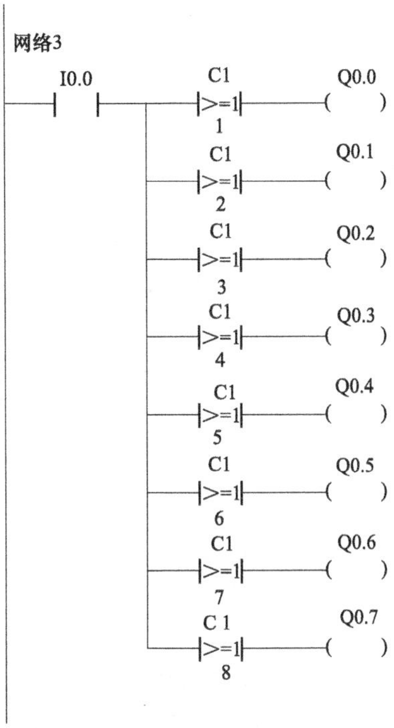

网络3
I0.0
C1 >=I 1 Q0.0
C1 >=I 2 Q0.1
C1 >=I 3 Q0.2
C1 >=I 4 Q0.3
C1 >=I 5 Q0.4
C1 >=I 6 Q0.5
C1 >=I 7 Q0.6
C1 >=I 8 Q0.7

图 8-52　梯形图程序（网络 3）

第9章 PLC的使用与维护

9.1 PLC 控制系统设计的基本原则和步骤

学习掌握了 PLC 的基本原理和指令系统等之后，就要结合实际进行 PLC 控制系统的设计，并将它应用到工业控制的各个领域。由于 PLC 的应用场合多种多样，随着 PLC 自身功能不断增强，PLC 应用系统也越来越复杂，对 PLC 应用系统设计人员的要求也越来越高。

虽然各种工业控制系统的功能、控制要求不同，但在设计 PLC 控制系统时，基本步骤、设计方法基本相同，PLC 的程序设计是 PLC 应用最关键的问题。

9.1.1 PLC 控制系统设计的基本原则和基本内容

(1) PLC 控制系统设计的基本原则

① 最大限度地满足被控对象的控制要求。

② 保证控制系统的高可靠性和安全性。

③ 满足上面条件的前提下，力求使控制系统简单、经济、实用和维修方便。

④ 考虑到生产的发展和工艺的改进，选择 PLC 容量时，应适当地留有余量。

(2) PLC 控制系统设计的基本内容

① 选择合适的用户输入设备、输出设备以及输出设备驱动的控制对象。

② 分配 I/O，设计接线图，考虑安全措施。

③ 选择适合系统的 PLC。

④ 设计程序。

⑤ 调试程序，一个是模拟调试，一个是联机调试。

⑥ 设计控制柜，编写系统交付使用的技术文件（包括说明书、电气图、电气元件明细表等）。

⑦ 验收、交付使用。

9.1.2 PLC 控制系统设计的一般步骤

(1) 分析被控对象

根据被控对象生产的工艺过程、工作特点、功能等分析控制要求。如需要完成的动作

（动作时序、条件、必要的保护和联锁等）和操作方式（手动、自动、连续、间断等）。

（2）系统硬件配置

① 在明确了控制任务和要求后，选择电气传动方式和确定系统所需的用户输入、输出设备。

② 选择合适的 PLC 类型（包括机型的选择、容量的选择、I/O 模块的选择等）。按控制系统需求合理选择，功能涵盖使用要求，避免大马拉小车。对于品牌、价格、服务等因素都要考虑。

③ 合理选择 I/O 点数。PLC 的 I/O 点数和种类应根据被控对象的开关量、模拟量等输入输出设备的状况来确定。考虑到以后的调整和发展，可以适当留出备用量（一般 20%左右）。

（3）软件设计

软件设计包括系统初始化程序、主程序、子程序、中断程序、故障应急措施和辅助程序的设计等，小型开关量控制系统一般只有主程序。

首先应根据总体要求和控制系统具体情况，确定用户程序的基本结构，画出程序流程图或开关量控制系统的顺序功能图。它们是编程的主要依据，应尽可能地准确和详细。

较简单的系统的梯形图可以用经验法设计，复杂的系统一般用顺序控制设计法设计。画出系统的顺序功能图后，根据它设计出梯形图程序。有的编程软件可以直接用顺序功能图语言来编程。

进行 PLC 程序设计，同时可进行控制柜或操作台的设计和现场施工。

（4）模拟调试

设计好用户程序后，一般先做模拟调试。有的 PLC 厂家提供了在计算机上运行，可以用来代替 PLC 硬件来调试用户程序的仿真软件。在仿真时按照系统功能的要求，将某些输入元件强制为 ON 或 OFF，或改写某些元件中的数据，监视系统功能是否能正确实现。

如果有 PLC 的硬件，可用小开关和按钮来模拟 PLC 实际的输入信号，例如用它们发出操作指令，如限位开关触点的接通和断开。通过输出模块上各输出位对应的发光，观察输出信号是否满足设计的要求。

（5）硬件调试与系统调试

在现场安装好控制屏后，接入外部的输入元件和执行机构。与控制屏内的调试类似，首先检查控制屏外的输入信号是否能正确地送到 PLC 的输入端，PLC 的输出信号是否能正确操作控制屏外的执行机构。完成上述的调试后，将 PLC 置于 RUN 状态，运行用户程序，检查控制系统是否能满足要求。

在调试过程中，将暴露出系统中可能存在的硬件问题，以及梯形图设计中的问题。发现问题后在现场加以解决，直到完全符合要求。按系统验收规程的要求，对整个系统进行逐项验收合格后，交付使用。

（6）整理技术文件

根据调试的最终结果整理出完整的技术文件，并提供给用户，以便于今后系统的维护与改进。技术文件应包括说明书、电气原理图、电器布置图、PLC 的编程元件表、定时器和计数器的设定值、带注释的程序和必要的总体文字说明等。

9.2 PLC的选择

随着PLC技术的发展，PLC产品的种类也越来越多，如三菱、西门子、欧姆龙、松下、ABB等。不同型号的PLC，其结构形式、性能、容量、指令系统、编程方式、价格等也各有不同，适用的场合也各有侧重。因此，合理选用PLC，对于提高PLC控制系统的技术经济指标起着重要的作用。PLC的选择主要应从PLC的机型、容量、I/O模块、电源模块、特殊功能模块、通信联网能力等方面加以综合考虑。

9.2.1 PLC机型的选择

选择合适的机型是PLC控制系统硬件设计的关键问题。PLC机型选择的基本原则是在满足控制要求及保证可靠、维护方便的前提下，力争最佳的性能价格比。一般来说，机型的选择主要考虑以下几点：

(1) 合理的结构形式

从结构上分，PLC主要有固定式（整体式）和组合式（模块式）两种。固定式PLC包括CPU板、I/O板、显示面板、内存块、电源等，这些元素组合成一个不可拆卸的整体。模块式PLC包括CPU模块、I/O模块、内存、电源模块、底板或机架，这些模块可以按照一定规则组合配置。整体式PLC的每一个I/O点的平均价格比模块式的便宜，且体积相对较小，一般用于系统工艺过程较为固定的小型控制系统中；而模块式PLC的功能扩展灵活方便，在I/O点数、输入点数与输出点数的比例、I/O模块的种类等方面选择余地大，且维修方便，一般用于较复杂的控制系统。

(2) 安装方式的选择

PLC系统的安装方式分为集中式、远程I/O式以及多台PLC联网的分布式。集中式不需要设置驱动远程I/O硬件，系统反应快、成本低；远程I/O式适用于大型系统，系统的装置分布范围很广，远程I/O可以分散安装在现场装置附近，连线短，但需要增设驱动器和远程I/O电源；多台PLC联网的分布式适用于多台设备分别独立控制，又要相互联系的场合，可以选用小型PLC，但必须要附加通信模块。

(3) 相应的功能要求

一般小型（低档）PLC具有逻辑运算、定时、计数等功能，对于只需要开关量控制的设备都可满足。对于以开关量控制为主，带少量模拟量控制的系统，可选用能带A/D和D/A转换单元，具有加减算术运算、数据传送功能的增强型低档PLC。对于控制较复杂，要求实现PID运算、闭环控制、通信联网等功能，可视控制规模大小及复杂程度，选用中档或高档PLC。但是中、高档PLC价格较贵，一般用于大规模过程控制和集散控制系统等场合。

(4) 对响应速度的要求

PLC是为工业自动化设计的通用控制器，不同档次PLC的响应速度一般都能满足其应用范围内的需要。如果要跨范围使用PLC，或者对某些功能或信号有特殊的速度要求时，则应该慎重考虑PLC的响应速度，可选用具有高速I/O处理功能的PLC，或选用具有快速响应模块和中断输入模块的PLC等。

（5）对系统可靠性的要求

对于一般系统，PLC 的可靠性均可以满足。对于可靠性要求很高的系统，应考虑是否采用冗余系统或热备用系统。

（6）机型尽量统一

一个企业，应尽量做到 PLC 的机型统一。主要考虑到以下三方面问题：

① 机型统一，其模块可互为备用，便于备品备件的采购和管理。

② 机型统一，其功能和使用方法类似，有利于技术力量的培训和技术水平的提高。

③ 机型统一，其外部设备通用，资源可共享，易于联网通信，配上位计算机后，易于形成一个多级分布式控制系统。

（7）I/O 点数的确定

I/O 点数是衡量可编程控制器规模大小的重要指标。首先必须清楚控制系统的 I/O 总点数，此外还要考虑将来生产工艺的改进及可靠性要求，再按实际所需总点数的 10%～20% 留有余量。实际订货时，还需根据制造厂商 PLC 的产品特点，对输入输出点数进行圆整。

PLC 的 I/O 总点数和种类应根据被控对象所需的模拟量、开关量等输入/输出设备情况（包括模拟量、开关量等输入信号和需控制的输出设备数目及类型）来确定。一般控制系统，如果 I/O 总点数较少，且由 PLC 构成单机控制系统，应选用小型的 PLC。如果 I/O 总点数过多，且由 PLC 构成控制系统的控制对象分散，控制级数较多，应选用大、中型的 PLC。

（8）存储器容量的确定

存储器容量是可编程序控制器本身能提供的硬件存储单元大小，程序容量是存储器中用户应用项目使用的存储单元的大小，因此程序容量小于存储器容量。设计阶段，由于用户应用程序还未编制，因此，程序容量在设计阶段是未知的，需在程序调试之后才知道。为了设计选型时能对程序容量有一定估算，通常采用存储器容量的估算来替代。

用户程序所需内存量与很多因素有关，如开关量 I/O 点数、模拟量 I/O 点数、内存利用率、编程水平等，因此对用户存储容量只能做粗略的估算。一般根据经验，每个 I/O 点及有关功能元件占用的内存量大致如下：

开关量输入元件：10B/点～20B/点；

开关量输出元件：5B/点～10B/点；

定时器/计数器：3B/点～5B/点；

模拟量：80B/点～100B/点；

通信接口：每个接口需要 200B 以上。

最后，根据上面算出的总字节数，再按此数的 50% 左右留有余量，从而选择合适的 PLC 内存。需要复杂控制功能时，应选择容量更大、档次更高的存储器。

（9）确定 PLC 的运行速度

PLC 采用扫描方式工作。从实时性要求来看，处理速度应越快越好，如果信号持续时间小于扫描时间，则 PLC 将扫描不到该信号，造成信号数据的丢失。

处理速度与用户程序的长度、CPU 处理速度、软件质量等有关。目前，PLC 接点响应快、速度高，因此能适应控制要求高的应用需要。对于一般的以开关量为主的控制系统，不用考虑扫描速度，一般的 PLC 机型都可使用。但是，对于模拟量控制系统，特别是闭环系统，则需要考虑扫描速度，选择合适的 CPU 种类的 PLC 机型。

9.2.2 模块的选择

(1) I/O 模块的选择

I/O 模块包括开关量 I/O 模块和模拟量 I/O 模块。不同的 I/O 模块，其电路及功能也直接影响 PLC 的应用范围和价格，应当根据实际需要加以选择。

① 输入模块的选择　PLC 输入模块的任务是检测并转换来自现场设备（按钮、限位开关、接近开关、光电开关等）的高电平信号为机器内部的电平信号。

根据 PLC 输入/输出量的点数和性质可以确定 I/O 模块的型号和数量，选择输入模块时应注意以下几点：

a. 输入信号的类型及电压等级。开关量输入模块有直流输入、交流输入和交流/直流输入三种类型，选择时主要根据现场输入信号和周围环境因素等。直流输入模块的延迟时间较短，还可以直接与接近开关、光电开关等电子输入设备连接；交流输入模块可靠性好，适合于有油雾、粉尘的恶劣环境下使用。开关量输入模块的输入信号的电压等级有直流 5V、12V、24V、48V、60V 等，交流 110V、220V 等，选择时主要根据现场输入设备与输入模块之间的距离来考虑。距离较近时，可选择电压等级较低一些的模块，如 5V、12V、24V 等。如 5V 输入模块最远不得超过 10m。距离较远的应该选用输入电压等级较高的模块。

b. 输入接线方式。开关量输入模块主要有汇点式和分组式两种接线方式，汇点式的开关量输入模块所有的输入点共用一个公共端（COM）；而分组式的开关量输入模块是将输入点分为若干组，每一组（几个输入点）共用一个公共端，各组之间是分隔的。分组式的开关量输入模块价格较汇点式的高，如果输入信号不需要分隔，一般应选用汇点式。

c. 注意同时接通的输入点数量。对于选用高密度的输入模块（如 32 点、48 点等），同时接通点数取决于输入电压和环境温度，一般来讲，同时接通的点数最好不超过模块总点数的 60%，以保证输入输出点承受负载能力在允许范围内。

d. 输入门槛电平。为了提高系统的可靠性，必须考虑输入门槛电平的大小。门槛电平越高，抗干扰的能力就越强，传输的距离也就越远，具体可参阅 PLC 说明书。

e. 模拟量输入模块的输入可以是电压信号或电流信号。在选用时一定要注意与现场过程检测信号范围相对应。

② 输出模块的选择　PLC 输出模块的任务是将机器内部信号电平转换为外部过程的控制信号。

开关量输出模块按输出方式可分为继电器输出、晶闸管输出、晶体管输出模块。对于开关频率高、电感性、低功率因数的交流负载可选用晶闸管输出模块；对于开关频率较高的直流负载，可选用晶体管输出模块；对于不频繁动作的交直流负载，可选用继电器输出模块。

模拟量输出模块的输出类型有电压输出和电流输出两种，在使用时要根据负载情况选择。

(2) 智能模块的选择

常用智能模块有高速计数模块、温度控制模块、位置控制模块、通信模块以及电源模块等。当 PLC 内部的高速计数器的最高计数频率不能满足要求时，可选择高速计数模块；在机械设备中，为保证加工精度而进行定位时，可选用位置控制模块；对于自动化程度要求高的控制系统，可以选用 PLC 与 PLC 之间的通信模块等。

9.2.3　I/O地址分配

输入/输出信号在PLC接线端子上的地址分配是进行PLC控制系统设计的基础。将系统中的输入和输出进行分类后，即可根据分类统计的参数和功能要求具体确定PLC的硬件配置，即I/O地址分配（I/O分配表），表中包含I/O编号、设备代号、设备名称及功能等。注意在分配I/O编号时，尽量将相同种类的信号、相同电压等级的信号排在一起，或按被控对象分组。为了便于设计，根据工作流程需要也可以将所需的定时器、计数器及辅助继电器按类列出表格，列出器件号、名称、设定值及用途等。

9.3　PLC的安装

可编程控制器（PLC）是一种新型的通用自动化控制装置，它将传统的继电器控制技术、计算机技术和通信技术融为一体，因具有控制功能强、可靠性高、使用灵活方便、易于扩展等优点而应用越来越广泛。但在使用时由于工业生产现场的工作环境恶劣，干扰源众多，如大功率用电设备的启动或停止引起电网电压的波动形成低频干扰，电焊机、电火花加工机床、电机的电刷等通过电磁耦合产生的工频干扰等，都会影响PLC的正常工作。尽管PLC是专门在现场使用的控制装置，在设计制造时已采取了很多措施，使它对工业环境比较适应，但是为了确保整个系统稳定可靠，还是应当尽量使PLC有良好的工作环境条件，并采取必要的抗干扰措施。

9.3.1　PLC在安装时应注意的问题

(1) 安装注意事项

PLC适用于大多数工业现场，但它对使用场合、环境温度等还是有一定要求的。控制PLC的工作环境，可以有效地提高它的工作效率和寿命。在安装PLC时，要避开下列场所：

① 环境温度超过0～50℃的范围。

② 相对湿度超过85%或者存在露水凝聚（由温度突变或其他因素所引起的）。

③ 太阳光直接照射。

④ 有腐蚀和易燃的气体，例如氯化氢、硫化氢等。

⑤ 有大量铁屑及灰尘。

⑥ 频繁或连续的振动，振动频率为10～55Hz、幅度为0.5mm（峰-峰）。

⑦ 超过10g（重力加速度）的冲击。

为了使控制系统工作可靠，通常把可编程控制器安装在有保护外壳的控制柜中，以防止灰尘、油污、水溅。为了保证其温度保持在规定环境温度范围内，安装机器应有足够的通风空间，基本单元和扩展单元之间要有30mm以上间隔。如果周围环境超过55℃，要安装电风扇，强迫通风。为了避免其他外围设备的电干扰，可编程控制器应尽可能远离高压电源线和高压设备，可编程控制器与高压设备和电源线之间应留出至少200mm的距离。

(2) 电源接线

PLC供电电源为50Hz、220V（具有±10%的相对误差）的交流电。

如果电源发生故障，中断时间少于10ms，PLC工作不受影响。若电源中断超过10ms或电源下降超过允许值，则PLC停止工作，所有的输出点均同时断开。当电源恢复时，若RUN输入接通，则操作自动进行。

对于电源线来的干扰，PLC本身具有足够的抵制能力。如果电源干扰特别严重，可以安装一个变比为1∶1的隔离变压器，以减少设备与地之间的干扰。

(3) 接地

良好的接地是保证PLC可靠工作的重要条件，可以避免偶然发生的电压冲击危害。接地线与机器的接地端相接，基本单元接地。如果要用扩展单元，其接地点应与基本单元的接地点接在一起。为了抑制加在电源及输入端、输出端的干扰，应给可编程控制器接上专用地线，接地点应与动力设备（如电机）的接地点分开。若达不到这种要求，也必须做到与其他设备公共接地，禁止与其他设备串联接地。接地点应尽可能靠近PLC。

(4) 直流24V接线端

PLC上的24V接线端子，还可以向外部传感器（如接近开关或光电开关）提供电流。24V端子作传感器电源时，COM端子是直流24V地端。如果采用扩展单元，则应将基本单元和扩展单元的24V端连接起来。另外，任何外部电源不能接到这个端子上。

如果发生过载现象，电压将自动跌落，该点输入对可编程控制器不起作用。

每种型号的PLC的输入点数量是有规定的。对每一个尚未使用的输入点，它不耗电，因此在这种情况下，24V电源端子向外供电流的能力可以增加。

(5) 输入接线

输入接线端子是PLC与外部传感器负载转换信号的端口。输入接线，一般指外部传感器与输入端口的接线。

输入器件可以是任何无源的触点或集电极开路的NPN管。输入器件接通时，输入端接通，输入线路闭合，同时输入指示的发光二极管亮。

输入端的一次电路与二次电路之间采用光电耦合隔离。二次电路带*RC*滤波器，以防止由于输入触点抖动或从输入线路串入的电噪声引起PLC误动作。

若在输入触点电路串联二极管，在串联二极管上的电压应小于4V。若使用带发光二极管的舌簧开关，串联二极管的数目不能超过两支。

(6) 输出接线

可编程控制器有继电器输出、晶闸管输出、晶体管输出3种形式。输出端接线分为独立输出和公共输出。当PLC的输出继电器或晶闸管动作时，同一号码的两个输出端接通。在不同组中，可采用不同类型和电压等级的输出电压。但在同一组中的输出只能用同一类型、同一电压等级的电源。由于PLC的输出元件被封装在印制电路板上，并且连接至端子板，若将连接输出元件的负载短路，将烧毁印制电路板，因此，应用熔丝保护输出元件。

采用继电器输出时，承受的电感性负载大小影响到继电器的工作寿命，因此继电器工作寿命要长。

9.3.2 PLC安装的一般方法

安装和拆卸PLC的各种模块和相关设备时，必须首先切断电源，否则可能会导致设备的损坏和人身安全受到伤害。下面以S7-200系列PLC为例，介绍PLC安装的一般方法。

① PLC 既可以安装在一块面板上，又可以安装在 DIN 导轨上，利用总线连接电缆可以很容易地把 I/O 模块和 PLC 或其他的模块连接在一起，如图 9-1 所示。

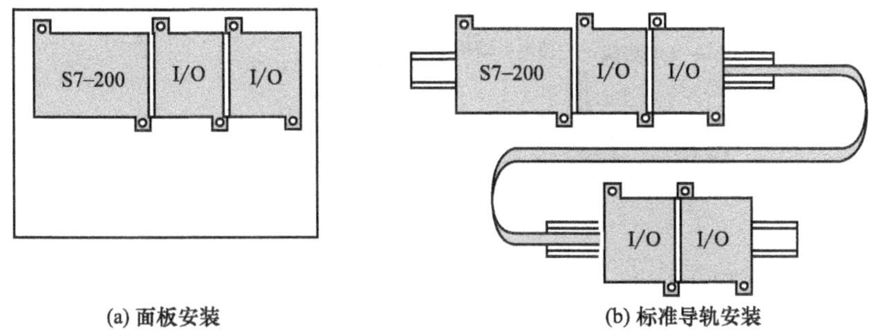

图 9-1　PLC 的安装方法

② 在安装时，应尽可能使 PLC 的各功能模块远离产生高电子噪声的设备（如变频器）以及产生高热量的设备，而且模块的周围应留出一定的空间，以便于正常散热。一般情况下，模块的上方和下方至少要留出 25mm 的空间，模块前面板与底板之间至少要留出 75mm 的空间，如图 9-2 所示。

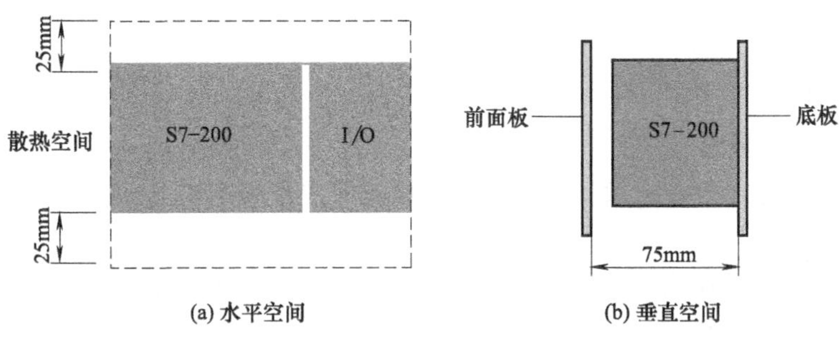

图 9-2　PLC 水平和垂直空间要求

③ 不要将连接器的螺钉拧得过紧，最大的扭矩不要超过 0.36N·m。

④ 采用多接线架敷设电缆时，如果各接线架平行，则各接线架之间至少相隔 300mm，如图 9-3 所示。

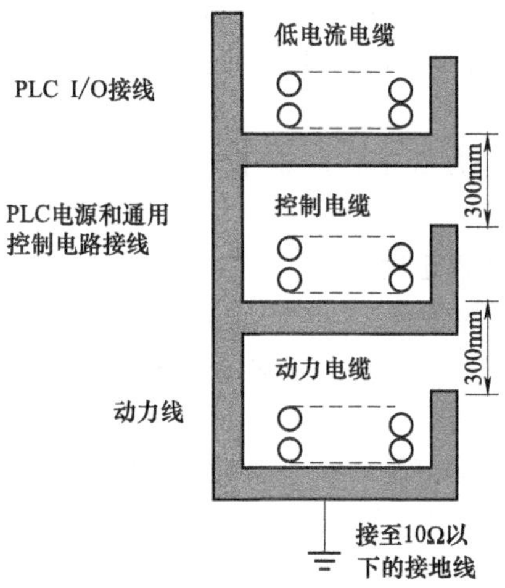

图 9-3　多接线架敷设

⑤ 如果 I/O 接线和动力电缆必须敷设在同一电缆沟时，则需要用接地薄钢板将其相互屏蔽，如图 9-4 所示。

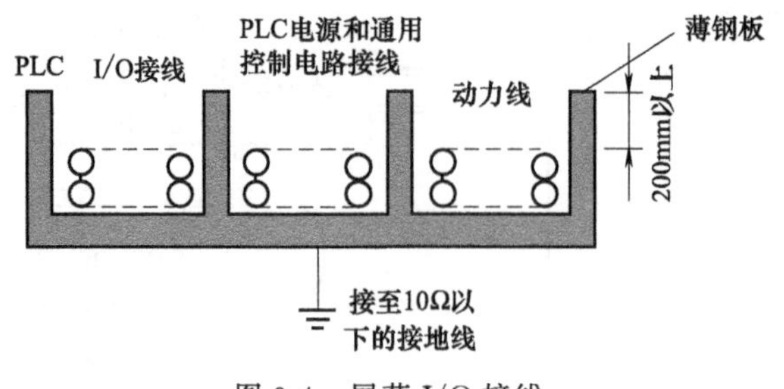

图 9-4 屏蔽 I/O 接线

⑥ 应将交流线和大电流的直流线与小电流的信号线隔开。PLC 应与动力电缆保持 200mm 以上距离。

9.4 PLC 的使用与维护

9.4.1 PLC 系统的试运行

(1) 上电之前的检查

PLC 系统在上电之前必须做细致的检查，检查的主要内容如下：

① 接线的检查

a. 检查电源输入线连接是否正确，尤其要确定是否有短路故障。

b. 检查各输入输出线（包括电源线）的配线是否正确，连接是否牢固。

c. 检查各连接电缆的连接是否正确可靠。

d. 检查端子排上各压接端之间是否有短路或压接松动的现象。

e. 检查系统中各功能单元的装配是否正确和牢固。

② 设置的检查

a. 检查输入电源电压的设定（有的 PLC 没有这种设置，只能使用 220V）是否正确。

b. 根据当前 PLC 实际使用的方式，将 PLC 上的工作方式选择开关设置于“编程”、“暂停”或“运行”位置。

c. 设置开关，在“编程”方式下，应置于“开放”（ON）位置，其他方式通常置于“封闭”（OFF）位置。

d. 检查外接存储器安装是否正确。

(2) PLC 程序调试和运行的步骤

① 程序的检查　将编好的程序输入编程器进行检查，改正语法和数据错误后存入 PLC 的存储器中。

② 模拟运行　模拟系统的实际输入信号，并在程序运行中的适当时刻，通过扳动开关、接通或断开输入信号，来模拟各种机械动作使检测元件状态发生变化，同时通过 PLC 输出端状态指示灯的变化观察程序执行的情况，并与执行元件应该完成的动作进行对照，判断程序的正确性。

③ 实物调试　采用现场的主令元件、检测元件及执行元件组成模拟控制系统，检验检测元件的可靠性及 PLC 的实际负载能力。

④ 现场调试　安装完毕进行现场调试，对一些参数（检测元件的位置、定时器的设定常数等）进行现场的整定和调整。

⑤ 投入运行　最后对系统的所有安全措施（接地、保护和互锁等）进行检查后，即可投入系统的试运行。试运行一切正常后，再把程序固化到 EPROM 中去。

(3) 试运行过程

在做了上电之前的检查以后，并确认无误时，就可以做加电试运行，其过程大致如下。

① 闭合电源开关，此时“电源”的绿色指示灯应亮。

② 在一般情况下，首次上电均是首先做“编程”工作，因此可在“编程”状态下，用强制 ON/OFF 功能检查输出配线是否正确，或用输入单元的指示（或 I/O 监视、I/O 多点监视等）功能检查输入配线和信号是否正常。

③ 将编程器的工作方式选择开关设在“监视”或“运行”位置，此时“运行”（RUN）的绿色指示灯应亮。

④ 按原编程时设计的工作顺序，检查和校核 PLC 工作是否正常和是否符合原设计要求。

⑤ 如发现所编程序有错或不符合设计要求，应逐条记录下来，然后加以分析、修改、补充或删除，最后重复第④步。如此反复，直至系统完全符合原设计要求为止。

⑥ 为进一步验证所编用户软件的正确性，应构造一个整个控制系统的实验环境，或直接在所控制系统上做“空运行”，模拟实际系统可能出现的各种状态和顺序，检查 PLC 工作是否正常。

⑦ 最后在实际系统中做试运行，并随时监视系统的工作情况，遇到有不合适的地方（如延时时间不合适、互锁条件不充分等）应及时记录下来，或随时停止工作，以便做进一步的修改。这种试运行的时间应足够长，因为系统的有些状态出现的次数很少，只有运行相当长的时间，才会出现一次。

9.4.2 PLC 使用注意事项

PLC 是专门为工业生产环境设计的控制装置，一般不需采取什么特殊措施便可直接用于工业环境。但是，为了保证 PLC 的正常安全运行和提高控制系统工作的可靠性和稳定性，在使用中还应注意以下问题：

(1) 工作环境

从 PLC 的一般技术指标中可知道 PLC 正常工作的环境条件，使用时应注意采取措施使条件满足。例如，安装时应避开大的热源，保证足够大的散热空间和通风条件；当附近有较强振源时，应对 PLC 的安装采取减振措施；在有腐蚀性气体或浓雾、粉尘的环境中使用 PLC 时，应采取封闭安装，或在空气净化间里安装。

(2) 安装与布线

PLC 电源、I/O 电源，一般都采用带屏蔽层的隔离变压器供电，在有较强干扰源的环境中使用时，或对 PLC 工作的可靠性要求很高时，应将屏蔽层和 PLC 浮动地端子接地，接地线截面积不能小于 $2mm^2$，接地电阻不能大于 100Ω。接地线要采取独立接地方式，不能用与其他设备串联接地的方式。

PLC 电源线、I/O 电源线、输入信号线、输出信号线、交流线、直流线都应尽量分开布线。开关量信号线与模拟量信号线也应分开布线，而且后者应采用屏蔽线，并且将屏蔽层接地。数字传输线也要采用屏蔽线，并且要将屏蔽层接地。

(3) 输入与输出端的接线

当输入信号源为感性元件，或输出驱动的负载为感性元件时，为了防止在电感性输入或输出电路断开时产生很高的感应电动势或浪涌电流对 PLC 输入输出端点及内部电源产生冲击，可采取以下措施：

① 对于直流电路，应在其两端并联续流二极管，如图 9-5（a)、(b) 所示。二极管的额定电流一般应选为 1A，额定电压一般要大于电源电压的 3 倍。

② 对于交流电路，应在它们两端并联阻容吸收电路，如图 9-5（c)、(d) 所示。

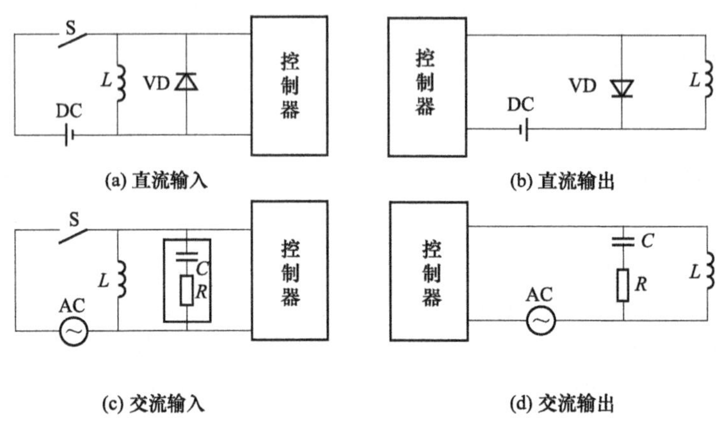

图 9-5　输入/输出端的接线

9.4.3 PLC 的维护

PLC 的主要构成元器件以半导体器件为主体，考虑到环境条件恶劣会使 PLC 元件变质，有必要对其进行日常维护与定期检修。定期维护检查时间为半年至 1 年一次。当外部环境较差时，可根据情况把间隔缩短。

经常需要检查及维护的项目、内容及标准可参考表 9-1。

表 9-1　定期检查项目一览表

检查项目	检查内容	标　准
供电电源	在电源端子处测电压变化是否在标准内	电压变化范围：上限不超过 110%供电电压；下限不低于 80%供电电压
外部环境	环境温度	0～55℃
	环境湿度	相对湿度 85%以下
	振动	幅度小于 0.5mm，频率 10～55Hz
	粉尘	不积尘
输入输出用电源	在输入输出端子处测电压变化是否在标准内	以各输入、输出规格为准

续表

检查项目	检查内容	标 准
安装状态	各单元是否可靠牢固	无松动
	连接电缆的连接器是否完全插入并旋紧	无松动
	接线螺钉是否有松动	无松动
	外部接线是否损坏	外观无异常
寿命元件	接点输出继电器	电器寿命:阻性负载 30 万次 感性负载 10 万次 机械寿命:5000 万次
	电池电压是否下降	5 年(25℃)

9.4.4 备份电池的更换

PLC 的备份电池具有一定的寿命。比如：在周围环境温度为 25℃时运行，其电池寿命大约为 6 年。当备份电池电压较低时，指示灯“ERR LED”亮。这时，在 1 个月内必须更换电池。

更换电池时，首先给 PLC 充电 1min 以上，然后在 3min 之内更换完毕。具体的操作步骤如下：

① 切断电源。

② 打开存储单元盖板。

③ 拔下备份电池插头，并将其向上拉，直到拉开电池盖。

④ 拉出导线取下电池。

⑤ 安装新电池，并将它连接到 PLC 插座上。

⑥ 盖上电池盖和存储单元盖。

⑦ 接通 PLC 电源。

9.5 PLC 的常见故障及其排除方法

9.5.1 CPU 的常见故障及其排除方法

CPU 的常见故障及其排除方法见表 9-2。

表 9-2 CPU 的常见故障及其排除方法

序号	故障现象	可能原因	排除方法
1	“POWER”LED 灯不亮	①熔断器熔断 ②输入接触不良 ③输入线断	①更换熔断器 ②重接 ③更换连接
2	熔丝多次熔断	①负载短路或过载 ②输入电压设定错 ③熔丝容量太小	①更换 CPU 单元 ②改接正确 ③改换大的

续表

序号	故障现象	可能原因	排除方法
3	"RUN"LED灯不亮	①程序中无END指令 ②电源故障 ③I/O地址重复 ④远程I/O无电源 ⑤无终端站	①修改程序 ②检查电源 ③修改地址 ④接通I/O电源 ⑤设定终端站
4	运行输出继电器不闭合("POWER"亮)	电源故障	查电源
5	特定继电器不动作	I/O总线异常	查主板
6	特定继电器常动作	I/O总线异常	查主板
7	若干继电器均不动作	I/O总线异常	查主板

9.5.2 输入的常见故障及其排除方法

输入的常见故障及其排除方法见表9-3。

表9-3 输入的常见故障及其排除方法

序号	故障现象	可能原因	排除方法
1	输入均不接通	①未加外部输入电源 ②外部输入电压低 ③端子螺钉松动 ④端子板接触不良	①供电 ②调整合适 ③拧紧 ④处理后重接
2	输入全部不关断	输入单元电路故障	更换I/O板
3	特定继电器不接通	①输入器件故障 ②输入配线断 ③输入端子松动 ④输入端接触不良 ⑤输入接通时间过短 ⑥输入回路故障	①更换输入器件 ②检查输入配线 ③拧紧 ④处理后重接 ⑤调整有关参数 ⑥更换单元
4	特定继电器不关断	输入回路故障	更换单元
5	输入全部断开(动作指示灯灭)	输入回路故障	更换单元
6	输入随机性动作	①输入信号电压过低 ②输入噪声过大 ③端子螺钉松动 ④端子连接接触不良	①查电源及输入器件 ②加屏蔽或滤波 ③拧紧 ④处理后重接
7	异常动作的继电器都以8个为一组	①"COM"螺钉松动 ②端子板连接接触不良 ③CPU总线故障	①拧紧 ②处理后重接 ③更换CPU单元
8	动作正确,指示灯不亮	LED损坏	更换LED

9.5.3 输出的常见故障及其排除方法

输出的常见故障及其排除方法见表9-4。

表 9-4 输出的常见故障及其排除方法

序号	故障现象	可能原因	排除方法
1	输出均不能接通	①未加负载电源 ②负载电源坏或过低 ③端子接触不良 ④熔丝熔断 ⑤输出回路故障 ⑥I/O 总线插座脱落	①接通电源 ②调整或修理 ③处理后重接 ④更换熔丝 ⑤更换 I/O 单元 ⑥重接
2	输出均不关断	输出回路故障	更换 I/O 单元
3	特定输出继电器不接通(指示灯灭)	①输出接通时间过短 ②输出回路故障	①修改程序 ②更换 I/O 单元
4	特定输出继电器不接通(指示灯亮)	①输出继电器损坏 ②输出配线断 ③输出端子接触不良 ④输出回路故障	①更换继电器 ②检查输出配线 ③处理后重接 ④更换 I/O 单元
5	特定输出继电器不关断(指示灯灭)	①输出继电器损坏 ②输出驱动管不良	①更换继电器 ②更换输出驱动管
6	特定输出继电器不关断(指示灯亮)	①输出驱动电路故障 ②输出指令中地址重复	①更换 I/O 单元 ②修改程序
7	输出随机性动作	①PC 供电电源电压过低 ②接触不良 ③输出噪声过大	①调整电源 ②检查端子接线 ③加防噪措施
8	动作异常的继电器都以 8 个为一组	①“COM”螺钉松动 ②熔丝熔断 ③CPU 总线故障 ④输出端子接触不良	①拧紧 ②更换熔丝 ③更换 CPU 单元 ④处理后重接
9	动作正确但指示灯灭	LED 损坏	更换 LED

参考文献

[1] 刘涛. 电气控制与 PLC. 北京：北京理工大学出版社，2012.

[2] 秦春斌. PLC 基础及应用教程. 北京：机械工业出版社，2011.

[3] 熊幸明. 工厂电气控制技术. 北京：清华大学出版社，2009.

[4] 高安邦. 新编电气控制与 PLC 应用技术. 北京：机械工业出版社，2013.

[5] 赵化启. 电气控制与可编程控制器. 北京：电子工业出版社，2009.

[6] 王至秋. 电气控制技术实践快速入门. 北京：中国电力出版社，2010.

[7] 姚屏. 电气与 PLC 控制技术. 北京：化学工业出版社，2009.

[8] 孙克军. 维修电工技术问答. 第 2 版. 北京：中国电力出版社，2015.

[9] 张振国. 工厂电气与 PLC 控制技术. 第 5 版. 北京：机械工业出版社，2017.

[10] 张还. 三菱 FX 系列 PLC 原理、应用与实训. 北京：机械工业出版社，2017.

[11] 刘振全. 西门子 PLC 从入门到精通. 北京：化学工业出版社，2018.

[12] 祝福. 西门子 S7-200 系列 PLC 应用技术. 第 2 版. 北京：电子工业出版社，2015.

[13] 侍寿永. 西门子 S7-200 SMART PLC 编程及应用教程. 北京：机械工业出版社，2016.

[14] 魏伟. PLC 控制技术与应用. 北京：中国轻工业出版社，2010.